# 과학사
# 대논쟁
# 10가지

격렬하고 비열했던 과학자들, 그 생생한 싸움의 역사

과학사의 흐름을 바꾼 열 가지 이야기

# 과학사 대논쟁 10가지

핼 헬먼 지음 · 이충호 옮김



가람기획

# 차례

# 감사의 글

✶

이 책을 쓰기 위한 최종적인 작업은 1996년과 1997년에 이루어졌지만, 그 자료를 수집하는 데에는 근 20년이 걸렸다. 자료 수집을 위해 다윈이 살던 다운 하우스, 뉴턴의 활동무대인 케임브리지를 비롯해 유럽도 여러 차례 방문했는데, 나를 맞이한 주인들과 안내인들은 한 번도 실망을 안겨준 적이 없다. 특히 이탈리아 아르체트리 천문대 장인 프랑코 파치니 박사에게 감사를 드리고 싶다. 그는 바쁜 일과를 제쳐놓고 갈릴레이가 말년의 우울한 생애를 보낸 일 조이엘로를 방문하는 것을 도와주었으며, 매우 유익한 정보도 제공해주었다.

그렇지만 대부분의 연구는 귀중한 옛 문헌들이 많이 소장되어 있는 도서관에서 이루어졌다. 가장 큰 도움이 된 곳들은 다음과 같다.

번디 도서관(코네티컷 주 노워크), 몇 달 동안 책상 하나를 전세 내 사용한 해양생물학도서관(매사추세츠 주 우드홀), 몇 달 동안 연구 교수로 지낸 로마의 아메리칸 아카데미, 8년간 강의를 한 뉴욕 대학의 봅스트 도서관, 뉴욕 주의 뉴욕 공립도서관, 역시 뉴욕 주에 있는 과학산업 사업도서관, 그리고 마지막으로 내가 살고 있는 뉴저지 주 리오니아의 도서관. 다행히도 전국 도서관 시스템이 연결돼 있어, 나는 리오니아 도서관에서 친절한 직원들의 도움을 받아 미국 내 다른 도서관들 및 필요한 경우 다른 나라의 도서관으로부터 귀중한 정보를 얻을 수 있었다.

이 책에서 다루는 내용은 아주 광범위하기 때문에 많은 부분은 2차 자료에 의존하지 않을 수 없었다. 가장 큰 도움이 됐던 문헌들은 하나 또는 단 몇 가지 분쟁만 집중적으로 다룬 것이거나, 그 문헌이 아니었더라면 추적하기가 아주 어려웠을 정보를 제공한 것들이었다. 예를 들면, 레이첼 웨스트브룩의 〈존 터버빌 니덤과 프랑스 계몽주의 운동에 미친 그의 영향〉(박사 학위 논문, 미출간, 컬럼비아 대학, 1972), 루퍼트 홀의 「철학자들의 전쟁-뉴턴과 라이프니츠의 싸움」(뉴욕 주, 케임브리지 대학 출판부, 1980), 엘리자베스 노블 쇼어의 「코프와 마시의 화석 분쟁」(뉴욕 주 힉스빌, 엑스퍼지션 출판사, 1974), 그리고 미드와 프리먼의 논쟁에 관한 다섯 권의 책을 꼽을 수 있다.

집필에 전념할 수 있는 곳으로는 예술인촌만큼 좋은 곳이 없는데, 나는 그런 곳에서 상당 기간 작업을 할 수 있었다. 그러한 장소는 프랑스 방스의 카롤리 연구소(불행히도, 지금은 더 이상 운영되지 않음), 이스라엘 예루살렘의 미시케노트 샤님, 그리고 마침내 오랫동안 고민해오던 이 책의 결론을 내릴 수 있었던 에스파냐 모하카르의 푼다시온 발파라이소 등이다.

그 오랜 동안 나는 많은 동료들을 어려운 질문으로 귀찮게 했다. 그중에는 알고 지내던 사람도 있었고, 전혀 모르던 사람도 있었다. 언제나 그들은 내게 큰 도움을 주었다. 도움을 준 사람들의 수가 너무 많아 일일이 열거할 수는 없지만, 나는 그들에게 감사의 뜻을 전하고 싶다. 그중에서 특별히 이름을 언급하고 싶은 사람이 있는데, 바로 셜리로이다. 1981년 12월 2일, 뉴욕 과학 아카데미에서 그녀가 행한 '볼테르 대 니덤: 자연 발생과 기적의 본질'이라는 강의를 들은 것이 내가 이 책을 쓰는 계기가 되었기 때문이다.

많은 동료들이 친절하게도 내 원고를 읽고 조언을 아끼지 않았다. 바너드 대학과 컬럼비아 대학의 인류학 명예교수 모턴 클래스, 뉴욕 시립대학의 영어학 명예교수 새뮤얼 민츠, 뉴욕 주 팰리세이디스 소재 라몬트-도허티 지질관측소의 월터 피트먼, 컬럼비아 대학의 도서관학 명예교수 필리스 데인,

루트저스 대학의 역사학 명예교수 노먼 데인, 인류학자이자 과학교육국립센터의 위원(전 회장) 존 콜, 과학사 분야를 떠나 지금은 뉴욕 주 시러큐스에서 변호사로 활동하고 있는 해럴드 버스틴 등이 그러한 수고를 아끼지 않았다.

또한 합리적인 마케팅과 심리학적 통찰력에 뛰어난 나의 에이전트 페이스 햄린, 편달을 아끼지 않은 편집자 에밀리 루스, 그리고 이 책을 처음부터 끝까지 읽어준 존 심코에게도 감사드린다.

마지막으로, 최소한 두 번 이상 원고를 읽어주고 지원과 격려와 자극을 아끼지 않은 아내 셰일라의 도움이 가장 컸음을 밝혀둔다.

# 머리말

✶

아일랜드의 플루트 연주자인 제임스 갤웨이는 런던 실내관현악단과 연주를 하기로 일정이 잡혀 있었다. 그런데 연주할 곡 중 칼 스태미츠가 작곡한 한 곡은 잘 알려지지 않은 곡이어서 갤웨이는 그것을 자기가 지휘하는 것이 낫겠다고 생각했다. 그 후 콘서트 전체를 갤웨이가 지휘하기로 결정이 났다.

갤웨이는 그 뒤에 일어난 일에 대해 이렇게 이야기했다.

"나는 첫 번째 곡의 박자를 아주 분명하게 머릿속에 담고 있었습니다. 나는 지휘봉을 아래로 내린 다음, 연주를 시작했지요. 그런데 연주자들의 얼굴에서 당황한 기색을 보고 나서야 나는 큰일났구나 하는 생각이 들었어요. 우린 연주를 멈추었지요. 어떻게 할 수 있었겠어요? 내가 프로그램을 자세히 보지 않았던 게 문제였습니다. 우리는 스태미츠의 곡이 아니라 비발디의 곡으로 시작하기로 돼 있었습니다."

지휘자로서는 최악의 악몽이었다. 그런데 그때 놀라운 일이 일어났다.

"우리는 그만 웃음을 터뜨리고 말았지요. 그런데 청중들도 무슨 일이 일어났는지 짐작하고는 함께 웃었지요. 사람들은 때로는 일이 잘못되는 것을 보길 즐기는 것 같습니다."

불행하게도 치명적인 화학물질(메틸수은이나 다이옥신, PCB 등)의 누출 사고나 스리마일아일랜드 또는 체르노빌의 원자력 사고와 같이, 과학에서 잘못된 일이 일어났다는 보도가 나가면 큰 소동이 일어난다. 이러한 재앙들은 과학의 재앙이라기보다는 기술의 재앙으로 불러야 마땅하지만, 기자들이 양자를 구분하려는 경우는 극히 드물다.

기술 분야가 아닌 과학 분야에서 일어난 실수에 대한 보도가 나오는 경우는 아주 드물다. 그 결과 대중의 눈에는 과학자들이 종종 걸어가곤 하는 수많은 잘못된 길들이 보이지 않는다. 설사 잘못된 과학적 개념이 보도되더라도, 그것이 잘못되었다는 것을 아무도 알아채지 못한다. 올바른 개념이 마침내 완성되어 획기적인 발견으로 보도될 때쯤이면 이전에 나왔던 잘못된 개념들은 단지 잊힐 뿐이다. 과학 학술지조차도 그 분야의 종사자들에게 상당한 도움이 될 수 있음에도 불구하고 부정적인 결과를 담고 있는 보고들은 인쇄되는 경우가 드물다.

문제는 과학을 가르치는 방식(즉, 과학을 일종의 거대한 행진으로 가르치는 것)에 있다. 거의 모든 과학 교과서에서는 과학 내용을 논리정연하게 연결되는 일련의 장들로 제시하고 있다. 본문 내용은 과학의 개념들이 결실을 맺기까지 얼마나 많은 노력이 있었는지를 보여주기 위한 의도에서 벗어나는 일 없이 과학의 전체 발달과정을 서술한다.

모든 사실과 심지어는 이론도 역사적 과정이다. 살아 있는 과학은 바로 과정이다. 과학에 종사하는 사람들에게 그 활동에 매력을 느끼게 하는 것도 바로 그것이다. 비과학자들은 이 사실을 진정으로 이해하지 못한다. 그들은 과학에 종사하는 사람들도 잘 이해하지 못하여, 과학 연구와 마찬가지로 차갑고 감정도 없는, 즉 비인간적인 존재로 생각한다.

그러나 과학적 발견의 과정에서도 격한 감정이 넘쳐흐를 때가 종종 있다. 새로운 개념을 도입할 때, 과학자는 다른 과학자들의 이론을 짓밟는 경우가 많다. 기존의 개념을 주장한 사람들도 호락호락 물러서지 않는다.

자신이 소중하게 여겨오던 이론이 뒤집히는 것을 볼 때, 영원할 것으로 알았던 이론이 죽어가는 것을 볼 때, 어떤 느낌이 들겠는가? 만약 패자 쪽이 싸움을 선택한다면, 토머스 홉스와 영국의 수학자 존 월리스가 약 25년간에 걸쳐 벌인 격렬한 싸움(2장 참고)에서 보는 것과 같은 종류의 과학 분쟁이 발생한다. 홉스의 문제점은 기하학을 너무 신봉한 나머지 대수학의 가능성을 전혀 인식하지 못했다는 것이다. 그래서 그는 월리스의 천재적인 대수학적 방법에 대해 솔직한 심정으로 "온갖 잡다한 기호들로 가득 차 있다"고 표현할 수밖에 없었고, 그는 그것을 찬찬히 생각할 인내가 없었으며, "마치 암탉이 발톱 긁는 소리"로밖에 보이지 않았다.

과학 분쟁이 일어나는 또 하나의 원인은 우선권에 관한 문제이다. 두 사람 이상이 거의 같은 시기에 같은 발견을 할 경우에 그러한 문제가 발생한다. 과학이나 수학에서 동시 발견이 일어난다는 것은 놀라운 일로 보이지만, 그러한 일은 실제로 자주 일어난다. 뉴턴과 라이프니츠(미적분), 패러데이와 헨리(전자기 유도), 애덤스와 르베리에(해왕성의 발견), 다윈과 월리스(진화론), 하이젠베르크와 슈뢰딩거(양자역학) 등이 바로 그러한 예이다.

물론 과학에서 가장 중요한 원동력은 주위의 세계에 대해 뭔가 새로운 것을 배우는 즐거움, 즉 새로운 사실을 발견하는 즐거움이다. 만약 과학자들이 성인聖人이라면, 그들은 그것만으로 만족할 것이다. 대개의 경우, 과학자들은 금전적인 이익을 얻기 위해 과학에 매달리지는 않으나, 뭔가 중요한 것을 발견했을 경우, 그들은 세상이 그것을 알아주기를 바란다. 노벨상에 대한 기대도 눈앞에 어른거릴 것이다.

이 때문에 우선권을 둘러싼 싸움이 발생하며, 어떤 경우에는 아주 큰 싸움으로 비화되기도 한다. 이 책에서는 가장 극적인 예로 생각되는 사건들을 선택했으며, 도전과 그것에 대한 다양한 응전을 살펴볼 것이다.

그런데 우리는 어떤 발견이 언제 일어났는지 결정하는 것조차 항상 쉬운 일은 아니라는 것을 보게 될 것이다. 때로는 그러한 문제가 정중하고 예의 바른 방식으로 해결되어(다윈과 월리스의 경우처럼), 문제 자체를 무시할 수 있는 경우도 있다.

그러나 서로 격렬한 비난을 주고받는 경우도 있다. 가장 대표적인 예는 뉴턴과 라이프니츠 사이의 분쟁(3장 참고)이다. 비록 뉴턴이 괴팍한 성격을 지녔고, 다른 사람들과 여러 가지 이유로 싸움을 벌이긴 했지만, 그 자신도 그러한 싸움에서 고통을 받았다. 그러한 분쟁으로 인해 뉴턴은 과학계에서 적극적으로 활동하려는 의욕이 꺾였는지도 모른다.

왜 어떤 분쟁은 만족스럽게 해결되는 반면, 어떤 분쟁은 해결되지 못하고 끝없이 계속될까? 후자의 경우, 과학 자체가 완고하기 때문일지도 모른다. 과학은 발전 과정이 매우 느리다. 그 결과, 서로 대립되는 개념들은 앞서거니 뒤서거니 하면서 엎치락뒤치락한다. 그런데 그것보다는 분쟁의 이면에 미묘하거나 노골적인 신념 또는 가치 문제가 대립하고 있는 경우가 더 많다. 이 책에 소개된 사건들은 대부분 이러한 경우로, 이 이야기들은 오늘날에도 여전히 계속되는 논쟁들, 즉 창조설(5장 참고)뿐만 아니라, 여성의 자궁에서 발달하는 조직 덩어리가 사람이 되는 시기는 정확히 언제인가와 같은 골치 아픈 문제(4장 참고)를 이해하는데 도움을 줄 것이다. 100년 이상이나 계속된 이 논쟁에서 볼테르는 영국의 저명한 박물학자이던 니덤을 "위험한 생물학적 사상가"라고 직격탄을 날렸다. 볼테르가 사용한 방법에는 오늘날에도 간혹 사용되는 비열한 공격도 포함됐다. 그는 니덤이 동성애자라고 주장했다. 니덤은 이에 맞서, 공식적으로는 독신을 선언하면서도 실천은 하지 않는 '소위 성인들'을 조롱했다. 이것은 볼테르의 연애 사건들을 꼬집은 것이었다. 볼테르는 얼마 전에 자신의 조카딸과 염문을 뿌리기까지 했다.

또한 도널드 조핸슨과 리처드 리키는 이제 더 이상 출판물을 통해서나 개인적으로 격렬하게 싸우지는 않지만(9장 참고), 인류의 기원에 관한 의문은 과거 그 어느 때보다도 논쟁을 불러일으키고, 큰 관심을 끌고 있다.

조핸슨과 리키의 경우, 도전자와 응전자의 위치가 한때 역전되기도 했다. 그러나 무명의 오스트레일리아 인류학 교수 데릭 프리먼이 미국의 위대한 인류학자 마거릿 미드를 공격하고 나선 경우는 상황이 달랐다. 그때에는 이미 미드가 사망하고 없었기 때문이다. 그 결과로 벌어진 격렬한 공방(10장 참고)은 수많은 공격자와 방어자를 끌어들였다. 그 공방은 지금도 진행되고 있으나, 그 결과로 미드의 명성에 금이 갔다는 사실만큼은 분명하다.

이론 대결이 가져오는 또 다른 결과(긍정적인)는 공룡에 대한 폭발적인 관심에서 볼 수 있다. 그것은 19세기의 위대한 두 화석 사냥꾼 사이에 벌어진 치열한 경쟁에서 비롯되었다. 에드워드 드링커 코프와 오스니얼 찰스 마시 사이에 벌어진 경쟁(7장 참고)은 전설적인 것이 되었으며, 온갖 사기와 궤변이 다 동원되었다. 그럼에도 불구하고, 그 싸움은 공룡이라는 단어를 일상용어로 자리잡게 했고, 고생물학에 대한 일반 대중의 관심을 고취시켰다. 그러한 관심 덕분에 박물관과 과학 탐사에 대한 지원이 늘어났고, 그 결과 더 많은 발견이 이루어졌다.

어떤 경우에는 과학의 새로운 개념이 과학자들뿐만 아니라 일반 대중의 믿음을 위협하기도 한다. 진화론이 대표적인 예인데, 그래서 진화론을 공격하고 나선 사람 중에는 과학자가 아닌 사람도 있었다(실은, scientist라는 단어 자체가 1840년 이전에는 존재하지 않았다. 그 단어는 1840년에 영국 학자 윌리엄 휴웰이 만들어냈다.) 과학사에서 가장 유명한 논쟁 중 하나는 다윈을 옹호하고 나선 과학자 토머스 헨리 헉슬리Thomas Henry Huxley와 비전문가인 새뮤얼 윌버포스 주교 사이에 벌어진 것이었다.

다윈과 같은 시대에 산 켈빈은 자신의 이론을 옹호해줄 사람이 전혀 필요하지 않았다. 그는 크게 존경받고 있던 권위있는 과학자였기 때문에, 지구의 나이에 대한 그의 생각은 상당히 틀린 것이었음에도 불구하고, 놀랍게도 60년 동안이나 옳은 것으로 인정받았다.

그러나 알프레드 베게너는 그러한 명성이 조금도 없었다. 그 결과, 그는 대륙 이동에 대한 자신의 이론이 인정받을 때까지 고독하고도 힘든 싸움을 오랫동안 벌여나가야 했다(8장 참고).

이 책은 과학사에서 일어난 가장 큰 분쟁들을 다루고 있다. 대략 연대순으로 배열된 이 이야기들은 근대 과학사 전반을 포괄하는 대화들로 이루어져 있다. 해당 분야를 이해하는 데 필수적인 약간의 수학도 포함돼 있다. 이 책의 서술방식은 변증법적이라 할 수 있다. 새로운 개념이 도입되고 발달하는 과정과 더불어 그 개념이 나온 환경을 함께 고려함으로써 우리는 실제로 일어난 일들을 좀 더 잘 이해할 수 있을 것이다.

정치사가 국가 지도자들로 하여금 오늘날의 사건을 해석하는 데 도움을 주는 것과 마찬가지로, 짧지만 극적인 이 책의 에피소드들은 과학을 인간의 모험 정신과 조직적인 활동으로서 들려줄 것이다.

달리 말하자면, 나는 과학자들도 감정에 좌우된다는 사실을 보여주고자 한다. 즉, 그들 역시 자부심 · 욕심 · 호전성 · 질투심 · 야망뿐만 아니라 종교 및 민족적 감정에 좌우되고, 우리와 마찬가지로 좌절과 맹목과 그 밖의 사소한 감정에 휩쓸리는 인간이다.  따라서 이 이야기들은 승자의 역사일 뿐만 아니라 패자의 역사이기도 하다.

이 책은 교황 우르바누스 8세와 갈릴레이의 대결로 시작된다. 일부 작가들은 이 대결은 지금도 과학과 종교 사이에 존재하고 있는 분열의 서막이라고 주장한다. 그렇지만 최소한 한 사람, 과학사 교수인 윌리엄 프로빈은 그러한 분열은 나중에 진화론 논쟁을 통해 나타났다고 주장한다. 그렇지만 일부 학자들이 주장하는 것처럼, 분열 같은 것은 존재하지 않는지도 모른다. 우리는 이 문제를 놓고도 논쟁을 벌일 수 있을 것이다.

ROUND 1

# 교황 우르바누스 8세 VS 갈릴레이

교황 우르바누스 8세 VS 갈릴레이

# 불공평한 대결

로마의 성 베드로 성당에 들어서면 마치 그랜드캐니언에 들어선 것 같은 느낌이 든다. 그랜드캐니언과 같은 규모의 웅장함과 경외로운 위엄이 느껴지기 때문이다. 그랜드캐니언과 성 베드로 성당은 모두 그 웅장한 규모로 사람을 압도하기 때문에 사람의 존재는 하잘것없는 것으로 느껴진다. 성 베드로 성당은 설계자들이 바로 그러한 효과를 노려 설계했다.

세계 최대의 종교적 건축물인 성 베드로 성당은 길이가 축구 경기장 두 개에 해당하고, 면적은 4에이커에 이르며, 5만 명을 수용할 수 있다. 웅장한 모자이크 중 하나인 성 마가의 펜은 길이가 1.5m나 된다. 이 성당을 짓는 데만도 백 년 이상이 걸렸으며, 미켈란젤로 · 라파엘로 · 베르니니 · 산갈로 · 브라만테를 비롯해, 15세기 말, 16세기, 17세기 초의 유명한 건축가와 미술가들이 모두 그 설계에 참여했다. 대리석과 청동, 금박의 재질이 높은 공간과 결합되어 위압적인 분위기를 자아낸다.

이 웅장한 건축물의 다른 부분들은 한참이 지난 뒤에야 겨우 눈에 들어오기 시작한다. 그중에 웅장한 청동 발다치노가 있는데, 이것은 성 베드로의 무덤 위를 덮고 있는 닫집 모양의 천개天蓋를 지지하는 네 개의 웅장한 나선형 기둥이다. 가까운 곳에 있는 팔라초 파르네세 궁의 높이까지 솟아 있는 발다치노는 성 베드로 성당의 중심부에 우뚝 솟아 있다.

발다치노에 다가가면 또 다른 것들이 눈에 들어온다. 기둥 밑부분에 기묘한 타원형 얕은돋을새김(bas-relief) 작품이 있는데, 벌 세 마리가 대형을 이루며 날고 있는 모습이 대리석에 새겨져 있다. 이 모양은 바르베리니 가문의 문장紋章이다. 이 문장은 발다치노의 아랫부분 둘레에서 최소한 여덟 번 이상 발견되며, 윗부분에서도 발견된다.

바르베리니 가문의 역사는 11세기의 피렌체까지 거슬러올라간다. 16세기 무렵에 이 가문은 상당한 부를 축적하여 막강한 영향력을 행사했다. 1623년, 추기경이던 마페오 바르베리니가 교황 우르바누스 8세로 선출됨으로써 가문의 명예와 권세에 로마 가톨릭 교회의 권력이 더해졌다. 우르바누스 8세는 곧 자신의 권한을 적당히 이용하여 가문의 세력을 확장했다. 그는 동생 하나와 조카 둘을 추기경으로 만들었다. 그리고 세 번째 조카에게는 프라이네스테 공국을 하사했다.

우르바누스가 성 베드로 성당의 건축을 시작한 것은 아니지만, 그가 교황 자리에 있는 동안에 완성되었기 때문에, 그의 흔적은 발다치노뿐만 아니라 거대한 건축물 곳곳에서 발견된다. 가장 두드러진 것은 엄청나게 큰 그의 청동상인데, 기도를 드리기 위해서인지 아니면 경고를 하기 위해서인지 오른팔을 높이 들고 있다. 그 뒤에 두 개의 대리석상이 있는데, 하나는 자비를, 다른 하나는 정의를 상징한다. 그리고 성당 입구 위에 걸려 있는 거대한 대리석판에는 이 건축물을 완공하는 데 우르바누스가 얼마나 중요한 역할을 했는지 밝히고 있다.

그의 벌떼 또한 발다치노의 기둥을 장식하고 있는 월계수잎뿐만 아니라 로마의 다른 곳(현재 로마 국립 화랑을 수용하고 있는 거대한 팔라초 바르베리니와 벌들의 분수인 폰타나델아피 등)에서도 발견된다.

일부 학자들은 바르베리니의 벌들은 교황 가문의 원래 이름인 타파니 Tafani('등에'라는 뜻)를 상징한다고 주장하지만, 또 다른 학자들은 벌이 신의 섭리를 상징한다고 주장하는가 하면, 어떤 사람들은 벌이 근면과 생산성을 상징한다고 주장한다. 실제로 우르바누스는 로마를 재건하고 아름답게 만드느라고 분주한 나날을 보냈다. 그럼에도 불구하고, 사람들은 그에게서 날카로운 벌침의 인상을 지울 수가 없었다. 예컨대 이단자 마르코 안토디오 데 도미니스는 재판을 받기 전에 감옥에서 죽었는데, 그의 시체와 작품은 우르바누스가 교황의 자리에 있던 1624년에 불태워졌다.

갈릴레오 갈릴레이가 17세기 초에 교황과 맞섰을 당시, 우르바누스의 위세는 그토록 대단한 것이었다. 자비와 정의가 우르바누스를 수반하고 있다는 성 베드로 사원에 아름다운 발다치노가 헌정되었지만, 그에 어울리지 않게도 우르바누스는 자신의 권위에 맞선 갈릴레이에게 가혹한 박해를 가했다.

1633년 6월 22일, 갈릴레이는 로마 종교재판소의 재판에 회부되었다. 로마 가톨릭 교회의 거대한 힘이 69세의 이 늙은 노인을 상대로 집중된 듯한 상황이었다. 갈릴레이는 자신을 변호하면서 '불쌍한 신체적 부적절 상태'를 언급했다. 고문과 감금, 심지어 화형의 위협까지 받은 그는 결국 무릎을 꿇고, 평생 동안 깊은 사색과 연구를 통해 얻은 자신의 훌륭한 이론을 "철회하고, 저주하고, 혐오하도록" 강요받았다. "이단의 혐의가 아주 강하다"는 죄명으로 기소된 그는 "진심과 거짓 없는 믿음으로" 지구가 아닌 태양이 우주의 중심이며, 지구가 태양의 주위를 돈다는 자신의 주장을 부인하지 않을 수 없었다.

갈릴레이는 기꺼이 자신의 주장을 철회하려고 했기 때문에(최소한 말로는), 우르바누스의 위협은 그 정도에서 그쳤다. 예컨대 갈릴레이에게 내린 처벌 중 하나는 3년 동안 매일 한 차례씩 7대 회개 시편을 외우는 것이었다. 그러나 갈릴레이는 나머지 생애 동안 가택연금 상태에 놓였다. 그리고 재판의

종교재판을 받는 갈릴레이. 그는 교회의 위협에 굴복, 평생을 바쳤던 자신의 학문 전체를 철회했다.

초점이 되었던 그의 저서 「천문 대화(원제는 '프톨레마이오스와 코페르니쿠스의 두 세계 체계에 대한 대화')」(1632) 는 결국 금서가 되었다. 즉, 가톨릭 교회의 종교재판소가 주관하는 금서목록에 포함된 것이다.

## 논쟁의 원인

*

10명의 추기경이 갈릴레이의 재판에 참석했다. 우르바누스 8세는 몸소 나서지는 않았지만, 그의 정신은 그곳에 입회하고 있었다. 이 기묘한 절차가 진행되는 배경에는 그의 개인적인 분노와 좌절이 자리잡고 있었다. 재판에 참여한 10명의 추기경 중에서 최종 판결문에 서명한 사람은 7명뿐이었기 때문에, 그들 사이에서도 의견이 만장일치로 통일되지 않았음이 거의 확실하다.

판결을 내릴 무렵엔 교황의 분노가 평소보다 다소 가라앉았기 때문일 수도 있다. 우르바누스가 갈릴레이와 충돌한 이 사건은 과학사에서는 아주 큰 사건으로 기록되고 있지만, 로마 교황의 입장에서는 수많은 골칫거리 중 하

교황 우르바누스 8세가 된 마페오 바르베리니.

나에 지나지 않는 사건이었다. 우르바누스 8세가 교황으로 있는 동안에 30년 전쟁이 일어났고, 유럽의 많은 지역에서 가톨릭 교도와 신교도들의 군대들이 치열한 전투를 벌이고 있었기 때문이다. 있을지도 모르는 침공에 대비하기 위해 우르바누스는 교황의 요새인 카스텔산탄젤로를 강화하고, 그 밖의 방어수단을 강구하는 데 몰두하고 있었다.

그와 동시에 그는 많은 곳에서 실패를 겪고 있었다. 그는 복잡한 권력 싸움에서 리슐리외 추기경에게 한방 먹었으며, 거대한 교황의 영지가 합스부르크 제국에 병합되는 것을 지켜보아야 했으며, 마지막으로 갈릴레이의 새로운 과학이 확고한 교회의 이념에 얼마나 위험한가를 깨달았다. 재앙의 조짐은 너무나도 명백해 보였다. 갈릴레이의 말처럼 자연의 책이 성경 구절로 씌어진 것이 아니라, 수학이라는 언어로 씌어진 것은 더더욱 나쁜 일이었다.

우르바누스는 1623년에 55세의 나이로 교황에 선출되었다. 그 이전에 그는 바르베리니 추기경이었으며, 어느 모로 보나 따뜻하고 동정적이고 지적인 인물이어서, 갈릴레이가 자신의 저서를 놓고 지성적으로 논의할 수 있는 극소수 사람 중 하나로 생각했을 정도였다. 그러나 잇따른 정치적 실패와 함께 지위와 권력을 유지하기 위한 요구는 우르바누스를 따뜻하고 동정적인 사람에서 조급하고 의심 많은 사람으로 변화시켰다. 우르바누스가 크게 의심한 것 중 하나는 갈릴레이가 자신을 기만하고 배신했다는 생각이었다.

그전까지만 해도 갈릴레이는 엄격한 절차를 충실히 따랐다. 자신의 책을 공식적인 교회 검열관들에게 검토시켰고, 교회의 공식적인 출판 인가를 받았다(그리고 자신의 생각은 단지 가설로 제시될 뿐이라고 모든 관리들이 믿게끔 만듦으로써 자신의 견해가 교회측에서 잘 수용되도록 했다). 그는 교황의 분노를 촉발하지 않고서 자신의 이단적인 저서를 출판하는 데 거의 성공할 뻔 했다.

갈릴레오 갈릴레이(1563~1642)

그런데 갈릴레이는 무엇을 믿고 자신의 그러한 행동이 성공할 수 있을 것이라고 생각했을까? 「천문 대화」가 출간되기 전에 교황은 갈릴레이를 자신의 절친한 친구이며, 존경한다고 말했다. 우르바누스가 교황으로 선출된 지 얼마 안돼 갈릴레이가 로마를 방문했을 때, 여섯 차례의 알현 기회가 주어졌으며, 그것도 모두 한 시간 이상 지속되었다. 교황으로서는 상궤에서 벗어난 많은 시간을 할애한 셈이었다. 사실, 갈릴레이가 「천문 대화」를 안전하게 쓸 수 있을 것이라고 생각하게 된 데에는 우르바누스가 교황 자리에 오른 것이 큰 힘이 되었다.

두 사람은 모두 피렌체에서 태어나 피사 대학에서 수학했다. 갈릴레이는 피사 대학에서 의학을 공부했고, 우르바누스는 법학 학위를 취득했다. 바르베리니 추기경 시절에는 갈릴레이가 교황청과 대립했을 때, 갈릴레이를 위해 중재에 나서기도 했다. 그때 1616년에 갈릴레이는 태양 중심설을 지지하면 어려운 처지에 빠질 수 있다고 경고받았다. 다만 그 개념을 단지 하나의 가설로서만 생각한다면, 그것을 연구해도 무방하다고 했다. 대신에 그것을 사실이라고 주장하고 나서서는 안 되며, 그런 생각을 해서도 안 되었다.

그 전초전이 있은 지 16년 후인 1632년, 갈릴레이는 유명하고 존경 받는 과학자로 떠올라 있었으며, 토스카나 대공의 공식적인 궁정 천문학자이자 철학자이기도 했다. 모든 것을 감안할 때, 갈릴레이가 「천문 대화」를 출간하기로 결심한 데에는 약간의 오만함도 섞여 있었다고 볼 수 있다.

그러나 더 중요한 것은 종교에 대한 갈릴레이의 생각이었다. 갈릴레이는 냉소적인 무신론자도 아니었고, 종교에 분노한 도피자도 아니었다. 그는 가톨릭 계통의 학교를 나왔으며, 그의 두 딸은 수녀가 되었다. 그리고 가장 중요한 것은 갈릴레이가 스스로를 가톨릭 교회의 충성스러운 아들로 간주했다는 사실이다. 다시 말해서 갈릴레이는 교회에 상처를 입히려는 것이 아니라, 구하기 위해 노력하고 있다고 스스로 생각했다. 그는 교회가 결국은 틀린 것으로 증명되고 말 교리에 매달리는 데서 벗어나게 하려고 필사적으로 노력하고 있었던 것이다.

그의 놀라운(그리고 계속된) 충성심은 재판 7년 후인 1640년에 쓴 편지에서 드러난다. 눈까지 멀고 가택연금 상태에 있던 그는 (포르투니오 리체티에게 보내는 편지에서) 우주가 유한한가 무한한가라는 문제에 대해 언급했다. 그는 이렇게 결론내렸다.

"오직 성서와 신의 계시만이 우리의 경건한 요구에 답을 줄 수 있다."

그는 여전히 충실한 신자였으며, 결코 무모한 혁명가가 아니었다.

그보다 앞서 활동한 이탈리아의 철학자 조르다노 브루노와 마찬가지로, 갈릴레이 역시 무한 우주의 개념에 마음이 끌린 것은 사실이지만, 그는 그것이 의미하는 바에 대해 깊이 생각하는 것을 거부했다. 그중 하나는 다른 세계에도 지능 생명체가 살고 있다는 것이 될 수밖에 없었다. 교회의 시각에서 볼 때, 두 가지 개념은 모두 지극히 이단적인 생각이었다. 갈릴레이만큼 조심성이 없었던 브루노는 분명한 말로써 그러한 생각들을 주장하고 나섰고, 그 결과 종교재판소에 서게 되었다. 자신의 주장을 철회하길 거부한 그는 1600년에 화형당했다. 브루노가 교황청과 맞섰다가 당한 그 비극적인 결과를 갈릴레이는 너무나 잘 알고 있었다.

그럼에도 불구하고, 갈릴레이는 자신의 개념을 계속 발전시켜 나갔으며, 그 때문에 계속 공격을 받았다. 처음에는 아리스토텔레스의 물리학에 대한 공격 때문에 주로 피사 대학과 파두아 대학의 동료 교수들과 충돌했다. 갈릴레이는 1500년대 말경에 이미 태양 중심설을 지지하기 시작했지만, 교회와 갈등을 빚기 시작한 것은 1612~1614년이 되어서였다.

갈릴레이는 교황의 반발이 거센 것에 놀랐다. 실제로, 갈릴레이의 이름을 언급하는 것만으로도(갈릴레이의 친구들이 교황의 분노를 누그러뜨리려는 기대에서 시도한 것처럼) 우르바누스는 노발대발하곤 했다. 재판이 열리기 얼마 전에 갈릴레이의 친구인 로마 주재 토스카나 대사는 단지 교황의 집무실에 들어간 것만으로 교황의 격한 고함 소리를 들어야 했다.

"당신 나라의 그 갈릴레이는 감히 해서는 안 될 일들에, 그리고 오늘날 소란을 일으킬 수 있는 가장 중요하고도 위험한 주제들에 간섭하고 나섰소."

## 두 가지 주요 우주 체계

*

누구나 다 아는 바와 같이, 갈릴레이보다 1세기나 앞서 니콜라우스 코페르니쿠스가 1543년에 출판된 책을 통해 태양 중심설을 주장했다. 폴란드의 가톨릭 교회 성직자였던 코페르니쿠스는 자신의 주장이 말썽을 일으킬 가능성을 예감하고는 책의 출간을 수십 년 동안 미루었다. 그 책의 초판본은 극적이게도 코페르니쿠스가 병상에 누워 임종을 기다리고 있을 때 그의 손에 전달되었다.

어쨌든 이야기는 그렇게 전한다. 그렇지만 코페르니쿠스는 자신의 글이

미칠 파장에 대해 지나치게 과대평가했던 것이 분명하다. 그의 책은 역사상 가장 읽히지 않은 책 중 하나가 되었으니까. 이론을 라틴어로 포장하여 극소수만이 읽거나 관심을 나타낼 수 있는 장광설의 논문의 형태를 띠고 있는 한, 가톨릭 교회의 경계를 안전하게 피할 수 있었다. 그렇지만 마르틴 루터는 불온한 낌새를 느꼈다. 루터는 코페르니쿠스를 '새로운 점성술사'라 불렀으며, "이 얼간이가 천문학이라는 학문 전체를 뒤집어엎을 것이다"라고 예언했다. 그러나 그 책은 색인조차 만들지 않았으며, 그것은 무력함을 스스로 드러내는 분명한 증거였다. 최소한 갈릴레이가 태양 중심설을 지지하고 나서 교회측도 코페르니쿠스의 생각이 지닌 위험성을 인식하게 된 1616년까지는.

새로운 체계를 보다 잘 이해하기 위해서는 기존의 체계가 어떤 것이었는지 대략 살펴보는 것이 좋을 것이다. 수십 일 이상 오랜 기간 하늘을 자세히 관찰해보라. 무엇이 보이는가? 명백하게, 천체들은 지구 주위를 돌고 있다. 그러나 그 움직임은 결코 단순하고 규칙적이지 않다. 특히 행성들은 나름의 운행 시각표를 가지고 있어, 단순하고 일정한 경로를 따라 움직이지 않는다. 심지어 어떤 것들은 가끔 왔던 길을 되돌아가기도 하는 것처럼 보인다.

서기 150년 무렵에 알렉산드리아의 천문학자이자 지리학자인 프톨레마이오스는 관찰 결과들을 설명하기 위해 하나의 천문 체계를 만들어냈다. 그가 내놓은 해결책은 지구가 우주의 중심에 정지해 있고, 그 주위를 달과 태양, 행성들과 별들이 일련의 동심구 위에서 돌고 있다는 체계였다.

프톨레마이오스의 체계가 지닌 장점은 실제 관측 결과와 잘 들어맞는다는 것이었다. 다시 말해서, 천문학자들은 천체들의 움직임을 어느 정도 정확하게 예측할 수 있게 된 것이다. 그 계산을 위해서 프톨레마이오스는 모든 천체는 원 궤도를 돈다고 가정했다. 그리고 매우 복잡한 실제 관측 결과와 이론을 일치시키기 위해 주전원周轉圓(epicycle) 이라는 더 작은 원 궤도들을 추가했다. 그 결과는 아주 복잡한 기하학이 되었지만, 그것은 그때까지 나온 체계 중 가장 나은 것이었다. 심지어 그것은 날짜에 따라 행성들의 위치를 예측해주는 일련의 행성표를 만드는 기초로도 이용되었다.

13세기 중반 에스파냐의 왕 알폰소 10세는 그 당시의 관측 결과와 일치하도록 행성표를 개정하는 작업을 후원했다. 오랜 기간에 걸친 지루한 준비 과정을 지켜본 그는 만약 하느님이 자기에게 조언을 구했더라면, 훨씬 간단한 우주 체계를 권했을 것이라고 말했다.

코페르니쿠스의 생각은 프톨레마이오스의 체계와 정면으로 충돌하는 것이었다. 코페르니쿠스는 알폰스 왕과 마찬가지로 프톨레마이오스의 체계를 너무 복잡하다고 여겼다. 그는 이렇게 가정했다. 태양이 정지해 있고, 지구가 두 가지 운동을 한다고 가정하자. 즉, 자전축을 중심으로 하루에 한 바퀴씩 도는 동시에 1년에 한 바퀴씩 태양 주위를 돈다. 그것만으로 모든 것이 명쾌하게 설명된다.

그런데 코페르니쿠스가 태양 중심설을 처음으로 주장한 것은 아니다. 기원전 260년경에 사모스의 아리스타르코스를 비롯해 몇몇 고대 그리스인이 이미 주장한 바 있다. 아리스타르코스 역시 갈릴레이처럼 불경죄로 비난받았으나, 실질적인 해는 입지 않았다. 그러나 아리스타르코스는 태양 중심설을 뒷받침하는 증거를 제시하지 못했고, 그 때문에 태양 중심설은 역사의 먼지 속에 파묻히고 말았다.

프톨레마이오스의 체계는 관측되는 전체 운동을 충분히 예측할 수 있을 정도로 정밀한 최초의 체계였다. 그 체계가 사람들의 눈에 보이는 하늘의 모습과 일치했음은 물론이다. 훗날 프톨레마이오스의 체계는 가톨릭 교회의 가르침에 깊이 뿌리를 내리게 된다. 거기에는 13세기의 신학자이자 철학자인 토머스 아퀴나스의 역할이 컸다. 예컨대 기독교의 가르침에서 중요한 부분을 차지하는 인간 중심주의는 지구 중심의 우주론과 잘 어울렸다.

천당과 지옥의 개념도 지구 중심설과 잘 맞아떨어졌다. 지구 중심설에서는 천체를 단지 완전한 존재일 뿐만 아니라, 불변의 존재로 간주했기 때문이다. 다시 말해서 하늘에 존재하는 모든 것은 영원하고 변하지 않는 반면, 성장과 특히 퇴화와 부패는 성서에 나오는 조상들이 저지른 죄에 대한 벌 때문에 지상에 한정된 특성이라는 것이다.

성서에서 천문학적인 언급을 찾기란 어렵지 않다. 시편 93편에는 '세계도 견고히 서서 요동치 아니하도다'라는 구절이 있으며, 시편 19편에는 '하늘이 하느님의 영광을 선포하고, 궁창이 그 손으로 하신 일을 나타내는도다…. 해를 위하여 (하늘에) 장막을 베푸셨도다. 해는 그 방에서 나오는 신랑과 같고, 그 길을 달리기 기뻐하는 장사 같아서 하늘 이 끝에서 나와 하늘 저 끝까지 운행함이여.' 성서에서 생각하는 우주의 모습은 여기서 명백하게 드러난다. 또한 태양이 움직이는 것이 아니라면, 어떻게 여호수아가 태양을 멈출 수 있었겠는가?

이러한 구절들은 옛날 사람들이 생각했던 천문학적 믿음이 표출된 것이다. 그러나 이러한 성서 구절들이 코페르니쿠스를 주저하게 만들고, 갈릴레이에게 온갖 박해를 가하기에 충분한 근거가 되었던가? 오늘날의 입장에서는 절대로 그럴 수 없겠지만, 15세기와 16세기에는 확실히 그러했다.

세속적인 시대에 살고 있는 우리로서는 그 당시에 가톨릭 교회의 영향력이 얼마나 막강했는지 짐작하기가 쉽지 않다. 모든 사건은 하느님(또는 사탄)의 분노 또는 즐거움의 표시로 간주되었다. 혜성은 재앙의 전조였다. 이탈리아의 대학들은 교회의 엄격한 통제를 받고 있진 않았으나, 모든 교수들은 종교 교리에 감화돼 있었고, 또 그중 대다수는 성직자였다(갈릴레이가 1592년부터 1610년까지 가르치고 연구 활동을 한 파두아 대학은 극소수의 예외에 속했다). 의학조차도 대체로 종교와 미신과 믿음이 결합된 것이었다.

그러한 분위기에서 태양 중심설은 진실로 큰 파열음을 내는 개념이었다. 교회측의 비위를 건드린 것은 이론 자체보다는 그것이 내포하고 있는 의미였다. 코페르니쿠스의 이론은 아주 용감한 발상의 전환이었지만, 단순성이라는 측면에서는 별로 이익이 되는 것이 없었으며, 정확성에서도 나은 것이 없었다. 코페르니쿠스는 천체의 궤도가 원이어야 한다는 선입견(원운동이야말로 모든 종류의 운동 중에서 가장 완전한 것이었기에)에 사로잡혀 있었기 때문이다. 원 궤도에 집착한 나머지 그는 우주 체계의 중심을 태양의 중심에서 다소 벗어난 곳으로 옮길 수밖에 없었으며, 그래서 자신의 체계에서 간단명료성을 잃어버리는 결과를 초래하고 말았다.

코페르니쿠스의 믿음은 또 다른 측면에서도 오늘날의 믿음과 차이가 있었다. 예를 들어, 천체들을 하늘을 가로질러 가게 하는 원인은 무엇인가? 아퀴나스는 천사라고 말했다. 그러나 코페르니쿠스는 천사가 아니라, 영원히 회전하려고 하는 완전한 원의 본성 때문이라고 말했다. 그가 태양 중심설을 믿었던 기본 이유 또한 시사하는 바가 있다. 즉, "전체 우주를 밝혀 주는 램프가 있을 자리는 중심보다 더 좋은 곳이 있을 수 없다"는 것이었다.

태양 중심설의 수레를 제 길로 나아가게 한 사람은 독일의 천문학자이자 수학자인 요하네스 케플러였다. 그는 행성의 궤도가 원이 아니라 타원이라는 사실을 발견함으로써 그 일을 해냈다. 그러나 케플러는 코페르니쿠스와 마찬가지로, 자기 나름의 태양 숭배 사상에 바탕해 태양 중심설을 옹호했다.

그런데 이상하게도, 갈릴레이와 케플러는 동시대인이었고, 심지어 서신까지 주고받았으며, 케플러가 태양 중심설을 옹호한 소수의 주요 과학자 중 한 사람이었는데도 불구하고, 갈릴레이는 케플러의 연구를 전혀 이용하지 않았다. 갈릴레이 역시 원 궤도에 집착했다. 이것은 기존의 틀에서 벗어나는 것이 얼마나 어려운가를 보여 주는 사례이다.

## 증거

*

어쨌든 태양 중심설에 대한 반론들이 엄연히 존재했으며, 그러한 반론들에 대한 답을 제시해야 했다. 다년간에 걸친 논쟁 끝에 갈릴레이는 결국 좀 더 구체적인 증거가 필요하다는 것을 인식하게 되었다. 자신의 주장이 옳다는 것을 증명할 수 있는 방법이 있어야 했지만, 갈릴레이는 현실적으로 그러한 증거를 전혀 발견할 수 없었다.

갈릴레이가 제시한 증거 중 상당 부분은 자신이 직접 제작한 망원경을 사용해 관측한 결과를 바탕으로 하고 있었다. 한 물체가 동시에 두 가지 운동을 할 수 없다는 교부철학자들의 반론에 대해, 갈릴레이는 지구(혹은 태양—이 논쟁에서 지구냐 태양이냐는 중요하지 않다)의 주위를 돌고 있는 목성의 주위를 공전하는 위성들을 증거로 내밀었다. 천체는 완전하다는 전통적인 주장에 대해, 갈릴레이는 태양에는 흑점이 있으며, 달은 반반하지 않고 산맥이 있다는 것을 보여 주었다. 코페르니쿠스의 이론이 옳다면 금성도 위상 변화를 나타내야 한다는(그때까지는 아무도 그것을 본 적이 없었다) 교부철학자들의 반론에 대해, 갈릴레이는 자신의 관측에서 금성의 위상 변화가 목격되었다고 주장했다.

그렇지만 그러한 관측은 주로 1609년과 1610년에 아주 원시적인 망원경을 통해 이루어졌다는 사실을 기억해야 한다. 망원경에 보이는 상에서 어떤 의미 있는 모습을 찾아내기 위해서는 고도로 훈련된 눈이 필요하다. 갈릴레이의 망원경을 들여다보았던 많은 사람들의 눈에는 단지 흔들리는 흐릿한 빛의 점들밖에 보이지 않았다. 망원경을 들여다보길 거부했던 과학자 중에 줄로 리브리 교수가 있었다. 몇 달 후에 리브리가 죽자, 갈릴레이는 비록 리브리가 지상에 있는 동안에는 천체를 보려고 하지 않았지만, 이제 천국으로 가는 여정에서 천체들을 원 없이 볼 것이라고 말했다.

교회의 막강한 힘을 잘 알고 있던 갈릴레이는 자신의 망원경 관측 결과와 태양 중심설에 대한 지지가 성과를 거두기 위해서는 교회의 축복이 필요하다는 사실을 인식했다. 1611년 갈릴레이는 아주 특별한 순례 목적으로 로마를 방문했다. 그런데 갈릴레이는 평범한 탄원자가 아니라는 사실에 유의해야 한다. 19세기에 바티칸의 문서를 열람하도록 허용된 최초의 학자였던 베르티는 갈릴레이에 대해 이렇게 썼다.

갈릴레이가 로마에서 어떤 평가와 대접을 받았는지 이해하려면, 먼저 인생의 절정기인 47세의 나이에 넓은 이마, 심오한 사고를 하는 듯한 엄숙한 용모, 단정한 얼굴과 아주 세련된 매너를 가졌고, 강연 시에는 분명하고 우아한 말투로 사람들을 즐겁게 하고, 때때로 상상력과 생기가 넘치는 그의 모습을 상상할 필요가 있다. 그 당시의 편지들은 그에 대한 칭찬으로 가득하다. 추기경과 귀족, 그리고 그 밖의 권위 있는 사람들은 서로 갈릴레이를 자기 집에 초대하여 강연을 듣는 영광을 얻으려고 경쟁을 벌였다.

그때까지만 해도 갈릴레이의 적은 거의 전부 아리스토텔레스 과학의 늪에 빠져 있던 학자들이었다. 그런데 갈릴레이는 아주 강하고 때로는 빈정대길 잘하는 논객이었기 때문에 동료 학자들 사이에 많은 적을 만들었다. 그것은 등 뒤에서 갈릴레이를 비난하게 하는 결과를 낳았다. 그러다가 모든 공격이 실패하자, 결국 그들은 교회로 하여금 갈릴레이를 치도록 했다고 갈릴레이의 전기 작가인 조르조 데 산틸라나는 말한다.

그러나 설사 그들이 문제를 부추기지 않았다 하더라도 갈릴레이가 망원경으로 관측한 것만으로도 마찬가지 결과를 가져왔을 것이다. 1613년에 출간된 〈태양 흑점에 관한 편지〉에서 갈릴레이는 자신이 망원경으로 관측한 결과와 일치하는 것은 태양 중심설뿐이라는 주장을 처음으로 출판물을 통해 밝혔다. 그는 의기양양하게 이렇게 결론 내렸다.

"그리고 필시 이 행성(토성) 역시, 뿔 모양의 금성과 마찬가지로, 위대한 코페르니쿠스의 체계와 아주 잘 일치되어, 그 체계의 전 우주적인 계시의 상서로운 미풍이 구름이나 역풍에 대한 염려가 조금도 없이 이제 우리를 향해 부는 것처럼 보인다."

그러나 이미 가톨릭 교회 내에서 문제의 싹이 자라고 있었다. 로리니 신부는 "이페르니쿠스인지 누군지 그 이름이 무엇이든 간에, 그의 학설"은 성경에 반하는 것이라고 주장했다. 그 다음해에는 갈릴레이에 대해 최초로 교회의 공개적인 공격이 포문을 열었다. 도미니크 교단의 과격한 젊은 성직자 톰마소 카치니는 피렌체의 산타마리아노벨라 교회의 설교단에서 새로운 천문학을 공격했다. 갈릴레이 주의자들과 그에 동조하는 모든 수학자들을 비난하면서 그는 사도행전의 구절을 인용해 이렇게 말했다.

"갈릴리 사람들이여, 왜 일어서서 하늘을 올려다 보느냐?"

이 인용 구절은 유머가 섞인 신소리로 여길 수도 있지만, 카치니의 분노한 설교에는 유머라고는 손톱만큼도 없었다.

1616년에 갈릴레이는 벨라르미네 추기경으로부터 위험한 길을 걷고 있다고 경고를 받았다. 그 당시에 벨라르미네 추기경이 쓴 편지에 교회의 입장이 분명하게 나타나 있다. 코페르니쿠스의 체계를 지지한 카르멜파의 신부 파올로 안토니오 포스카리니의 연구를 언급하면서 벨라르미네는 이렇게 지적했다.

> "태양이 우주의 중심이라는 것을 진정으로 증명하는 것이 있다면… 그에 반하는 것으로 보이는 성경 구절을 설명하는 데 조심스런 숙고가 필요하리라고 본다… 그러나 나는 아직까지 그러한 증명은 제시된 바가 없다고 본다."

벨라르미네의 말은 옳았다. 갈릴레이가 제시한 모든 증거, 특히 망원경 관측 결과는 지구가 태양 주위를 돌 수도 있다는 가능성은 시사했지만, 실제로 반드시 그렇다는 것을 증명하지는 못했다. 여기서 중요한 것은, 만약 그러한 증명이 존재한다면, 교리에서 아주 중요한 부분이 무너지고 만다는 사실이다. 그러니 그러한 증명이 나오기 전까지는 교회측으로서는 시간이 지나면 이 혼란스러운 상황이 진정되고, 언제 그랬냐는 듯이 잠잠해질 것이라는 기대를 품고 현상을 그대로 유지하는 편이 훨씬 나았다.

만약 갈릴레이가 「천문 대화」를 출간할 생각을 하지 않았더라면, 어떻게 됐을까? 실제로 그랬을(최소한 잠깐 동안은) 가능성도 있다. 그러나 갈릴레이는 무슨 일을 해야 하는지 알았으며, 망설이지 않고 행동을 취했다. 그런데 코페르니쿠스의 저서는 별문제가 되지 않았는데, 갈릴레이의 책은 왜 그렇게 큰 문제가 됐던 것일까? 앞에서 언급한 것처럼, 코페르니쿠스의 저서가 지닌 큰 문제점은 읽기 쉽게 잘 포장되지 않았다는 것이었다. 그러나 갈릴레이의 「천문 대화」는 달랐다. 물론 그 내용이 단순한 것은 아니었지만, 뛰어나고 생기가 넘치며 재미있게 서술된 책이었다.

갈릴레이가 처한 당시의 상황을 다른 측면에서 보여 주는 흥미로운 사실이 한 가지 더 있다. 로마 제국의 전성기에는 지적인 대화와 글은 그리스어를 사용했으며, 라틴어는 일상어로 사용되었다. 그러나 코페르니쿠스와 갈릴레이의 시대에는 지식인들은 학문적인 연구에 라틴어를 사용했으며(주로 대다수 학자들이 로마 가톨릭 교회와 밀접한 관계에 있었기 때문에), 일반인들이 쓰는 언어는 이탈리아어였다. 그런데 갈릴레이는 「천문 대화」를 이탈리아어로 썼다. 따라서 그의 책은 널리 읽히고 논의될 수 있었다. 코페르니쿠스의 「천체의 회전에 관하여」와는 대조적으로, 갈릴레이의 「천문 대화」는 순식간에 인기를 끌었으며 교회 측은 그것을 묵과할 수 없었던 것이다.

## 「천문 대화」

*

갈릴레이의 「천문 대화」는 영역본이 여러 가지 나와 있는데, 모두 갈릴레이가 전하려고 노력했던 맛을 어느 정도 지니고 있다. 또 4일간에 걸쳐 전개된 일련의 대화 형식을 빌린 틀도 그대로 간직하고 있다. 등장 인물은 살비아티, 사그레도, 심플리초 세 사람이다. 살비아티는 1614년에 사망한 갈릴레이의 옛 친구 이름을 딴 인물로, 갈릴레이의 입장에서 이야기 한다. 이야기의 무대는 1612년에 갈릴레이가 태양 흑점을 관측한, 아르노가 내려다보

1632년에 출판된 「천문 대화」.

이는 살비아티의 웅장한 저택이다. 살비아티는 또한 갈릴레이가 즐기는 해학적인 시와 저속한 코미디를 곧잘 사용한다.

역시 사망한 친구의 이름을 딴 사그레도는 지적이고 공정한 중재자이며, 고위직에 있는 세속적인 사람이다. 젊은 시절에 갈릴레이는 비록 연구에 열중하긴 했지만, 즐거운 시간을 가지는 것을 거부하지 않았으며, 브렌타 강가에 있는 사그레도의 저택에서 난잡한 파티가 열렸다는 이야기도 전한다.

마지막 등장 인물인 심플리초는 갈릴레이가 그동안 겪어온 모든 적들을 합쳐 놓은 인물이다. 갈릴레이는 우선 심플리초를 통해 적들의 주장을 전개한 다음(거기다가 그 사람들이 생각지도 못했던 자신의 의견까지 덧붙여), 힘있는 논증과 때로는 신랄한 풍자를 곁들여 그러한 주장들을 무찔러나가는 수법을 사용했다.

예를 들면 심플리초는 태양과 달과 별들이 "단지 지구에 봉사하는 것 외에는 다른 용도로 만들어지지 않았기 때문에, 그 목적에 필요한 빛과 운동 외에는 다른 속성을 가질 필요가 없다"는, 그 당시 사람들이 공통적으로 지녔던 믿음을 대변하고 있다.

"그게 무슨 말인가?" 사그레도는 반문한다. "변하고, 일시적이고, 죽음의 운명을 타고난 지구에 봉사하기 위한 한 가지 목적으로 완전하고 고귀한 천체들, 영원하고 불변의 신성한 존재들을 자연이 그토록 많이 만들었단 말인가? 그대가 우주의 부스러기이자 모든 더러운 것의 시궁창이라고 부르는 것을 위해서 말인가?"

깨끗한 일격이었다. 사그레도는 칼날을 돌려 이렇게 덧붙인다.

"나는 태양과 달이 지구에 어떻게 변화를 일으킨다는 것인지 이해하지 못하겠네. 그것은 신부의 방에 대리석상을 놓아두고는 그 결합으로부터 아이가 태어나기를 기대하는 것과 무슨 차이가 있는가?"

자신의 적들이 고전 문헌, 그중에서도 특히 아리스토텔레스의 문헌에 과도하게 의존하는 것을 꼬집으며 사그레도는 이렇게 꾸짖는다.

"그렇지만 심플리초, 자네와 터무니없는 철학자들이 아리스토텔레스의 문헌 여기저기에서 쉽게 발견할 수 있는 추상적인 글귀들을 조합하여 바라던 결론에 이르렀다고 하지만, 나는 베르길리우스나 오비디우스의 시에 나오는 구절들을 가지고도 인간의 모든 문제와 자연의 비밀을 설명하는 이론을 만들 수 있다네. 그렇지만 왜 하필 베르길리우스나 그 밖의 다른 시인을 인용해야 할 필요가 있겠는가? 나에겐 아리스토텔레스나 오비디우스의 작품보다 훨씬 부피가 작은 책이 있다네. 그런데도 그 속에는 모든 과학이 다 들어 있고, 아주 약간만 공부해도 누구든지 그것으로부터 가장 완벽한 체계를 만들어 낼 수 있지. 그 책은 바로 알파벳이라네."

갈릴레이가 사방의 적들을 향해 동시에 공격을 감행하는 것으로 보이는가? 실제로 그렇다. 그 결과, 「천문 대화」는 약 5백 페이지나 되는 방대한 분량으로 씌었다. 그러나 거기에는 그럴 만한 이유가 있었다. 갈릴레이는 우주론적인 문제(프톨레마이오스의 체계 대 코페르니쿠스의 체계)를 직접 다루고 싶었겠지만, 그럴 수가 없었다. 프톨레마이오스의 이론은 과학과 철학과 종교를 모두 결합하여 만들어 놓은 복잡하고도 완전한 총체적인 체계였기 때문이다.

예컨대 프톨레마이오스는 이렇게 썼다.

> 비록 나는 죽을 수밖에 없는 덧없는 존재이지만,
> 눈길을 돌려 별이 빛나는 밤 하늘을 바라보는 순간,

나는 더 이상 땅 위에 서 있지 않다. 나는 창조자와 손이 닿고,
나의 살아 있는 영혼은 불멸을 마신다.

이것은 과학인가, 종교인가, 철학인가, 점성술인가, 시인가? 우주론의 논쟁을 전개하기 전에 갈릴레이는 거대하고 튼튼한(비록 흉물 사납다 하더라도) 건축물의 벽돌 하나하나, 개념 하나하나를 일일이 해체해야 했으며, 실제로 그렇게 했다. 젊은 시절에 갈릴레이는 그 계획을 자신의 '거대한 설계'라고 불렀다. 그것은 적절한 표현이었다.

그렇지만 자신의 모든 주장은 증거가 없는 한 한낱 공허한 가설에 불과하다는 사실을 갈릴레이는 잘 알고 있었다. 사실, 「천문 대화」의 초반부는 결정타(증거)를 날리기 위한 사전 정지작업이었다. 책의 끝부분에 이르러서야 살비아티는 지구의 운동과 조석의 관계를 설명한다. 갈릴레이는 이것이야말로 회심의 일격이라고 생각했다. 지구의 물이 움직이고 있는 것이다. 이 사실은 명백하다. 느릿느릿하지만 논리적으로 전개된 아주 긴 일련의 논쟁을 통해 갈릴레이는 이 물의 움직임이야말로 지구가 움직이는 증거라고 밝힌다. 그리고 이것으로 확실한 증거를 제시했다고 여겼다.

사그레도는 깜짝 놀라며 이렇게 말한다.

"당신이 더 이상 말하지 않더라도, 내 판단으로는 이것 하나만으로 보기만 해도 역겨움이 느껴지던 수많은 사람들의 공허한 주장을 모두 능가한다고 생각되오. 뛰어난 지성을 가진 사람들 중에서… 담긴 물은 움직이는데, 그것을 담고 있는 그릇이 움직이지 않는다는 것은 양립할 수 없다는 사실을 모르는 사람은 아무도 없었소."

아이로니컬하게도, 갈릴레이는 조석潮汐은 천체 중의 무엇인가에 의해 야기된다고 주장한 케플러를 무심코 비난했다. 그렇지만 케플러는 그러한 천체의 힘이 자기磁氣라고 생각했다. 「천문 대화」에서 살비아티는 케플러가 "달이 물을 지배한다는 생각과 불가사의한 성질과 그와 같은 종류의 하찮은

것들에 귀를 기울였다"고 비난한다. 원격 작용과 같은 종류의 현상은 케플러의 신비적인 성향을 드러내는 것이라고 갈릴레이는 생각했다.

영감에 바탕한 케플러의 추측이 옳다는 것은 훨씬 훗날에 가서야 밝혀진다. 실제로 조석은 달과, 그리고 그 영향력은 더 작지만 태양의 중력(비록 자기력은 아니지만)에 의해 일어나기 때문이다. 조석은 지구의 움직임 때문에 일어나는 것이 아니지만, 이것은 갈릴레이의 문장이 아주 뛰어났음을 보여 주는 좋은 예이다. 잘못된 주장을 펼칠 때조차도 그의 주장은 상당한 설득력이 있었던 것이다.

## 중대한 실수

*

독자들을 설득하기 위해 갈릴레이는 자신의 주장을 좀 더 구체적이고 강력하게 제시할 필요가 있었다. 자신의 주장을 명백하게 보이게 하고, 또 분풀이도 약간 할 겸, 갈릴레이는 심플리초를 희생양으로 삼았다. 심플리초의 주장이 더 어리석어 보일수록 자신이 노리는 소기의 목적을 더욱 분명하게 달성할 수 있었다. 그는 이것을 최대한 이용하기로 마음먹었으며 실제로 책의 거의 모든 부분에서 소기의 성과를 거두었다.

그러나 책의 말미에서(필시 지나친 정열에서, 또는 개인적인 위험 없이 자신의 느낌을 드러내는 방법을 발견했다는 자신감에서) 그는 심플리초로 하여금 자연 세계에 대한 진정한 지식을 얻는 것은 불가능하다는 가톨릭 교회의 입장을 대변하도록 한다. 심플리초는 만약 하느님이 지구를 움직이는 것 말고 다른 방식으로 지구의 물을 움직이게 하고 싶었다면, 분명히 그랬을 것이라고 말한다.

"따라서 만약 그렇다면 하느님의 신성한 능력과 지혜를 한 개인의 한 가지 특정 추측으로 제한하고 한정하려는 것은 지나치게 무례한 짓이 될 것이라고 결론 내릴 수밖에 없소."

심플리초가 언급한 '특정 추측'은 물론 코페르니쿠스의 체계를 가리킨다.

심플리초의 마지막 진술은 그다지 폭발적인 것으로 들리지는 않는다. 갈릴레이의 생각조차 심플리초의 생각과 같은 것처럼 보이기까지 한다. 그러나 갈릴레이의 적들은 훗날 만약 그 진술이 심플리초의 입에서 나온 것이라면, 갈릴레이의 의도는 그것을, 그리고 더 나쁘게는 교황을 조롱하기 위한 것임에 틀림없다고 우르바누스를 설득하는 데 성공했다. 비록 갈릴레이는 과감하긴 했지만, 어리석지는 않았다. 문제는, 심플리초의 주장이 교황이 말해오던 바로 그 논리였으며 갈릴레이가 그것을 책에 포함시키도록 검열관들에 의해 유도되었다는 것이다. 명백히(어쨌든 갈릴레이의 머릿속에서는) 그 발언은 심플리초에게서 나온 것이었다. 갈릴레이가 그것이 우르바누스의 입장이라는 사실을 깜빡했을 가능성도 있다.

어쨌든 우르바누스는 그 결과를 보고 격노했다. 1642년에 갈릴레이가 죽은 후에도 우르바누스는 갈릴레이를 용서하길 거부했다. 오랫동안 갈릴레이의 후원자였던 토스카나 대공은 갈릴레이를 위해 적절한 공식적인 장례식을 치르고 피렌체의 산타크로체 교회 무덤에 기념비를 세우려고 했다. 그러자 우르바누스는 대공에게 그러한 행위를 자신에 대한 직접적인 모독으로 간주할 것이라고 경고했다. 그 결과, 역사상 최고의 과학자 중 한 사람의 유해가 거의 1세기 동안이나 교회 종탑 지하실에 은밀하게 묻혀 있게 되었다.

그러다가 마침내 갈릴레이의 유해를 교회 입구에 있는 커다란 기념비 밑에 매장하라는 허락이 떨어져, 오늘날까지 그곳에 묻혀 있다. 갈릴레이의 무덤 근처에는 피렌체 출신의 유명 인사인 미켈란젤로와 마키아벨리의 무덤도 있다. 「천문 대화」는 1822년까지도 교회의 금서 목록에서 해제되지 않았다. 그러나 그렇다고 해서 그때까지 그 책이 출판되지 않은 것은 아니다. 다른 유럽 국가들로 책이 반출된 다음에 라틴어로 번역되었으며, 이탈리아가 아닌 다른 나라 학자들 사이에서 널리 논의되었다.

일부 역사가들은, 만약 갈릴레이가 1610년에 토스카나 대공의 자문역을 맡지 않고, 독립 공화국인 베네치아의 파두아 대학 교수로 머물러 있었더라면, 훨씬 행복한 삶을 누렸을 것이라고 주장한다. 그러나 그것이 과학에 더 좋은 결과를 가져왔을까? 이 질문에 답하기는 쉽지 않다. 만약 재판이 열리지 않았더라면, 갈릴레이는 틀림없이 코페르니쿠스의 이론을 지지하고 옹호하는 일을 계속했을 것이다. 그렇지만 그런 행위가 금지되었기 때문에, 갈릴레이는 「천문 대화」보다 기초 과학에는 훨씬 중요한 것으로 간주되는 책을 쓰는 데 관심을 돌렸다. 그 책은 「두 가지 새로운 과학에 대한 대화(1638)」로, 역학에 관한 그의 초기 연구를 총정리한 것이다. 힘들과 스스로 '장소적 이동(local motion)'이라 부른 운동을 다룬 이 책은 부상하는 역학 분야의 탄탄한 기초가 되었다.

갈릴레이의 역학 연구는 십대 때부터 시작되었다. 인류가 출현한 이래 수많은 사람들이 바람에 흔들리는 추를 보아 왔지만, 19세의 갈릴레이가 놀라운 사실을 발견하기 전까지 이 현상은 별다른 의미가 없는 것으로 생각돼왔다. 줄에 매달려 산들바람에 흔들리는 교회의 샹들리에를 쳐다보고 있던 갈릴레이는 샹들리에가 한 번 왕복하는 데 걸리는 시간은 흔들리는 거리가 아니라 줄의 길이에 따라 결정된다는 사실을 발견했다. 이 간단한 관찰은 정확한 시간 측정의 초기 역사에서 가장 중요한 발달을 가져왔으며, 진자 시계의 발달을 낳았다.

운이 조금만 더 좋았더라면, 갈릴레이는 진자에 관한 중요한 사실을 한 가지 더 발견할 수도 있었다. 진자는 평면상에서 직선으로 왔다 갔다 하기만 하는 것이 아니라, (만약 진자를 계속 자유롭게 흔들리도록 할 수만 있다면) 시간이 지남에 따라 흔들리는 방향이 변한다. 진자 아래에서 지구가 자전하고 있기 때문에 이런 현상이 나타나는 것이다! 이 사실은 19세기에 가서야 발견되는데, 아이로니컬하게도 바로 이것은 지구의 자전 운동을 증명하는 최초의 확고한 물리적 증거가 되었다. 갈릴레이가 이 현상을 발견했더라면, 벨라르미네 추기경이 요구했고, 갈릴레이 자신이 필사적으로 찾았던 진짜 증거를 제시할 수 있었을 것이다.

그러나 그러한 증거는 갈릴레이의 생애 동안에는 제시되지 않았으며, 재판을 받을 당시 갈릴레이는 여전히 공격받기 좋은 처지에 있었다. 너무나도 불리한 입장에 있었기 때문에, 과학 탐구의 자유와 같이 그가 아주 소중하게 여기는 가치를 위해서조차 변호하기가 역부족인 상황이었다. 그러나 역사는 갈릴레이를 그러한 입장에 놓이게 했다. 실제로 과학과 종교 사이에 적대감을 조성한 한 가지 사건을 꼽으라고 한다면, 바로 갈릴레이가 받은 재판과 그 판결문을 꼽을 수 있다.

수정주의 역사가들은 과학과 종교 사이의 분쟁은 과장돼왔다고 주장한다. 그것은 실제로는 새로운 과학과 기존의 어떤 권위 사이에서도 벌어질 수밖에 없는 갈등이었으며, 갈릴레이는 적절한 처분을 받았고, 재판은 실제로는 갈릴레이를 더 나쁜 운명으로부터 구해주기 위한 연막극이었으며, 그 밖에 다른 요인들도 작용했다는 것이다. 조르조 데 산틸라나는 심지어 아주 새로운 접근 방법을 제시하기까지 했다. 갈릴레이의 교회측 반대자들을 편협한 과학의 박해자로 간주할 수 있는 반면에, "그들은 과학 시대를 맞이하여 갈피를 잡지 못하고 우왕자왕한 최초의 희생자라고 이야기하는 것이 더 적절할지도 모른다"라고 그는 썼다.

그 이야기가 옳을 수도 있다. 가톨릭 교회는 그 운명적인 사건으로 인해 지금까지도 상처를 입고 있으며, 그 재판을 언급할 때마다 많은 사람들이 느끼는 교회에 대한 거부감을 달래기 위해 지금도 노력하고 있다. 1980년 가을, 교황 요한 바오로 2세는 증거를 다시 조사하라고 지시했으며, 10여 년 후에 그 결과는 갈릴레이에 대한 뒤늦은 무죄 선고로 나타났다. 게다가, 기본적인 갈등(기성 종교와 근대 과학 사이의)은 오늘날까지도 여전히 계속되고 있다.

지금도 연사가 갈릴레이의 깃발을 내걸고 이야기를 하면, 그가 말하고자 하는 것은 과학(혹은 그 밖의 것이라도)탐구의 자유에 대한 간섭에 관한 것임을 우리는 즉각 알아챈다. 그 분쟁의 원인과 의미와 결과에 대해 서술한 책들이 아직도 출간되고 있으며, 그러한 것들을 다룬 강연이 열리고 있다.

언젠가 아르체트리 천문대의 천문학자들이 결정권을 가지게 된다면, 그들은 갈릴레이의 생가에서 그러한 모임을 열 수도 있을 것이다. 갈릴레이가 살던 집은 지금도 그대로 남아 있다. 그 이름 '일 조이엘로Il Gioiello(보석)'는 350년 전과 똑같다. 그러나 불행하게도, 그 밖의 것들은 그때와 같지 않다. 건물은 제대로 보존되거나 관리되지 않았다. 특별 허가를 얻은 사람은 집 안으로 걸어 들어갈 수 있다(몇 년 전에 내가 그랬던 것처럼). 갈릴레이가 하늘을 바라보던 테라스와, 산책하면서 사색에 잠기던 작은 정원, 결국엔 그의 전 우주가 된 여러 방들을 보는 것은 신비적인 경험에 가깝다. 말년에 이르러 갈릴레이는 시력을 완전히 잃었으며, 그의 물리적 우주는 자신의 손과 손가락으로 만질 수 있는 것으로 축소되었다.

그의 집을 방문하여 갈릴레이를 만났던 방문객들 중에 토머스 홉스도 있었다. 그는 「천문 대화」가 영어로 번역되었다는 소식을 갈릴레이에게 전했다.

오늘날, 갈릴레이가 살던 집은 닫힌 채 관리도 되지 않고 방치되고 있다. 피렌체 대학 소속의 천문대 직원들은 갈릴레이의 생가를 복원하길 원한다. 천문대장인 프랑코 파치니는 복원작업이 시작되었다고 보고했다. 그러나 그것을 '죽은 건물'인 박물관으로 만드는 것은 잘못이라고 그는 주장한다. 그것보다는 일종의 살아 있는 기념비로 부활시키길 원한다. 예컨대 학자들이 함께 모여 과학계의 새로운(혹은 낡은 것이라도) 개념들을 놓고 토론을 나누는 피렌체 첨단연구협회와 같은 곳으로 말이다. 갈릴레이도 그와 같은 것을 좋아할 것이다. ✶

ROUND 2

# 월리스 VS 홉스

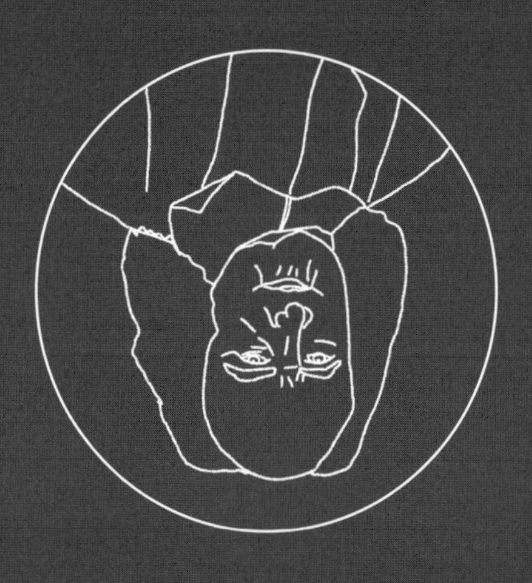

월 리 스 VS 홉 스

# 원과 똑같은 면적의 정사각형 그리기

17세기의 영국은 종교적으로나 정치적으로 격동의 시기였다. 복잡하고도 피비린내 나는 권력 투쟁이 만연했고, 나라는 혁명을 향해 굴러가기 시작했다. 결국 1642년에 내란이 발발했다. 큰 분열은 군주제 지지파와 반대파 사이에 벌어졌지만, 각 동맹에는 아주 다양한 정치적 · 종교적 · 경제적 그리고 심지어는 지식인 세력들이 참여하고 있었다. 1649년 찰스 1세가 의회파에 의해 참수당하고, 잠깐 동안 공화국이 수립되었다.

이 모든 소란을 안타까운 심정으로 바라보면서 사랑하는 조국의 상처를 치료할 수 있는 방법을 절실하게 찾으려는 사람 중에 학자이자 철학자 그리고 귀족의 가정교사이던 토머스 홉스Thomas Hobbes가 있었다. 결국 그는 유명해져서 온 나라를 휩쓸었던 그러한 적개심 중 상당 부분을 자신이 받게 되지만, 그가 태어난 시기는 가장 평온한 시절이던 1588년이었다.

홉스의 전기 작가였던 동시대인 존 오브리는 홉스의 아버지에 대해 다음과 같이 묘사했다.

"그는 엘리자베스 여왕 시대의 성직자였다. 그 시절에는 다른 무식한 많은 경들과 마찬가지로 그 역시 약간의 지식마저 제대로 갖추지 못했다. (그는 심지어는) 학문의 즐거움을 알지 못하고, 학문을 무시했다."

토머스 홉스(1588~1679).

홉스가 일곱 살 때 아버지는 동료 교구목사와 싸움을 벌여 고향인 맘스베리를 떠나 다시는 돌아오지 못하는 신세가 되었다. 삼촌이 홉스의 교육을 대신 맡게 되었는데, 그 역할을 충실히 해낸 것으로 보인다. 14세 때 홉스는 우수한 지적 능력을 보여 옥스퍼드 대학의 모들린 홀(훗날 허트퍼드 칼리지로 이름이 바뀜)에 들어갔다. 그러나 갈릴레이와 마찬가지로 홉스 역시 정규 교과 과정(철학 · 종교를 비롯한 교양 과목)을 싫어했으며, 다른 분야의 책들을 읽었다. 그가 가장 좋아한 분야는 지리학과 천문학이었다. 그는 광학에도 흥미를 느끼기 시작했다.

"홉스는 논리학을 별로 좋아하지 않았다."

오브리는 이렇게 평했다.

"그렇지만 그는 그것을 배웠고, 스스로 뛰어난 논쟁자라고 생각했다. 그는 옥스퍼드 대학에서 제본소에 가는 것과 그곳에서 지도들을 마냥 들여다보는 것을 좋아했다."

1608년, 그가 다니던 대학의 학장이 홉스를 윌리엄 캐번디시 집안의 가정교사로 추천했다(윌리엄 캐번디시는 나중에 데번셔 백작이 되었다가, 그 다음에는 뉴캐슬 백작, 그리고 결국 뉴캐슬 공의 자리에까지 오른다). 그것은 홉스의 인생에서 여러 차례 찾아온 결정적인 기회 중 하나였다. 그 일은 홉스에게 이전에 전혀 알지 못했던 문화와 접촉하는 기회를 제공했다. 캐번디시 가문의 으리으리한 저택에서 홉스는 극작가 벤 존슨, 시인 에드먼드 월러를 비롯해 많은 지식인들을 만났다. 그리고 옥스퍼드 대학의 도서관보다 더 훌륭했다고 홉스가 평가한 도서관이 바로 손만 뻗치면 닿는 곳에 있었다.

윌리엄 캐번디시의 형제인 찰스 캐번디시는 수학자였고, 윌리엄 자신은 뛰어난 아마추어 과학자로서 훌륭한 시설을 갖춘 실험실을 마련하여 거기서 연구했다. 1634년, 홉스는 윌리엄 캐번디시에게 주려고 런던의 책방들을 뒤지며 갈릴레이의 「천문 대화」를 찾았으나, 구하지 못했다. 윌리엄 캐번디시에게 보내는 편지에서 홉스는 책을 구하는 데 실패한 것에 대해 실망을 표시하면서 다음과 같이 언급했다.

"그 책은 이탈리아에서는 루터와 칼뱅에 관한 모든 책보다도 종교에 훨씬 큰 타격을 입힐 책이라고 이야기된답니다. 종교와 자연 이성 사이에는 그렇게 큰 대립이 존재한다고 그들은 생각합니다."

1610년 홉스와 그의 제자는 유럽 대륙 일주 여행을 떠났다. 이 여행을 통해 홉스는 자신의 학생보다 더 많은 것을 배운 것이 분명하며, 학자가 되기로 결심했다. 그해에 프랑스의 앙리 4세가 살해되었는데, 이 사건은 홉스에게 깊은 인상을 심어주었다.

영국으로 돌아온 홉스는 고전학 공부에 몰두했으며, 1628년에는 투키디데스의 「펠로폰네소스 전쟁사」를 번역했는데, 현대의 비평가는 그것을 아주 훌륭한 것으로 평가한다. 이 번역서의 서문에서 이미 홉스의 정치적 이념이 틀을 잡기 시작하고 있음을 볼 수 있다.

"투키디데스는 나에게 민주주의가 얼마나 어리석은 것인지, 그리고 한 사람이 군중보다 얼마나 더 현명한지 가르쳐주었다."

이 말은 우리의 귀에 거슬리지만, 그 시대 상황의 맥락에서 이해해야 한다. 그 당시의 다른 작가들과 마찬가지로, 홉스는 고전 역사(영웅주의와 귀족

정치의 이념을 포함하여)에서 풍요로움과 고상함을 느꼈다. 게다가, 그 당시에는 성공한 민주주의의 사례가 하나도 없었기 때문에 홉스가 그렇게 생각할 수밖에 없었을 것이다.

## 기하학에 심취하여

*

1623년에 이루어진 두 번째 여행에서 홉스는 일종의 '선험적 지적 경험'을 했다. 오브리는 홉스의 생애를 다음과 같이 조명한다.

> 그는 40세가 되어서야 기하학에 접했는데, 그것은 우연하게 일어났다. 향신鄕紳(gentleman)의 도서관에 유클리드의 「기하학 원론」이 펼쳐져 있었는데, 그것은 1권 법칙 47이었다. 그는 명제를 읽었다. "오, 이럴 수가(By G-)!" 라고 그는 소리쳤다(그는 강조의 표현으로 때때로 신의 이름이 들어가는 단어를 쓰곤 했다). "이건 불가능해!" 그래서 그는 그것의 증명을 읽었고, 그 증명에 다시 다른 명제가 언급되어 있자, 그 명제를 찾아 읽었다. 그 명제는 다시 다른 명제를 언급했고, 그것 역시 찾아 읽었다. (그런 식으로 계속하다가) 마침내 그는 그것이 옳다는 것을 확신하게 되었다. 이렇게 해서 홉스는 기하학에 심취하게 되었다.

홉스와 같은 시대에 살았던 르네 데카르트 역시 기하학에서 영감을 얻었다. 데카르트(갈릴레이가 어떤 일을 당했는지 들은 후에 출간하려고 준비했던 책을 연기시킨 바 있는)는 전체 물리 우주를 기하학적 양으로 환원시킬 수도 있지 않을까 기대했다. 오늘날에도 유클리드는 많은 사람들을 매료시킨다. 중간자 이론으로 1949년도 노벨 물리학상을 수상한 유카와 히데키는 고등학교 시절에 유클리드 기하학의 아름다움에 '매료되었다'고 썼다. 그 역시 홉스와 마찬가지로 그러한 경험 뒤에 과학에 몰두했다.

그러나 홉스가 이렇게 뒤늦게 기하학에 입문한 것이 훗날 문제를 일으키는 한 원인이 되었다. 오브리는 그것을 이렇게 설명했다.

"홉스가 수학을 좀 더 일찍 공부하지 않은 것이 안타깝다. 그랬더라면 그는 그렇게 많은 허점을 드러내지 않았을 것이다."

유카와를 비롯해 기하학에 빠져든 그 밖의 사람들과 마찬가지로, 홉스 역시 참인지 명백하지 않은 명제를, 참으로 간주되는 다른 명제들로부터 수학적으로 정확한 단계를 밟아 도출할 수 있다는 생각에 매료되었다. 이 방법은 완전한 철학을 구축하거나 자기 사상의 논리를 증명하는 데 사용할 수 있을 것 같았다. 실제로, 그의 글 중 하나인 〈소논문(Short Tract)〉, (1630년경)은 유클리드의 저술 형식에 기초하고 있다.

다시 말해서, 홉스는 자신의 사상이 자기가 끄기를 원하는 불에 오히려 부채질을 더하는 격이 되지 않는다는 확신을 얻길 원했다. 훗날 출간된 「인간의 본성」이라는 책에서 그는 이렇게 설명한다.

"인간의 재능과 열정과 품위에 대해, 즉 도덕철학 · 정책 · 정부 · 법률에 대해 글을 쓴 사람들은, 이미 그런 책들이 수많이 나와 있는 상황에서, 자신이 다루는 문제들에서 의심과 논란을 전혀 제거할 수 없었기 때문에 오히려 그러한 의심과 논란을 증폭시켰을 뿐이다."

기하학에 심취하고 나서 몇 년 후인 1634년에서 1637년까지 홉스는 세 번째 유럽 대륙 여행을 떠난다. 이 여행에서 홉스는 그 당시 가장 앞선 몇몇 과학자와 수학자를 만났다. 메르센 · 가상디 · 로베르발 그리고 특히 갈릴레이와의 만남을 통해 홉스는 운동의 문제에 깊은 관심을 가지게 된다. 물체의 운동에서 어떤 측면도 수학적으로 표현할 수 있다는 것을 보여준 사람이 바로 갈릴레이였다(홉스는 훗날 갈릴레이를 역사상 최고의 과학자라고 칭송했다). 홉스는 모든 자연적인 현상은 어떤 종류의 운동에 의해 일어나며, "어떤 사물에서 일어나는 어떤 변화도 운동에서 비롯된다"고 느꼈다.

결국 이러한 생각이 그의 전체 철학 구조의 초석이 되었다. 그는 심지어

정신적 활동(생각과 욕구를 포함해)도 실제로(비유적인 표현이 아니라) 마음의 운동에서 일어난다고 간주했다. 이 믿음은, 최소한 이론적으로는, 물리적 원리에서 심리학적 영감을 도출하는 것을 가능하게 해 주었다.

이러한 생각은 아주 복잡한 현상에 대해 아주 단순하게 접근하는 방법이었다. 그 방법의 중요성은 정신 활동을 어쨌든 설명할 수 있다고 시사한 그 오만함에 있다. 두뇌세포에 대해(두뇌 세포의 동작은 말할 것도 없고) 아무것도 알려져 있지 않던 당시에 그것을 대신하는 설명은 수천 년 동안 제시돼 온 수많은 미신과 신화에 의존하는 것이었다.

그런 다음 운동의 개념을 좀 더 확대하면서 홉스는 갈릴레이와 마찬가지로 거대한 설계의 견지에서 생각하기 시작했다. 홉스는 자신의 설계를 세 가지 주요 부문으로 나누었다. 첫 번째 것은 '물체(body)'와 그것의 일반적 성질을 다루고, 두 번째 것은 사람들과 그들의 특별한 기능 및 속성을 다루고, 세 번째 것은 시민 정부와 국민의 의무를 다룰 작정이었다.

홉스는 전체 작품을 적절한 순서대로 쓸 계획이었으나, 외부적인 사건들이 방해를 했다. 그는 훗날 이렇게 썼다.

"내전이 발발하기 몇 년 전에 조국은 자치령의 권리와 국민의 정당한 복종에 관한 문제로 들끓고 있었다. 그리고 그것은 다른 모든 문제를 뒤로 미루고 무르익어 나에게서 이 세 번째 부분을 빼앗아간 원인이 되었다."

이렇게 해서 그의 대작인 「리바이어던Leviathan」이 탄생했다(1651년). 천재적이고 신랄하고 솔직하게 정치적 원리를 주장한 이 책은 그 책을 읽은 모든 사람들(그리고 읽지 않은 많은 사람들까지도)을 흥분시키는 비상한 효과를 발휘했다.

## 「리바이어던」

*

홉스는 자연 상태의 인간성을 그리면서 논의를 시작했다. 이 서두 부분에는 홉스를 유명하게 만들고, 역사 속에서 큰 반향을 불러일으키는 단어들이 포함돼 있다. 자연적인 인간 상태에 대한 낭만적인 개념과는 대조적으로, 홉스는 그것을 '외롭고, 불쌍하고, 불결하고, 야만적이고, 궁핍한' 상태로 표현했다. 그것은 경쟁과 공격이 난무하는 조건이며, 그러한 경쟁과 공격은 단지 폭력적인 죽음에 대한 두려움 때문에 억제될 뿐이다(홉스가 이러한 원시적인 자연 조건의 모델 중 하나로 생각한 것은 아메리카 식민지에서 살던 사람들의 조건이었다). 이러한 상태에서 사람들이 국가 조직에 가장 바라는 것은 보호이다. 그 대가로 개인은 자유의 일부를 포기해야만 한다. 홉스의 이러한 생각은 오늘날에도 여전히 적절하다.

홉스는 아주 다양한 부분들을 거느린 국가를 거대하고 무서운 괴물인 리바이어던에 비유한다. 흔히 거대한 고래로 생각되는 리바이어던은, 신화에서는 실은 커다란 뱀처럼 생긴 괴물을 가리킨다. 여기서 홉스가 말하고자 하는 것은, 국가가 효율적으로 돌아가기 위해서는 거대한 괴물처럼 하나의 통제 지능이 필요하다는 것이다.

따라서 다른 어떤 정부 형태보다도 군주제가 가장 훌륭한 제도로 선호된다. 그 자체만 놓고 볼 때, 이 생각은 혁명적인 것이라곤 전혀 없다. 그러나 성직자 정치에 반대하는 홉스는 통상적인 군주제의 기반이 되는 왕권 신수설 때문이 아니라, 실용적인 이유에서 군주제를 선호했다. 그래서 그는 통치자들에게 그들과 국민 사이에 가톨릭 교회(특히)를 포함하여 어떤 집단이나 기관도 끼어들지 말게 해야 한다고 충고한다. 또한 데카르트는 물질과 영혼을 구별한 데 반해, 유물론자인 홉스는 영혼은 존재하지 않는다고 주장한다(적어도 이 세상에는). 이제 왜 홉스라는 이름을 교회측에서 저주하는지 이해할 수 있을 것이다.

그렇지만 이러한 그의 사유가 어디까지 나아가는지 더 살펴보기로 하자. 따라서 갈릴레이를 자신들의 등불로 여기며 부상하던 집단인 실험 철학자들 역시 위험하다. 왜냐하면 그들 역시 성직자들과 마찬가지로 독자적인 목소리를 내기 때문이다. 이 부분에 이르러서는 홉스가 완전히 실족한 것은 아닐까? 실험에 바탕한 학문은 우주를 이해하는 데 유효한 접근 방법이 아닌가?

「리바이어던」의 표지. 왕관을 쓴 왕의 몸이 무수히 많은 작은 국민들로 구성되어 있다.

반드시 그렇지는 않다. 근대 과학이 막 시작되던 그 당시에는 실험 철학의 관행은 교회의 가르침을 상당 부분 따르는 것으로 간주되었다. 예를 들면 새로운 실험 철학의 주요 인물인 로버트 보일은, 실험 철학자들이 실제로는 '자연의 성직자'이며, 안식일을 경배하기 위해 실험은 일요일에 실시해야 한다고 주장했다. 물론 이러한 사고방식이 깔려 있었다고 해서 초기의 실험들이 아무 쓸모 없었던 것은 아니지만, 홉스의 의심을 사기에는 충분했다.

홉스는 또한 법률가 양성 교육의 개혁을 위해 신랄한 제안을 했는데, 그것은 사실상 대학의 대대적인 개혁을 요구했다. 이들 교육기관의 진짜 목적은 국가 권력에 대한 교황 지배의 정당성을 내세우기 위한 스콜라 철학의 논리를 개발하는 것이라고 홉스는 느꼈다. 이렇게 숨어 있는 목적이야말로 불안과 분쟁을 일으키는 큰 원인이라고 믿었다.

그는 또한 대학들이 시대에 뒤떨어졌다고 생각했고, 대학 밖에서 성장한 과학을 대학 교육에 포함시길 것을 강력하게 주장했다. 그러나 시대는 변하고 있었고, 17세기 초에 홉스가 대학에 다닐 때와 17세기 중반의 사정이 똑같지는 않았다. 그는 미끄러지기 쉬운 길을 걷고 있었던 셈이다.

자신이 좋아하는 기하학에 바탕하여 홉스는 추론을 통해 진리에 이를 수 있다고 믿었는데, 숫자나 도형 대신에 이름을 사용함으로써 그럴 수 있다고 생각했다. 뉴욕 시립대학에서 홉스를 연구한 학자 새뮤얼 민츠는, 홉스의 사고방식에서는 "진정한 지식은 이름으로 정확하게 추론하는 데 있다. 즉, 수학의 셈과 아주 유사한 연역적 추론 방법을 통해 가정과 정의로부터 정확한 결론을 유도하는 것이 가능하다"고 설명한다.

홉스의 유명론唯名論(추상적인 개념은 구체적인 지시 대상물이 있는 것이 아니라 오직 이름으로만 존재한다는 믿음)은 윤리적 상대주의(어떤 절대적인 도덕적 가치나 진리도 존재하지 않는다는 믿음)로 이어졌다. 「리바이어던」에서 홉스는 "왜냐하면 참과 거짓은 사물의 속성이 아니라, 말의 속성이기 때문이다. 말이 없다면 참과 거짓도 없다"라고 쓰고 있다. 그는 또한 법을 지키는 것은 언제든지 옳다고 주장한다. 사실, 그는 법이 없다면 옳고 그른 것을 구별할 수 없다고 생각했다. 이러한 생각은 그 시대의 다른 사람들에게 결코 좋게 보일 수 없었다. 만약 홉스의 생각이 맞다고 인정한다면, 신의 인도는 어떻게 되겠는가?

그렇다면 홉스의 편으로 남은 사람은 누가 있었는가? 아마도 왕당파가 아니었을까? 어쨌든 그는 절대 정부의 강력한 옹호론자였으며, 그것은 왕정주의자들의 마음에 들 것이라고 기대할 수 있다. 문제는, 홉스가 절대 정부를 세습 왕정이나 왕권 신수설에 바탕하여 옹호한 것이 아니라, 보통 시민들을 보호하는 최선의 방법으로 옹호했다는 데 있었다. 그럼으로써 그는 지배 권력자들도 불안하게 만들었던 것이다.

비록 「리바이어던」은 자신의 원칙을 처음으로 천명한 것은 아니었지만, 세상을 떠들썩하게 만든 홉스의 견해로서는 최초의 것이었다. 그 결과, 그는 사방에서 공격을 받았다. 그는 즉시 무신론자라는 말을 들었는데, 그 당시로서는 결코 가벼이 여길 수 없는 호칭이었다. 그는 신인神人 동형동성론자, 사탄주의자, 사두개교도, 유태인뿐만 아니라, 맘스베리의 괴물, 국가적인 우환, 무신앙의 사도, 밥맛 떨어지는 물질적인 신의 숭배자, 수간獸姦뚜쟁이라는 욕을 얻어먹어야 했다.

시간이 지나도 그러한 공격은 사그라들지 않았다. 1660년대 초에 의회의 한 주교 집단은 그를 이단자로 규정, 화형에 처할 것을 요구했다. 이것은 결코 가볍게 여길 문제가 아니었으므로, 홉스는 자신의 많은 글을 불태우고 말았다. 그 동안 발표된 홉스의 글을 모으고 있던 출판업자들은 홉스의 행동을 안타깝게 여겼다. 홉스의 책을 공개적으로 불태우는 일도 자행되었으며, 1666년의 런던 대화재 때, 의회의 일부 의원들이 홉스의 집 문에다 불을 지르기도 했는데, 그들은 그것을 홉스의 신념에 대한 천벌이라고 말했다.

자신의 연구에 대한 홉스의 느낌은 어떠했을까? 때로는 존 버니언이 한 말로 인정되지만, 홉스가 말한 것으로 흔히 알려진 "나는 신이 있다는 것을 안다. 그렇지만 오! 차라리 신이 존재하지 않는다면! 왜냐하면 신은 나한테 조금도 자비를 베풀지 않을 것임을 나는 알기 때문이다"라는 표현을 민츠는 자신의 책에 인용했다.

홉스와 「리바이어던」은 곧 영국에서 끝없이 계속되는 싸움에 넌더리가 난 사람들 사이에서 일부 팬들을 얻었지만, 반대자들의 수가 압도적으로 많았다. 다행히도, 많은 사람들(아마도 대부분)은 홉스를 물어 뜯을 이빨이 없었다. 그러나 그러한 이빨을 가진 사람도 있었다.

## 탁월한 수학자

✶

링의 반대쪽 코너에 등장한 사람은 영국의 저명한 수학자이자 암호학자이자 성직자인 존 월리스였다. 청교도 혁명(찰스 1세와 의회 사이의 전쟁) 초기에 그는 의회파를 위해 암호 편지들을 일부 해독해주었는데, 이 사실로 그의 충성심이 어느 쪽에 있었는지 가늠할 수 있다. 그렇지만 그는 1660년에 왕정복고(찰스 2세의)가 일어난 후에도 군주정치와 좋은 관계를 유지해나갔다.

윌리스는 홉스보다 24세나 어렸다. 그는 학생 시절에 수학을 포함해 광범위한 분야들을 공부했지만, 주관심은 신학이었고, 1640년에 윈체스터 주교에게 서품받았다. 그 다음 10년 동안 그는 수학, 그중에서도 특히 대수방정식의 해법을 약간 연구했다.

1649년, 왕당파이던 피터 터너가 의회의 명령으로 해임되자 옥스퍼드 대학의 매우 명예로운 자리인 새빌리언 기하학 석좌교수 자리가 비게 되었다. 그 자리에 윌리스가 임명되어 많은 사람들을 놀라게 했다. 그러자 그때까지 윌리스에게 취미 활동에 불과했던 수학이 이제는 아주 진지한 직업이 되었다. 몇 년 안에 그는 유럽에서 가장 뛰어난 수학자 중 한 사람으로 부상했다.

무한대(∞)와 '같거나 작은'(≤)의 기호를 만들어낸 사람도 윌리스이다. 그는 무한소에 대한 연구도 했으며, 1/∞이라는 기호로 그것을 나타냈다. 많은 사람들 중 뉴턴 · 라그랑주 · 호이겐스 · 파스칼도 윌리스가 수학적으로 중요한 공헌을 했다는 것을 인정했다. 윌리스의 전기 작가인 스콧은 "뉴턴이 겸손하게 '내가 남보다 좀 더 멀리까지 볼 수 있었던 것은 거인들의 어깨 위에 올라서 있었기 때문이다'라고 말했을 때, 염두에 두었던 사람은 바로 존 윌리스였다"라고 주장한다. 윌리스는 청각 장애자에게 말하기를 가르치는 법, 논리학, 문법, 고문서, 신학 분야도 연구했다.

마지막으로, 윌리스는 과학발전을 위한 기구인 왕립학회를 만드는 데에도 기여했다. 왕립학회는 오늘날 아주 명성 높은 학술원이 되었지만, 처음에는 그렇지 않았다. 「영국인에게 보내는 편지」(1733)에서 볼테르는 왕립학회를 파리의 아카데미와 비교했는데, 왕립학회는 명백하게 둘째로 밀려날 수밖에 없었다. 볼테르의 표현대로 "영국에서는 자신을 수학과 자연철학*을 사랑한다고 말하는 사람은 누구라도" 왕립학회 회원이 되기를 열망한다는 의사를 표현하기만 하면 즉시 회원으로 선출되었다. 그러나 홉스만은 예외였다. 충분한 자격이 있었고, 회원이 되기를 열망했음에도(본인은 부인하지만) 불구하고, 홉스는 윌리스와 그의 동료들에 의해 가입이 차단되었다.

존 윌리스(1616~1703).

윌리스는 홉스와는 달리 다투기를 좋아하는 성향을 지녔던 것 같다. 홉스는 비록 사방에서 부딪히긴 했지만, 개인적으로는 상냥한 사람이었다. 그런데 홉스와 마찬가지로 윌리스도 격렬한 논쟁에 많이 휘말렸다. 그러나 윌리스는 강력한 수학적 펜을 가지고 있었고, 1656년에서 1657년 사이에 프랑스의 저명한 수학자 피에르 드 페르마와 벌인 논쟁의 결과는 윌리스의 명성을 굳혀주었다.

그러나 명성이 높아졌다고 해서 그가 항상 진실에 충실했다는 것을 의미하지는 않는다. 예를 들면 나중에 펴낸 책(1685년에 출판된 「대수론」)의 한 절에 대해 과학사가 버나드 코헨은 "과학사에서 가장 큰 왜곡 중 하나"라고 표현했다. 왜냐하면 윌리스는 "17세기의 모든 중요한 수학은 영국인이 발전시켰고, 데카르트는 해리엇의 연구를 표절했다는 견해를 취했기 때문"이라고 코헨은 지적했다.

그럼에도 불구하고, 윌리스가 광범위한 관심과 뛰어난 지성을 가졌던 것은 분명하다. 또한 거미줄의 거미처럼 그는 홉스가 실수로 자신의 영토로

---

* 그 당시 '자연철학(natural philosophy)'이라는 용어는 오늘날 우리가 관찰과학 또는 실험과학이라 부르는 것을 가리켰다.

들어오기를 기다리고 있었던 것도 명백해 보인다. 홉스는 1655년에 67세의 나이로 마침내 거대한 설계에 대한 연구에 착수했을 때, 그렇게 하고 말았다. 홉스는 원래 3부작으로 계획했던 책의 첫 권을 라틴어로 출판했다. 그 책의 20장 '물체론(De Corpore)'이라는 장에는 3천 년 이상 기하학자들의 골머리를 썩여온 문제에 대한 홉스의 해법이 들어 있었다. 그 문제는 바로 원과 똑같은 면적의 정사각형을 작도하는 문제였다.

## 수학적 도전

*

그 문제는 다음과 같다. 직선 자로 선분을 하나 그린다. 컴퍼스의 바늘 끝을 선분의 한쪽 끝에다 놓고, 그 선분을 반지름으로 하는 원을 그린다. 그런 다음, 직선 자와 컴퍼스만 가지고 유한한 단계를 거쳐 원과 똑같은 면적을 가진 정사각형을 작도하라는 것이다.

탁상공론 같은 어리석은 짓거리 같다고? 전혀 그렇지 않다. 이 문제가 원을 완전한 도형으로 생각한 고대 그리스 인의 철학과 어느 정도 관련이 있는 것은 사실이다. 그렇지만 이 문제의 기원은 고대 이집트에서 실생활 문제를 해결하기 위해 생겨났을지 모른다. 사실, 기하학 자체도 이집트에서 실용적인 도구로서 시작된 것으로 생각된다. 매년 나일강의 범람으로 토지들의 경계가 사라지고 난 뒤, 토지들을 정확하게 측량해야 할 필요성에서 기하학이 발달한 것으로 생각된다. geometry(기하학)라는 단어는 그리스어의 ge(지구)와 metrein(측량)가 합쳐져 만들어졌다. 토지의 경계가 직선일 때에는 측량 문제는 비교적 쉽다. 그러나 경계가 곡선일 경우에는 측량하기가 아주 어려웠다. 그러한 모든 문제들을 직선으로 둘러싸인 면적을 측정하는 문제로 바꿀 수만 있다면, 일이 아주 간편해질 것이다.

그리스 시대에 풀리지 않은 과학과 수학 문제는 많은 사람들의 도전을 자극하는 흥미로운 수수께끼였다. 그와 비슷한 다른 문제들이 풀린 적도 있었다. 예를 들면 단순한 기하학적 방법과 직선 자와 컴퍼스만을 사용해 원 안에 내접하는 삼각형을 그려 넣은 다음, 변의 수를 얼마든지 원하는 만큼 배로 늘려갈 수 있었다. 외접한 다각형에 대해서도 같은 방법을 사용할 수 있었다. 변의 수가 커질수록 다각형은 점점 원을 닮아간다. 다시 말해서 변의 수를 무한히 증가시킬 때, 원은 이 두 가지 다각형의 극한인 셈이다.

아르키메데스도 이 방법을 알고 있었다. 그는 96각형을 사용하여 $\pi$의 값이 $3\frac{1}{7}$ 보다는 작고, $3\frac{10}{71}$ 보다는 크다는 것을 밝혔다.

원과 같은 면적의 정사각형을 작도하는 문제(원적법圓積法이라고도 함)를 붙들고 씨름했던 유명한 그리스 사람 중에는 아낙사고라스 · 히피아스 · 안티폰 · 히포크라테스 · 유클리드 · 프톨레마이오스 등이 있다. 고대 이집트인과 바빌로니아인도 이 문제에 매달렸으며, 아랍인과 인도인도 예외가 아니었다. 그리고 기독교 세계에서는 쿠사의 니콜라우스, 레기오몬타누스, 시몬 반 에이크, 롱고몬타누스, 존 포르타, 스넬, 크리스티안 호이겐스, 존 월리스, 아이작 뉴턴, 르네 데카르트, 고트프리트 라이프니츠 등이 있다.

그런데 1600년대 중반만 해도 오늘날 과학의 기반을 이루고 있는 미적분이 전혀 알려져 있지 않았다는 사실을 기억할 필요가 있다. 기하학적 사고는 당시의 유행이었을 뿐만 아니라, 원적법 문제 자체는 일반 대중 사이에 광범위한 호기심의 대상이 되었다(아마도 수학적 난제로서는 최초로). 모든 사람에게 참여할 기회를 준 원적법 경연도 개최되었으며, 심지어 1686년 3월 4일자 〈Journal des Savants(학자 잡지)〉지에서는 "주어진 시간 안에 원과 같은 면적의 정사각형을 작도하는 문제에 대해 참신한 아이디어를 생각해내지 못했다는 이유로 완벽한 조건을 갖춘 구혼자를 퇴짜놓은 한 젊은 여성"의 일화를 소개하고 있다.

점점 사람들의 관심이 증폭되면서(여기에는 갈릴레이를 비롯한 여러 사람들의 새로운 과학이 큰 자극을 준 것이 분명하다) 이 문제를 풀기 위한 수많은 시도들이 이루어졌다. 그런데 그 시도들은 대부분 수학적으로 제대로 훈련받지 못하여 자신들의 노력이 얼마나 어리석은 것인지조차 알지 못하는 사람들에 의해 이루어졌다. 18세기에는 문제를 풀었노라고 보내오는 신청서의 수가 너무나도 엄청나서 왕립학회와 프랑스 과학 아카데미는 그러한 노력들에 대해 더 이상 관심을 갖지 않겠노라고 선언하기에 이르렀다.

그런데 홉스가 바로 이 늪에 빠진 것이다. 홉스의 경우, 자신의 철학적 개념이 수학적 개념에 바탕하고 있다고 스스로 공언했다는 데 문제가 있었다. 만약 월리스가 홉스의 수학적 연구가 잘못된 것임을 증명할 수만 있다면 홉스의 전체 철학적 구조는 와르르 무너지고 말 것이다.

월리스는 훗날 네덜란드의 물리학자이자 천문학자인 호이겐스에게 보낸 편지(1659년 1월 1일)에서 이 전술을 설명했다.

> "리바이어던은 우리의 대학들(우리 것뿐만 아니라 모든 대학들)을 격렬하게 공격하고 파괴하고 있으며, 특히 성직자들과 모든 종교들을 공격하고 있습니다. 마치 기독교 세계에는 건전한 지식이 하나도 없다는 듯이… 그리고 사람들은 철학을 이해하지 못하면 종교를 이해할 수 없고 수학을 알지 못하면 철학을 이해할 수 없다는 듯이 말입니다. 그래서 어떤 수학자가 반대의 추론 과정을 통해 그가 그렇게 용기를 얻고 있는 수학을 얼마나 제대로 모르고 있는지를 보여주는 것이 필요하다고 생각됩니다. 우리에게 유독한 오물을 토해낼 것이 분명한 그의 오만방자함을 두려워하여 그러한 행동을 주저해서는 안 될 것입니다."

월리스는 동료인 새빌리안 천문학 석좌교수 세스 워드와 함께 이 홉스라는 악당을 영원히 끝장내기로 마음 먹었다. 워드는 「물체론」의 철학적 측면을 상대하기로 했고, 월리스는 수학적 측면을 다루기로 했다. 워드가 반격에 나서는 데에는 1년이나 걸렸지만, 월리스는 즉시 사냥감을 죽이는 데 나섰다.

월리스는 훗날 처음에는 분노했지만 그 다음에는 즐거움을 느꼈고, 그리고 마지막에는 연민으로 변했다고 술회했다. 그러나 「물체론」이 나온 지 석 달 후에 발표된 가차없는 논박에서는 연민 같은 것은 조금도 찾아볼 수 없었다. 그 반박 논문의 제목은 'Elenchus Geometriae Hobbianae(홉스의 기하학에 대한 반대 논증)' 이었다. (elenchus는 소크라테스의 문답법을 가리키는 단어이다). 라틴어로 씌어진 이 소논문에서 월리스는 홉스가 사용한 방법뿐만 아니라, 정의까지도 마구 공격했다. 그는 어떤 곳에서는 거친 조롱을 사용하는가 하면, 다른 곳에서는 엄숙한 설교를 사용하는 등 뛰어난 기술을 발휘하여 상대의 주장을 갈기갈기 찢어놓았다. 그는 홉스의 성급함과 자만심을 지적했고, 교회에 미치는 위험에 대해 썼다. 그는 또한 hop(깡충깡충 뜀)와 hobgoblin(도깨비)이라는 단어들을 가지고 장난침으로써 홉스의 이름까지 조롱거리로 삼았다.

다른 사람이라면 이런 공격을 받으면 그만 풀이 죽고 말 텐데, 홉스는 용감한 방어전술을 채택했다. 그것은 바로 공격이었다! 그는 「물체론」(월리스의 공격에 힘입어 이 책은 더 잘 팔리고 있었다)의 영어판에 통렬한 부록을 추가했다. 홉스는 그 부록에 '한 사람은 기하학 교수, 또 한 사람은 천문학 교수인 수학 교수들에게 주는 여섯 가지 교훈'이라는 제목을 붙였다. 두 사람이 월리스와 워드라는 것은 누구나 다 알 수 있었다. 그는 감사의 말에서부터 바로 공격을 시작했다. "「물체론」의 7장에서 13장까지 나는 과학(기하학)의 원리들을 수정하고, 설명했다. 즉, 그러한 일을 하라고 급료를 받고 있는 월리스 박사가 해야 할 일을 대신한 것이다."

한 걸음 더 나아가 그는 월리스의 'Elenchus'뿐만 아니라 월리스의 다른 두 책까지 언급했다.

"이 두 권의 책은 여기서 완전하고도 명백하게 논박되었다. 세상이 시작된 이래 기하학 분야에서 이렇게 터무니없는 책이 씌어진 적은 없었고, 앞으로도 없을 것이라고 나는 확신하는 바이다."

부록의 교훈 3에서 그는 월리스의 책들을 "순전히 무식의 소치인 횡설수설"이라고 언급했다. 교훈 4에서는 월리스의 책 중 한 권을 '그대의 천박한 책'이라고 표현했다. 그렇지만 이 '천박한 책(「무한 산술」(1656))'에서 월리스는 훗날 뉴턴과 라이프니츠의 손에서 미적분으로 태어날 거보를 내디뎠다는 사실을 지적할 필요가 있을 것 같다.

교훈 5는 특히 노골적이다. 그는 월리스가 '높이가 무한히 작은 평행사변형'에 대해 쓴 것을 꾸짖는다.

"이게 기하학의 언어란 말인가?" 하고 홉스는 반문한다.

그러나 홉스가 안고 있던 한 가지 문제점은, 기하학에 너무 빠져 있어서 새롭게 성장한 대수학의 가능성에 대해 완전히 백지 상태였다는 것이다. 그래서 그는 원뿔곡선에 관한 월리스의 독창적인 방법에 대해 "수많은 기호들로 뒤덮여 있어" 그것을 읽어볼 엄두가 나지 않는다고 말했다.

그러고 나서 홉스는 다음 문장으로 끝머리를 맺었다.

"여러분의 방법이란 이와 같다. 무례한 정통 신도들, 비인간적인 성직자들, 도덕을 망치는 자들, 한 목소리만 내는 줏대 없는 동료들, 악명 높은 한 쌍의 이삭 같은 자들(Issachars), 가장 비열한 Vindices and Indices Academiatrum."

마지막 세 가지 용어는 해석이 필요할 것 같다. 훗날 볼테르가 생생하게 보여주듯이, 말로 싸우는 결투에서는 위트가 큰 점수를 얻기 때문이다. Issachar는 성경에서 인용한 단어로, 17세기에는 돈을 위해 원칙을 포기하는, 돈만 아는 사람을 경멸적으로 표현하는 데 사용되었다. Vindices는 Vindex의 복수로, 변호자 또는 옹호자란 뜻인데, 세스워드가 홉스와 싸울 때 취한 별명이다. 마지막으로, Indices Academiatrum은 '아카데미의 배신자'라는 뜻인데, 대학이 스콜라 철학의 중심지가 되고 있으며, 지성과 과학이 정체된 곳이라는 홉스를 비롯한 다른 사람들의 공격으로부터 워드가 옥스퍼드 대학과 케임브리지 대학을 방어하기 위해 쓴 책의 제목인

「Vindiciae Academiarum(아카데미의 보호)」에서 딴 것이었다.

이에 대해 월리스는 홉스가 그리스어 단어를 잘못 사용한 것에 공격의 초점을 맞추었다. 홉스가 사용한 단어는 stigma였는데, 이것은 구멍이나 점을 의미할 수 있었다. 그러나 월리스는 수학적인 점(즉, 차원이 없는 점)을 나타내려면 stigme라는 단어를 사용해야 한다고 지적했던 것이다. 그러나 홉스는 두 단어는 모두 사용할 수 있다고 생각했는데, 차원이 없는 점의 개념을 이해할 수 없었던 것이 주원인이었다. 마찬가지로 홉스는 선도 역시 폭이 있어야 한다고 생각했다. 원과 같은 면적의 정사각형을 작도하는 문제를 해결하는 데 그가 겪은 기본적인 어려움은 바로 여기에 있었다.

그러나 홉스는 조금도 굴하지 않고 〈존 월리스의 어리석은 기하학, 촌스러운 언어, 스코틀랜드 교회 정치 그리고 야만성의 표시〉라는 글로 반격을 했다. 다시 말해서, 두 사람간의 대결은 광범위한 주제를 놓고 서로 드잡이를 하는 형국으로 악화돼간 것이다. 심지어는 아주 사소한 문법적인 문제까지도 논쟁의 대상이 되었는데, 두 사람 모두 자신의 박식함을 증명하려고 했기 때문에 그러했다. 월리스는 이에 대해 "Hobbiani Puncti Dispunctio(무의미한 홉스의 점)"라는 라틴어 말장난으로 응수했다.

홉스는 1657년에 응수를 중단했는데, 주된 이유는 계획했던 자신의 3부작을 완성하기 위해서였다. 월리스도 시간을 유용한 데 사용하여 미적분학의 기초라고 부를 수 있는 포괄적인 논문을 썼다. 이 논문은 '보편 수학(Mathesis Universalis)'이라는 제목으로 그해에 발표되었다.

잠깐 동안은 모든 것이 조용했다. 그러다가 1660년에 홉스가 링으로 다시 뛰어들어와, A와 B라는 이름의 두 화자 사이에 오가는 다섯 편의 라틴어 대화의 형식으로 월리스의 연구에 대한 상세한 비판을 발표했다. 나중에 월리스는 A와 B는 다름아닌 바로 토머스와 홉스이며, 그들간의 대화는 "조금의 거리낌도 없이 자화자찬을 늘어놓고, 토머스가 홉스를 칭찬하고, 홉스는 토머스를 칭찬하고, 그리고 두 사람 모두는 제 3의 인물인 토머스 홉스를 칭찬하는 방법"에 불과하다고 비난했다.

홉스는 기하학 교수들의 자만심을 꺾어놓으려는 목적으로 1666년에 다시 월리스에게 반격을 가했다. 여기서 그는 '거의 모든 기하학자들'과 싸움을 하고 있는 것 같았다고 고백했다. 그리고는 삐딱하게 이렇게 덧붙였다.

"나 혼자만 미쳤거나, 나 혼자만 미치지 않았다. 다른 경우란 있을 수 없다. 다만, 혹시라도 누군가가 우리 모두가 다 미쳤다고 말하지 않는 한."

이 무렵 왕립학회가 제 궤도에 올라 〈철학 회보(Philosophical Transactions)〉를 발간하고 있었다(이것은 오늘날까지도 발간되고 있다).

월리스는 〈철학 회보〉를 잘 활용했다. 1666년 8월, 월리스는 '홉스의 최근 저서 「기하학의 원리와 연역」에 관한 월리스의 비평. 친구에게 보냄'이라는 글을 통해 홉스의 미치광이 논쟁에 대한 반격을 폈다. 그는 홉스의 책에 대해 논박하려고 할 사람은 아무도 없을 것이라고 주장했다. 왜냐하면 만약 홉스가 미친 사람이라면, 이성적으로 설득하는 것이 불가능할 것이기 때문이다. 또 만약 우리가 모두가 미쳤다면, 우리는 그렇게 할 능력이 없기 때문이다."

나중에 홉스가 제기한 주장에 대해 언급하면서 월리스는 이렇게 썼다.

"호의 구부러진 정도를 접촉각이라고 불러야 한다는 이유에 대해서 나는 홉스가 다른 사람들이 치즈라고 부르는 것을 분필이라고 부르길 좋아한다는 것 말고는 다른 이유를 알지 못한다."

1669년, 80세가 넘은 홉스는 자신이 어떤 위치에 있는지 전혀 모른 채 원과 같은 면적의 정사각형을 작도하는 문제와 또 다른 그리스 시대의 유명한 기하학 문제 두 가지(구와 똑같은 부피의 정육면체를 구하는 것과 주어진 정육면체의 2배의 부피를 가진 정육면체를 기하학적으로 작도하는 법)에 대해 자신의 해답을 내놓았다. 이것은 발표되자마자 즉시 월리스의 공격을 받았다. 또다시 격렬한 논쟁이 벌어졌다(1669년, 1671년 그리고 1672년에). 1672년의 논쟁은 월리스로서는 마지막 공격이었지만, 홉스는 끝내지 않았다. 1678년, 90세의 나이에 그는 물리학의 문제에 관한 10편의 대화를 모아놓은 「자연철학 데카메론」을 들고 나왔다. 그는 월리스에 대한 공격을 참지 못했는데, 이번에는 월리스가 「운동에 관하여」(1672)에서 중력에 대해 발표한 연구를 겨냥했다.

그러고 나서 1년 후에 홉스는 세상을 떠났다. 학자의 별자리를 타고 난 그는 자연의 기계적 개념을 만들어내는 데 공헌했다. 그렇지만 그가 사용한 것은 연역 과학이었고, 왕립학회의 다른 회원들이 그 다음 단계(경험 과학, 즉 귀납 과학)로 옮겨갔을 때, 홉스는 거기에 보조를 맞출 수 없었다. 그래서 격렬한 논쟁이 발생했던 것이다. 그것은 꼬박 25년이나 계속되었으며, 홉스의 사망과 함께 끝났다. 월리스는 새빌리안 기하학 석좌교수로 54년 동안 재직하다가 1703년에 사망했다.

이 논쟁을 다음에 계속되는 두 가지 논쟁, 즉 라이프니츠와 뉴턴, 그리고 볼테르와 니덤 사이에 벌어진 논쟁과 비교해보는 것도 흥미롭다. 세 경우 모두 다방면의 폭넓은 지식을 가진 철학자와 좁은 범위의 깊은 지식을 가진 전문가 사이의 대결로 진행된다. 이러한 싸움은 오늘날에는 거의 일어날 가능성이 없다. 왜냐하면 과학과 수학은 너무나도 복잡하게 변해버려서 비전문가로서는 거기에 접근할 방법조차 찾을 수 없기 때문이다.

이들 논쟁의 결과는 천차만별이었다. 홉스와 월리스의 경우에는 결과가 명백했다(그들의 수학을 알고 있던 사람들의 눈에는). 홉스는 용감하게 전선을 확대했음에도 불구하고, 그는 항상 월리스와의 수학적 대결에서 둘째로 처질 수밖에 없었지만, 그는 그 사실을 한 번도 인정하려 하지 않았다.

그리고 수학에서의 실패가 다른 분야에서 그의 명성에 금이 가게 하지는 않은 것 같다. 유럽 대륙에서 「리바이어던」이 출간됨으로써 홉스는 그토록 갈망하던 명성을 얻었고, 자신을 따르는 많은 숭배자들이 생겨 긴 여생 동안 그들과 서신을 왕래했다. 또한 1670년대에는 라이프니츠로부터 영광스러운 찬사를 두 차례나 받았다. 그중 하나에서 라이프니츠는 홉스를 정치철학 분야에서 '정확한 논증과 증명 방법'을 사용한 최초의 철학자라고 칭송했다.

홉스는 또한 자신의 생각이 스피노자 · 라이프니츠 · 디드로 · 루소 · 흄 · 로크를 비롯하여 많은 훌륭한 학자들의 사고에 큰 영향을 미쳤다는 사실을 안다면, 매우 기뻐할 것이다. 제2차 세계대전이 끝난 후에 홉스의 글에 대한 관심이 다시 크게 늘어났는데, 그것은 현대 군사 기술의 가공할 힘뿐만 아니라 날로 커져가는 우리 생활의 복잡성을 다루는 방법을 발견하기 위한 최근의 노력이 반영된 것이라고 생각된다.

사실, 후세대의 사람들은 동시대인들보다 홉스를 훨씬 좋게 평가했다. 그는 가끔 최초의 근대적인 정치철학자로 불리기도 한다. 홉스 전문가인 마이클 오크숏은 「리바이어던」을 "영어로 씌어진 것 중에서 가장 위대하고 아마도 유일한 정치철학"이라고 평했다. 인간 행동과 그것을 어떻게 다루어야 하는지에 대한 홉스의 생각 때문에 그는 또한 일부 분야에서는 과학적 사회학의 아버지로 불리기도 한다.

아이로니컬하게도, 「리바이어던」의 첫 부분에서 홉스는 "산술의 훈련을 받지 않은 사람들은 반드시, 그리고 교수들조차도 종종 실수를 저지르고 잘못을 쌓아올린다"라고 지적했다. 그리고 나중에는 "다른 사람들은 그의 실수를 볼 수 있을 때, 기하학에서 실수를 저지르면서도 그것을 계속 고집하는 어리석은 사람은 누구인가?"라고 쓰고 있다. 과학분야의 순진한 풋내기들은 자신의 노력을 제대로 평가하기가 그렇게 어려운 것이다.

1882년, 독일의 수학자 페르디난트 린데만은 홉스와 월리스가 그렇게 몰두했던 원과 같은 면적의 정사각형 작도는 불가능하다는 것을 증명했다. 이것은 그 모든 소란이 낭비였다는 것을 의미할까? 민츠는 그 논쟁을 '쓸모없는' 것이라고 평했고, 마틴 가드너는 〈사이언티픽 아메리칸〉지에서 '무익한 것(profitless)'이라고 표현했다.

그렇지만 그 정도로 아주 나쁘기만 한 것은 아닐지도 모른다. 수세기 이상 홉스를 비롯해 많은 기하학자들의 반복되는 실패를 통해 월리스와 같은 수학자들이 다른 곳에서 해결의 방법을 찾게 되었기 때문이다. 수와 대수를 통해 결국에는 그 다음 단계인 미적분으로 연결되는, 본질적으로 다른 길을 택하도록 해준 것이다.

홉스의 철학적 개념마저도 미적분학의 발명에 어느 정도 영향을 끼쳤을 가능성이 있다. 미적분학의 역사를 다룬 자신의 저서에서 칼 보이어는 다음과 같이 주장한다.

"홉스의 과도한 유명론은, 월리스가 보여준 것처럼, 수학자들로 하여금 수학의 개념을 순전히 추상적으로 보던 관점으로부터 벗어나, 논리적이기보다는 직관적으로 만족스러운 미적분학의 기초를 1세기 이상에 걸쳐 추구하도록 유도했다."

또 그는 이렇게 덧붙였다.

"뉴턴과 라이프니츠가 모두… 오로지 수에 대한 논리적 개념만으로 설명하기 보다는 크기의 생성이라는 개념을 통해… 새로운 해석의 설명을 추구하고 나선 데에는 여기에 큰 이유가 있었다." ✶

ROUND 3

# 뉴턴
# VS
# 라이프니츠

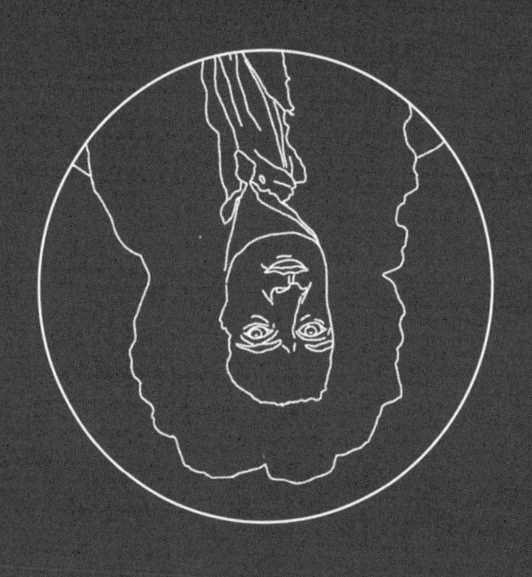

뉴턴 VS 라이프니츠

# 거인들의 충돌

미적분학(calculus)! 비전문가들은 이 단어만 들어도 등골이 오싹해질 것이다. 원래 calculus라는 단어는 로마 시대에 계산의 보조수단으로 사용되던 작은 돌을 가리키는 것이었는데, 오늘날에는 수학을 포함한 모든 자연과학뿐만 아니라 많은 사회과학 분야에서도 학생들이 반드시 넘어가야 하는 성벽으로 성장했다.

그렇지만 일단 미적분에 통달하면, 학생이나 과학자는 미적분이야말로 지금까지 수학이 만들어낸 것 중에서 가장 강력한 과학 연구의 도구라는 사실을 인식하게 된다. 망원경이나 레이더와 같은 일부 발명품은 감각을 날카롭게 해주지만, 로그나 미적분학은 마음의 능력을 증대시켜준다. 과학에 사용되는 컴퓨터조차도 미적분학을 대체하지는 못한다. 다만, 그 계산을 더 빨리 할 뿐이다.

## 동시의 발견

*

미적분학은 각자 독자적으로 연구한 두 과학자에 의해 거의 동시에 발견되었다. 영국의 아이작 뉴턴Isaac Newton과 독일의 고트프리트 빌헬름 라이프니츠Gottfried Wilhelm Leibniz가 바로 그 두 사람이다. 두 사람 사이의 분쟁은 철학적 · 종교적 · 외교적인 분쟁과도 관련이 있었을 뿐만 아니라, 그 밖에도 몇 가지 흥미로운 부산물을 낳았다.

예를 들면 이 분쟁은 근대 과학논문의 발전을 가져온 한 요인이 되었다. 즉, (a) 공표하기 전에 동료들의 검토나 평가를 거치고, (b) 저자가 실제로 기여한 바가 무엇인지 명백하게 나타내는 한 방법으로서, 이전에 이루어진 연구에 대해 명시적이고 분명한 참고문헌을 포함시키게 된 것이다. 이러한 형태의 논문은 오랜 기간의 발전을 거쳐 19세기 중반에 널리 유행하기 시작했으며, 그 목적은 새로운 발견을 과학계의 나머지 사람들과 나누기 위한 것이라기 보다는 발견에 대한 우선권을 확립하는 한 수단을 제공하기 위한 것으로 보인다.

그러나 17세기 말까지만 해도, 과학 협회들은 아직 제대로 발전되지 않은 상태였고, 과학자들은 자신이 쓴 논문(혹은 편지나 전단)을 소수 동료들에게만 돌렸을 뿐이다. 뉴턴과 라이프니츠 역시 미적분학에 관한 최초의 논문들을 그런 식으로 동료 과학자들에게 돌렸기 때문에, 훗날 누가 먼저 미적분학을 발견했는지 확실한 증거를 찾으려고 했을 때, 그런 관행은 아무런 도움이 되지 못했다. 또한 새로운 발견을 글자 수수께끼(anagram: 단어의 알파벳 순서를 바꾸어 암호처럼 사용하는 것. 예컨대 time의 anagram은 emit, mite 등이 될 수 있다)의 형태로 발표하는 것도 그렇게 이상한 일이 아니었다. 이 방법은 발견자에게 우선권을 보장해줄 수 있었지만, 그 비밀을 이미 알고 있는 사람이 아니라면 이해할 수 없는 것이었다. 그런데 뉴턴과 라이프니츠는 모두 이 방법을 사용했다.

그 방법이 우선권을 확보하는 수단으로서 별 효과가 없다는 사실은 사회학자 로버트 머턴의 연구에서 드러났다. 머턴은 17세기에 이루어진 동시 발견 사례들을 연구한 결과, 그중 92%가 결국 분쟁으로 치달았다는 사실을 발견했다. 17세기 이래 수백 년 동안 우선권에 대한 분쟁이 상당히 감소한 것은 과학 논문의 발달 덕분인지도 모른다. 머턴은 동시 발견이 분쟁을 일으킨 비율이 18세기에는 72%, 19세기 후반에는 59%, 20세기 초반에는 33%로 줄어들었다고 인용했다. 아마도 시간이 지나면서 동시 발견이 흔히 일어나는 일이라는 사실을 사람들이 널리 이해한 탓도 있을 것이다.

그러나 분쟁이 빈번하게 발생하던 17세기에도 뉴턴과 라이프니츠의 분쟁은 특별한 성격을 지니고 있었다. 그것은 두 거인의 대결이었기 때문이다. 두 사람 모두 일반적인 천재의 개념을 뛰어넘는 비범한 천재였다. 뉴턴의 전기 작가 중 한 사람인 리처드 웨스트폴은 자신이 전기를 쓴 다른 인물들의 경우에는 스스로를 그들과 비교할 수 있었다고 말했다. 즉, 제한적이긴 하지만 최소한 공통되는 부분이 있었다. 그러나 「결코 멈추지 않는(Never at Rest)」이라는 제목의 전기에서 그는 "내가 뉴턴을 연구한 최종 결과는, 그의 경우에는 한계가 없다는 사실을 확신케 해주었다"라고 썼다. 갈릴레이가 사망한 1642년에 출생한 뉴턴은 광학 · 수학 · 중력 · 역학 · 천체역학 분야에서 중요한 기본적인 발견을 이루었다.

뉴턴보다 4년 늦게 태어난 라이프니츠는 뉴턴만큼 화려한 명성을 떨치지는 못했다. 어떤 사람들은 뉴턴과의 분쟁에도 불구하고 그 정도 명성을 떨친 것은 대단하다고 평가하지만, 또 어떤 사람들은 바로 그 분쟁 때문에 명성이 깎였다고 주장한다. 어느 경우든 간에, 라이프니츠는 뉴턴보다 폭이 넓고 깊이도 깊었다(그리고 더 근대적이었다). 역사학자 프리저브드 스미스는 그를 최후의 만능 천재라고 불렀고, 헉슬리T. H. Huxley는 아리스토텔레스 이래 가장 폭넓은 사상가라고 평했다. 그는 지상의 역학뿐만 아니라 천체역학, 그리고 그에 못지않게 철학에도 깊은 관심을 기울였으며, 역사 · 경제학 · 신학 · 언어학 · 생물학 · 지질학 · 법학 · 외교 · 정치학 등도 깊이 연구했다. 프로이센의 프리드리히 대제는 라이프니츠를 그 자체로 '하나의 학술원'인 사람이라고 불렀다. 그러나 라이프니츠는 뉴턴과 마찬가지로 순수 학자는 아니었다. 그는 법률을 공부했으며, 독일의 여러 귀족 밑에서 법률이나 외교에 관한 일을 하면서 생계를 꾸려나갔다.

고트프리트 라이프니츠(1646~1716).

라이프니츠는 형이상학에도 깊은 관심을 기울였는데, 이 점은 뉴턴과 대화가 통할 수 없었던 일부 이유가 되기도 했다. 그렇지만 최소한 개념적으로는 라이프니츠가 뉴턴을 넘어 근대 물리학의 영역으로 나아갈 수 있었던 것은 이러한 철학적인 측면이 있었기 때문에 가능했다. 그는 또한 기호논리학에 중요한 업적을 남겼고, 초기 기계식 계산기의 발전에 기여했으며, 오늘날 컴퓨터의 기초인 이진법 수학도 다루었다.

라이프니츠의 전기 작가인 존 시어도어 머즈는 라이프니츠의 겉모습을 이렇게 묘사했다.

"보통 키에 마른 체격이었고, 갈색 머리카락에 작지만 짙은 색의 날카로운 눈을 가지고 있었다. 그는 머리를 숙인 채 걷는 버릇이 있었는데, 근시 때문이거나 오래 앉아 지내는 습관에서 비롯되었을 것이다."

뉴턴의 초상화는 대부분 그가 높은 지위에 이른 말년에 그려진 것이기 때문에, 그의 용모를 이상적으로 나타내려고 한 흔적이 엿보인다. 그렇지만 어느 그림에서나 넓은 이마(이것은 지식인의 상징이기도 했다)가 분명하게 표현돼 있으며, 말년의 초상화 몇 점에서는 출세 가도를 달린 관료의 오만한 표정도

아이작 뉴턴(1642~1727).

드러난다. 코는 길고 가늘며, 아래턱은 다소 안쪽으로 들어가 있다.

같은 시대에 살던 한 사람은 그의 눈을 "생기가 넘치고 날카롭다"고 묘사했지만, 다른 사람은 "그의 용모와 태도는 다소 활기가 없어 그를 모르는 사람이라면 별 볼일 없는 사람으로 여겼을 것"이라고 주장했다. 이러한 상반된 견해는 관찰자의 감정이 투영된 것일 수도 있다. 또 어쩌면 뉴턴이 깊은 생각에 빠져 있을 때의 모습과 그렇지 않을 때의 모습의 차이일 수도 있다. 뉴턴은 보통 사람의 도를 넘어 아주 깊이 사색에 빠질 때가 있었다. 케임브리지 대학에 다닐 때, 외부 세계와의 단절은 옷과 일상 습관에 거의 신경을 쓰지 않는 것으로 나타났으며, 문제를 푸느라 몰두할 때는 먹는 것과 심지어는 잠자는 것조차 신경 쓰지 않았다.

이렇게 복잡한 사람이다 보니 단순하게 묘사하기 어려운 것도 당연하다. 뉴턴에 대한 사람들의 평가는 그의 생애 중 어느 시기를 택하느냐에 따라서도 달라진다. 젊은 시절에는 뚱하고 유머 감각이 없었던 것으로 묘사되지만, 75세 때 그를 만났던 프랑스인 방문객들은 그를 쾌활한 주인으로 묘사했다.

## 미적분학의 기초

✶

뉴턴과 라이프니츠가 무無의 상태에서 미적분학을 만들어낸 것은 아니다. 1600년대 중반에 기본요소들이 이미 존재하고 있었다. 그것은 많은 사람들에 의해 이루어졌다. 1638년, 페르마는 방정식에서 극대값과 극소값을 구하는 방법을 발견했다. 데카르트의 해석기하학은 기하학의 성가신 다이어그램을 대수 방정식으로 나타내는 것을 가능케 했다. 그리고 존 월리스의 「산술」은 곡선의 구적求積과 곡선에 접선을 긋는 것의 관계를 확립했다.

곡선에 접선을 긋는 것은 기하학적 방법이라는 사실에 주목하라. 접선이 곡선과 이루는 각도는 물리적으로 측정할 수 있다. 그러나 수학계에서 점차 명백하게 알려지고 있었던 것처럼, 그것과 똑같은 각도에 대한 수식을 만듦으로써 대수학적으로 더 정확하게 같은 결과를 얻을 수 있었다.

그런데 곡선은 움직이는 점이 그리는 경로로 생각할 수도 있다. 움직이는 점을 다룰 수 있다는 것은 중요한데, 왜냐하면 운동의 개념은 시간의 철학에서 중심적인 위치를 차지하고 있기 때문이다. 홉스뿐만 아니라 다른 철학자들도 운동의 개념을 모든 현상(물리적인 것뿐만 아니라 정신적인 것까지)의 기초라고 생각했다.

예컨대 홉스는 사고와 행동 모두에 작용하는 일종의 충격인 '코나투스conatus(추진력)'이라는 개념을 제안했다. 코나투스는 행동을 '시작'하게 하는 원인으로 가정되었다. 이 개념은 미적분의 기본 개념인 순간 속도뿐만 아니라, 운동의 뒤에 숨어 있는 압력 또는 원동력을 포함하고 있었다.

"코나투스는 순간적인 시간에 점의 길이를 따라 일어나는 운동이다."

홉스는 이렇게 설명했다. 다시 말해서, 운동에 대한 코나투스의 관계는 시간에 대한 순간의 관계와 같으며, 무한에 대한 1의 관계와 같고, 직선에 대한 점의 관계와 같다. 명백하게, 이들 문제에서 수학과 철학은 서로 밀접하게 결합돼 있으며, 홉스와 라이프니츠를 포함하여 많은 학자들은 양분야에서 활발하게 활동했다.

큰 흥미를 불러일으키는 또 다른 문제는 복잡한 곡선이나 면적 또는 부피의 측정 및 계산과 관련된 것이었다. 예를 들면 포도주 통의 부피를 측정하는 문제는 아주 중요한 일이었지만, 만족스럽게 해결된 적이 없었다. 물

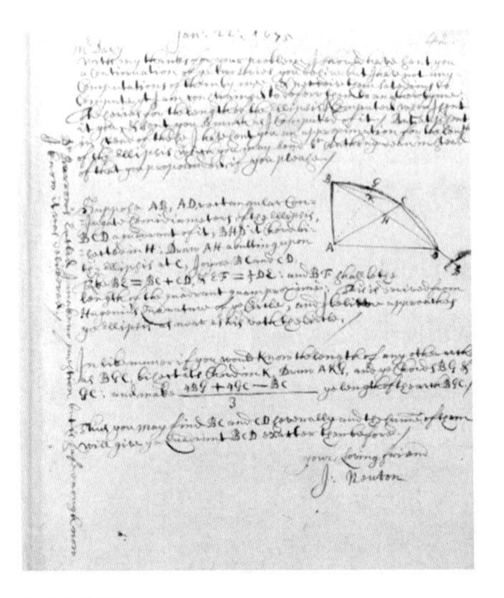
your loving friend
I. Newton

뉴턴의 노트.

론 곡선에 둘러싸인 표면의 넓이를 면의 수를 점점 증가시키는 다각형으로 보아 계산하는 소위 소모적인 방법을 포함하여 참고로 할 만한 이전의 연구들이 있었다. 소모적인 방법은 아르키메데스가 'π'의 값을 구할 때 사용했던 구적법에 바탕하고 있다(2장 참고). 이와 비슷하게, 원뿔은 지름이 점점 커지는(혹은 점점 작아지는) 일련의 원들로 이루어졌다고 볼 수 있다.

수학자가 아닌 사람들에게는 이 모든 것이 비전秘傳의 난해한 내용처럼 보인다. 볼테르는 훗날 특유의 신랄한 어조로 미적분학을 '그 존재를 생각할 수 없는 어떤 것을 정확하게 수로 나타내고 측정하는 기술'이라고 묘사했다. 반면에, 월리스는 무한급수에 관한 뛰어난 연구를 이용하여 그 기술을 좀 더 진전시킬 수 있었다. 뉴턴은 1664~1665년 겨울에 월리스의 연구를 공부했다.

다시 말해서, 이러한 종류의 문제들 중 특수한 경우들을 다른 수학자들이 기하학적으로 또는 대수학적으로 다루어 오고 있었다. 따라서 뉴턴과 라이프니츠가 거의 동시에 각자 독자적으로 미적분학을 발달시킨 것은 전혀 놀라운 일이 아니다. 그러나 이 발견에서 한 가지 놀라운 점은, 두 사람이 서로 반대쪽에서 출발하여 같은 결론에 이르렀다는 것이다. 기이하게도, 두 사람의 접근 방법은 계산법(a calculus)과 미적분(the calculus)사이의 차이를 반영하고 있다.

많은 분야에 관심을 가지고 있던 라이프니츠는 지식의 통합적 체계를 만들고자 했다. 그는 전문화에 대항해 희망 없는 싸움(오늘날에도 여전히 계속되고 있는 싸움)을 벌인 전체론자 철학자였다. 그는 이 목적을 위해 보편적인 과학 언어를 만들려고 했으며, '추론 계산법'에 관심을 가졌다. 그는 변화와 특히 운동을 다루는 자신의 연구를 촉진할 수 있는 방법을 갈망했다. 그가 홉스의 '코나투스'에 관심을 가졌던 것은 이것으로 설명할 수 있다. 다시 말해서, 라이프니츠는 일반적인 논리적 방법, 즉 계산법을 찾고 있었던 것이다. 그것은 인간 행동의 비밀을 푸는 데도 사용될 수 있을 것이라고 라이프니츠는 생각했다.

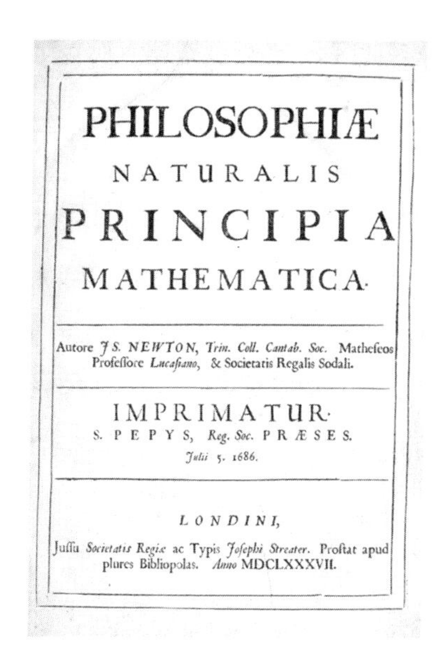
PHILOSOPHIÆ
NATURALIS
PRINCIPIA
MATHEMATICA.

Autore J S. NEWTON, *Trin. Coll. Cantab. Soc.* Matheſeos Profeſſore *Lucaſiano*, & Societatis Regalis Sodali.

IMPRIMATUR.
S. PEPYS, *Reg. Soc.* PRÆSES.
*Julii* 5. 1686.

*LONDINI,*
Juſſu *Societatis Regiæ* ac Typis *Joſephi Streater*. Proſtat apud plures Bibliopolas. *Anno* MDCLXXXVII.

「프린키피아」제 1부의 표지.

반면에 뉴턴에게 미적분학은 물리 문제를 다루는 방법, 즉 물리학자의 필수 장비에 추가된 하나의 수학적 기술에 더 가까웠다. 그래서 그는 자신의 가장 유명한 저서인 「자연철학의 수학적 원리('프린키피아'라는 제목으로 더 잘 알려진)」(1687)에 나오는 많은 문제들을 푸는 데 미적분학을 사용했다. 그런 다음, 그는 그 문제들을 다시 손질하여 전통적인(주로 기하학적인)방식으로 제시했다.

1665년 중반에 그는 미적분학의 기본 정리를 개발했다. 1666년 가을에는 약간 불편하기는 하지만 '유율流率, fluxion'('미분'대신에 뉴턴이 사용한 용어)법을 사용 가능한 수준으로 만들었다. 그는 이 방법을 논문으로 써서 일부 동료들에게 보여주었는데, 그들은 그것을 출판하라고 촉구했다. 그러나 뉴턴은 세상의 인정을 받고 싶은 욕망에 끌리면서도, 다른 한편으로는 비판을 두려워하는 병적인 두려움에 싸여 있었다. 그래서 그는 그 논문의 출판을 허락하지 않았다.

이렇게 불과 23세의 나이에, 그것도 아직 학생 시절에 뉴턴은 유럽 최고의 수학자들보다 훨씬 앞서 있었다(그러나 그 사실을 알고 있는 사람은 거의 없었다). 그러고 나서, 뉴턴은 다른 문제에 관심을 돌렸다. 1669년, 발표하지도 않은 논문의 덕을 일부 보아 뉴턴은 케임브리지 대학의 루카시안 수학 석좌교수가 되었는데, 이로써 뉴턴은 연구에 전념할 수 있는 자유를 얻었다.

## 초기의 쓰라린 논쟁

*

과학계의 맹수들에게 자신의 연구를 먹이로 던지는 것을 주저하다가 뉴턴은 마침내 1672년에 왕립학회의 〈철학 회보〉지에 논문을 발표했다. 빛과 색깔에 대한 자신의 첫 번째 위대한 발견을 설명한 그 논문은 뉴턴이 1660년대 중반에 행한 실험에 바탕한 것이었다. 논문 말미에서 뉴턴은 "다른 사람이 성공을 거두었다는 소식을 들으면 매우 기쁠 것이며," 만약 자신이 어떤 잘못을 저지른 것으로 밝혀진다면 기꺼이 추가적인 지도를 제공하거나 잘못을 인정하겠다고 말하면서, 다른 사람들에게 자신이 한 실험을 반복해보라고 권했다. 그러나 그러한 초대장을 보낸 것을 그는 곧 후회하게 된다.

비록 그 논문은 일반적으로 호평을 받았고, 그 덕에 뉴턴은 유명해졌지만, 그에 대한 비판도 많이 받았다. 그 결과, 뉴턴은 어리석은 반론에 답하느라 종종 귀중한 시간을 낭비하게 되었는데, 그것은 새로운 생각을 발표할 때 흔히 나타나는 결과이다. 반론을 제기한 사람들 중에는 네덜란드의 물리학자 크리스티안 호이겐스와 영국의 과학자 로버트 훅을 비롯한 거물들도 있었다. 뉴턴은 그들의 반론, 그중에서도 특히 논쟁을 즐기는 훅의 반론이 혐오스럽게 느껴졌다.

초기에 경험한 이 논쟁들은 뉴턴에게 여러 가지 흥미로운 영향을 미친 것으로 보인다. 그는 광학 연구를 계속했지만, 그 분야에 대한 논문은 그 후로 단 한 편도 발표하지 않았다. 실제로 뉴턴은 「광학」의 출판을 훅이 죽을 때까지(30년 이상이나) 미루었다.

그렇지만 그가 주고받은 서신들은 왕립학회에서 낭독되었는데, 그중에는 광학뿐만 아니라 다른 분야에 관한 내용도 있었다. 이러한 서신들은 훅과 다시 마찰을 일으켰는데, 그것은 오히려 뉴턴을 자극하여 일부 연구에 몰두하게 한 계기가 되었는지도 모른다. 논란이 되었던 한 가지 문제는 질량이 마치 하나의 점에 집중되어 있는 것처럼 물체들이 서로 끌어당긴다는 것을 수학적으로 증명하는 것이었으며, 또 다른 한 가지는 중력의 역제곱 법칙에 따라 태양 주위를 도는 행성들은 원이 아니라 타원 궤도를 그린다는 것을 증명하는 것이었다. 이로써 자신이 훅을 능가한다는 것을 증명했다고 스스로 만족한 뉴턴은 그 논문들을 어딘가에 처박아 두고, 몇 년 동안 잊어버리고 지냈다.

그는 공식 과학계의 쓰라린 맛을 보고 나서는, 케임브리지 대학의 한직과 자신의 위대한 마음으로 돌아가 은둔했다. 과학계에 발을 들여놓은 초기에 발표에 대한 우려가 현실로 나타나자, 뉴턴은 자신의 연구를 세상과 자유롭게 나누지 않기로 결심했다. 그는 자신의 발견은 과학계(그리고 그 모호한 저장고인 후손)가 아니라 자신의 소유물이라고 믿었던 것 같다.

그렇지만 대부분의 발견자에게 최초의 발견자라는 우선권을 인정받는 것은 아주 중요한 문제인데, 뉴턴 역시 그랬다. 그러나 많은 과학자들과는 달리, 뉴턴은 과학자의 우선권은 연구를 이룬 데 있지, 그 발견을 발표하는 데 있다고 생각하지 않았다. 그 결과, 라이프니츠의 발견이 뉴턴보다 앞서 발표되었다. 뉴턴은 라이프니츠의 우선권 주장을 깡그리 무시했다. 그러한 관점의 차이는 훗날 두 사람 사이에 격렬한 분쟁과 좌절을 불러오는 원인이 된다.

## 분쟁의 발단

*

뉴턴은 1684년에 「프린키피아」의 저술에 집중하기 시작했는데, 그 무렵 라이프니츠는 미분에 대한 정보를 발표하기 시작했다. 그해 가을에 독일의 정기 간행물인 〈학예 공보(Acta Eruditorum)〉에 라이프니츠의 첫 논문이 실렸다. 뉴턴의 이름은 언급조차 없었다! 라이프니츠는 뉴턴의 연구를 알고 있었을까? 그 무렵에는 알고 있었을 가능성이 크다.

그러나 라이프니츠의 입장에서 볼 때 뉴턴의 이름을 누락시킨 것은 결코 잘못된 행동이 아니었다. 뉴턴의 수학적 명성은 영국에서 얻은 것이며, 아직까지 수학의 어느 분야에서도 발표를 통해 알려진 것이 없었기 때문이다. 비록 라이프니츠 자신은 외교관으로 여행을 하면서 뉴턴을 알게 되었지만, 유럽 대륙의 수학자들에게 뉴턴이라는 이름은 아주 생소한 것이었다.

그렇지만 이에 대해 뉴턴이 어떻게 느꼈을지 한번 상상해보자. 첫째, 뉴턴이 비록 대단한 천재라고는 하더라도, 그가 이룬 발견들은 쉽사리 얻어진 것이 아니며, 오히려 끊임없는 노력의 결과로 얻어진 것이었다. 그의 표현대로 그는 "끊임없이 문제를 생각하며 살았다." 그가 고독한 생활방식을 선택한 것은 사실이지만, 그러한 고독한 삶을 살아가면서 개인적으로 전혀 불만이 없었다고는 단정할 수 없다. 그러다가 다른 사람이 자신이 발견한 것에 대해 우선권을 주장하고 나선다면 당연히 울화가 치밀 것이다.

둘째, 뉴턴이 의도적으로 발표를 피한 것은 사실이지만, 발견의 중요성만큼은 분명히 인식하고 있었다. 뉴턴은 오직 자신만이 할 수 있는 독창적인 연구라고 안심하고 있다가 라이프니츠의 발표를 듣고 나서 큰 충격을 받은 것이 분명하다. 특히 발표한 사람이 라이프니츠라는 사실에 충격을 받았는데, 라이프니츠는 8년 전에 자신을 찾아와 도움을 구한 적이 있었기 때문이다. 뉴턴은 라이프니츠가 제기한 물음들에 대해 1676년에 보낸 두 차례의 편지 형식으로 그러한 도움을 주었다.

훗날 분쟁이 격렬한 전쟁으로 확대되었을 때, 이 편지들은 뉴턴의 주장을 뒷받침하는 근거로 제시된다. 뉴턴은 자신이 초기에 이룬 연구 중 일부를 라이프니츠에게 나누어 주었다고 주장했다. 그러나 사실은, 비록 뉴턴이 1676년에 라이프니츠에게 두 통의 편지를 보낸 적은 있지만, 미적분에 대해서는 거의 아무것도 가르쳐주지 않았다. 1676년에 뉴턴이 알고 있던 라이프니츠가 그렇게 빨리 큰 발전을 이루리라고는 도저히 믿기 어려웠기 때문에 뉴턴은 라이프니츠가 자신의 연구를 표절했다고 믿고 싶었을 것이다.

뉴턴은 선수를 뺏기고 말았다. 기묘하게도, 이러한 일을 당하고 나서도 뉴턴은 출판을 통해 발표를 하려고 하지 않았다. 한 가지 사소한 예외가 있긴 하다. 그는 「프린키피아」(1687)의 중간 부분에서 새로운 방법을 시사했을 뿐이다. 미적분학에 대한 최초의 실질적인 언급은 1693년에 가서야 월리스의 논문에 일부 나타났다. 미적분학에 관해 뉴턴 자신이 최초로 발표한 논문은 〈구적법에 관하여〉라는 제목의 논문으로, 1691년에 시작했으나 완성시키지 않고 있었다. 그는 그 논문에 흥미를 잃어 쓰다 말고 처박아두었다. 그것은 마침내 1704년에 「광학」의 부록으로 출판되었다.

라이프니츠가 자신의 연구를 발표한 시점이 1684년이라는 데 주목할 필요가 있다. 라이프니츠 역시 뉴턴과 마찬가지로 발표를 서두르지 않았다. 비록 뉴턴처럼 약 40년이나 발표를 미적거리지는 않았지만, 9년 동안은 미루었다. 두 사람 모두 상대방을 과소평가하고 있었던 것이 분명하다. 그 당시에는 또 여유가 있던 시절이기도 했다. 오늘날처럼 남보다 먼저 발표를 하려고 경쟁이 치열한 시대는 아니었다. 아마 라이프니츠도 뉴턴처럼 비판에 대한 두려움을 일부 느꼈을지 모른다.

미적분은 미분과 적분의 두 부분으로 나누어진다. 적분에 관한 라이프니츠의 두 번째 논문은 첫 번째 논문이 나오고 나서 불과 2년 후에 발표되었는데, 「프린키피아」의 출판에 자극을 받은 측면도 있을 것이다. 이 두 번째 논문에서 라이프니츠는 자신의 첫 번째 논문에 대해 이렇게 표현하고 있다.

"계산으로 발견해야만 하는 치수와 접선이 있을 때, 나의 미분보다 더 유용하고, 더 간략하고, 더 보편적인 계산법은 찾기가 어렵다."

이 표현에서는 짐짓 꾸민 겸손 같은 것은 전혀 찾아볼 수 없고, 이번에도 역시 뉴턴에 대해서는 단 한 마디 언급도 없었다!

결론을 내리자면 이렇다. 미적분학을 처음으로 발견한 사람은 뉴턴이지만(1665~1666년. 라이프니츠는 1673~1676년), 발표를 먼저 한 사람은 라이프니츠였다(1684~1686년. 뉴턴은 1704~1736년). 이 자체만 놓고 본다면, 그러한 차이가 도를 지나친 싸움으로 치달을 이유가 없어 보인다. 만약 드라마의 등장 인물이 이 두 사람뿐이었더라면, 처음에 좋았던 두 사람의 관계로 미루어 볼 때 적당한 타협에 이를 수도 있었을 것이다. 그러나 양측에는 다른 배우들이 포진하고 있었다.

## 추종자들의 극성

*

라이프니츠도 뉴턴도 자신의 미적분학을 전수해줄 제자가 없었다. 그렇지만 스위스의 베르누이 형제(자크 베르누이와 요한 베르누이)는 라이프니츠의 1684년 논문을 단 며칠 동안 연구하여 그 방법을 이해했으며, 그런 다음 그것을 사용하고, 다른 사람들에게 전해주었다. 그들은 즉시 라이프니츠와 접촉하여 그의 사도가 되었다.

사실 두 발견자 사이의 원한 중 많은 부분은 그 추종자들의 부추김과 자극 때문에 생겨난 것이었다. 요한 베르누이는 그 분쟁에서 특별한 위치를 차지한다. 월리스의 「대수학」에서 뉴턴의 미적분학이 언급된 것을 본 그는 뉴턴이 라이프니츠의 연구를 바탕으로 그것을 만들어 냈다고 주장했다. 그는 뉴턴의 동료인 존 케일을 '뉴턴의 유인원'이라고 불렀다. 또 다른 곳에서는 케일을 '뉴턴의 아첨꾼', '고용된 펜'이라고 불렀다.

그는 글에서 그렇게 부르긴 했지만, 결코 케일의 이름을 적시하지 않고,

'스코틀랜드 혈통의 어떤 사람'이라고 지칭했다. 사실, 요한 베르누이의 싸움 스타일은 싸움을 붙여놓고 자기는 뒤로 빠지는 식이었다. 그는 라이프니츠를 끊임없이 부추겨 싸움터로 내몰았지만, 자신은 일선에서 벗어나 익명으로 남아 있으려고 노력했다. 훗날 심지어 그는 뉴턴과 친해지려고 노력한다.

뉴턴에게도 역시 추종자들이 있었는데, 라이프니츠는 그들을 뉴턴의 결사대라고 불렀다. 그렇지만 뉴턴의 추종자 중에는 베르누이 형제에 필적할 만한 지성을 가진 사람은 아무도 없었다. 예를 들어 월리스는 일류 수학자인 것은 분명하지만, 그는 이미 전성기가 지나 노쇠한 상태에 있었다. 그의 창조적인 에너지는 이미 홉스와의 싸움을 통해 소진되고 남아 있지 않았다.

그럼에도 불구하고, 월리스는 조금도 애정을 느낄 수 없는 독일인들이 수학과 과학 분야에서 영국보다 앞서간다는 사실에 깊은 우려를 느꼈다. 그는 1695년에 뉴턴의 발견이 이미 다른 곳에서 "라이프니츠의 미분이라는 이름으로 환호를 받으며 소개되고 있다… 가치 있는 것을 곁에 놓아두고 있는 사이에 다른 사람들이 마땅히 당신에게 돌아가야 할 명성을 가져간다면, 당신은 자신의 명성(그리고 국가의 명성)에 합당한 행동을 하고 있지 않다"고 말하면서 미적분학을 발표하라고 끈덕지게 촉구했다.

그러나 그때는 이미 때가 늦어 월리스가 우려했던 것이 현실로 나타나고 있었다. 라이프니츠의 추종자들은 라이프니츠보다 더 훌륭하게 그의 방법을 적용하기 시작했다. 그 결과, 유럽 대륙의 이들 수학자 집단은 그 다음 세대에 이르러 수학 무대를 지배하게 된다. 이 집단에 속한 사람들은 베르누이 형제 외에도 로피탈, 말라브랑슈, 바리뇽(양 진영에서 서로 자기 편으로 끌어들이려고 노력한 인물로, 나중에는 뉴턴의 편으로 옮겨간다)과 같은 유명한 인물들이 있었다.

또한 뉴턴이 사용한 기호는 라이프니츠의 기호보다 사용하기에 불편했다. 오늘날 사용되고 있는 미적분의 기호는 사실 라이프니츠가 사용하던 것이다(예: dy/dx). 그럼에도 불구하고, 영국 수학자들은 대스승의 영광에 눈이 부신 나머지 간편성의 차이를 인식하지 못하고, 점으로 이루어진 뉴턴의 거추장스런 기호를 계속 사용했다. 대스승에 대한 과도한 존경 때문에 영국 수학은 약 1세기 동안이나 발달이 지체되었다.

한편, 뉴턴이 실지를 회복하는 유일한 방법은 라이프니츠의 표절을 증명하거나, 라이프니츠의 방법이 자신의 방법보다 열등하다는 것을 보여주는 것뿐이었다. 실제로, 존 월리스, 데이비드 그레고리, 존 콜린스를 비롯한 뉴턴의 추종자들은 라이프니츠가 정말로 표절을 한 혐의가 있다고 확신했다. 그러한 표절이 일어났을 가능성이 가장 큰 시점은 라이프니츠가 런던을 방문했던 1676년 10월로, 그때 콜린스는 라이프니츠에게 뉴턴의 미발표 논문 일부를 보여주었다. 오늘날의 학자들은 그때의 만남에 대해 라이프니츠가 남긴 메모를 조사한 결과, 라이프니츠가 그때 본 논문을 바탕으로 미적분학을 만들지는 않았다고 확신한다. 그렇지만 뉴턴의 추종자들은 바로 그때, 자신들의 영웅의 업적이 도둑맞았다고 믿었다. 라이프니츠는 훗날 월리스의 '모든 것을 자기 나라에 돌리려고 잘난 듯이 우쭐대는 태도'에 대해 불평했다.

한편 라이프니츠는 1684년에 미적분학을 발표할 때, 뉴턴이 1676년에 보낸 두 통의 편지에 대해서도,그리고 미발표된 뉴턴의 논문 일부를 보았다는 사실에 대해서도 일언반구 언급하지 않았다. 다시 말해서, 라이프니츠는 미적분법을 발견한 유일한 사람으로 자처했고, 그 후 15년 동안 그러한 자세를 견지했다. 필시 우연의 일치이긴 하겠지만, 라이프니츠의 첫 번째 논문이 콜린스가 죽고 나서 1년 뒤에 발표되었다는 것도 의심을 자아냈다. 심지어는 음모론까지 제기되었다. 1920년, 아서 헤이서웨이는 콜린스가 독일 첩자였으며, 라이프니츠와 독일의 영광을 위해 활동하고 있었다는 주장을 제기했다. 이 이야기는 과학사라기보다는 공상 과학소설에 더 가깝지만, 다른 잡지도 아닌 〈사이언스〉지에 당당히 발표되었다. 어쨌든 뉴턴도 결국 라이프니츠가 자신의 논문을 보았다는 사실을 알게 되었다. 라이프니츠가 자신의 미적분에 대해 알고 있었으면서도 아무런 언급도 하지 않았다고 확신한 뉴턴은 이 사실만큼은 도저히 용서할 수 없었다.

그렇지만 뉴턴은 자신의 발견을 잘 간수하는 데 부주의했던 게 분명하다. 누가 실제로 미적분학에 생명을 불어넣고, 다른 사람들이 이용할 수 있게 만들었느냐를 놓고 평가할 때, 그 공로는 당연히 라이프니츠에게 돌아갈 수밖에 없다. 훗날 논쟁이 한창 가열되고 있을 때, 라이프니츠는 이렇게 썼다.

"그 발명가(자신을 지칭함)와 그의 발명을 채용한 식자층은 그것으로 만들어낸 아름다운 것들을 발표했다. 반면에 뉴턴의 추종자들은 특기할 만한 것을 아무것도 만들어내지 못했으며, 겨우 남의 것을 베끼는 것에 그치거나, 문제를 추구하는 곳마다 잘못된 결론에 이르러 실패하곤 했다… 따라서 뉴턴이 발견한 것은 그 발명품의 이익을 위해서가 아니라, 뉴턴 자신의 천재성을 위해서라는 것을 알 수 있다."

뉴턴의 추종자들이 서로를 베낀다는 다소 과장된 표현을 제외하고는, 이 글은 전체적으로 볼 때 크게 틀린 말은 아니다.

## 왕립학회

✶

뉴턴은 더 이상 수리물리학 연구를 하지 않았지만, 초기에 그가 발견하고 발표한 것만으로도 그는 과학계의 중심에 서게 되었다. 게다가, 1699년에는 조폐국장이라는 중책을 맡게 되었는데, 그는 전문 지식과 신념과 열정을 가지고 열심히 임무를 수행했다. 고독과 고뇌에 시달리던 과학자의 생활에서 자신감과 위엄이 넘치고 배도 약간 나온 관료로의 변신이 완벽하게 이루어졌다. 비록 두각을 나타내진 못했지만, 의회 대표로도 잠깐 동안 활동했다.

이러한 변화와 함께 과학적 의견의 교류 장소로서 왕립학회에 대해서도 관심을 기울이게 되었다. 그러나 훅이 오랫동안 왕립학회의 회장으로 버티고 있었다. 뉴턴은 왕립학회의 위원회에 출석할 정도로 깊은 관심을 가지고 있었지만, 1703년에 훅이 사망할 때까지는 적극적으로 활동하진 않았다. 그렇지만 훅이 사망하고 나자 더 이상 거리낄 것이 없었다.

그해에 뉴턴은 왕립학회 회장이 되었으며, 곧 상당수의 회원들에 의해 '종신 독재자'로 추대되었다. 뉴턴 연구가인 프랭크 마누엘은 뉴턴을 '유럽 역사에서 최초로 새로운 유형의 인물인 위대한 과학 행정가' 라고 불렀다. 과학 행정가의 역할은 과학을 직접 하는 사람들이 아니라, 과학을 '굴러가게 하는' 사람들을 격려하는 것이다.

뉴턴은 왕립학회를 자신의 소유물로 만들었다. 그는 왕립학회의 주요 운영기구를 자신의 친구와 동료들로 채웠으며, 왕립학회와 회원들의 이름을 자신이 관련된 논쟁에 칼과 방패로 사용하기 시작했다. 그리고 「프린키피아」재판의 서문에 실린 라이프니츠를 공격하는 글을 포함해, 자신의 사도들의 이름으로 씌어진 많은 원고들은 뉴턴이 직접 보고 도와준 것이 분명하다.

반면에 왕립학회는 뉴턴이 맡을 당시에는 운영이 매우 부실한 상태였다. 높은 자리에 있는 사람들은 불규칙적으로 출석했고, 회원들의 회비는 많이 밀려 있었다. 뉴턴은 일부 단체에서 조롱의 대상이 되던 왕립학회를 순식간에 비영어권의 많은 사람들(과학자뿐만 아니라 귀족들도)까지도 가입하기를 원하는 존경의 대상으로 탈바꿈시켜놓았다.

뉴턴은 왕립학회 사무실을 새 건물로 이전하기까지 했다. 이사를 하는 도중에 훅의 초상화(회장을 지내던 시절에 그려져 구건물의 벽에 걸려 있던)가 사라져 버렸다. 그래서 훅의 초상화는 오늘날까지 전하는 것이 하나도 없다.

18세기는 폭발과 함께 개막되었다. 아니, 소란이 계속되었다는 표현이 더 적절할 것이다. 각자의 영역에서 두각을 나타낸 뉴턴과 라이프니츠는 서로에게 그리고 상대방의 추종자들에게 모욕적인 말을 던지면서 자신의 추종자들에게 학술지에서 같은 짓을 하도록 부추겼다. 당시의 주요 학술지는 뉴턴의 영토에서 발행되던 〈철학 회보〉와 라이프치히에서 발행되고 라이프니츠가 약간의 영향력을 행사하던 〈학예 공보〉가 있었다.

그런데 라이프니츠는 왕립학회의 회원이기도 했는데, 이것은 라이프니츠를 곤란한 입장에 빠뜨렸다. 시중의 소문 중에는 라이프니츠의 표절 행위를 강하게 시사하는, 1708년에 〈철학 회보〉에 발표된 존 케일의 주장이 있었다. 공격적이긴 하지만 유능한 수학자였던 케일은 그 논문에서 뉴턴의 우선권은 "추호도 의심의 여지가 없다"고 썼다. 이것은 오로지 라이프니츠의 표절을 비난하는 뜻으로 해석되었다. 케일은 왕립학회의 회원이자 뉴턴의 결사대 중 한 명이었다.

라이프니츠는 잠시 주저하다가 마침내 케일에게 칼을 빼들기로 결정했다. 1711년과 1712년에 라이프니츠는 왕립학회의 사무관인 한스슬로언에게 그 모욕에 대해 불만을 털어놓는 격렬한 항의 편지를 두 통 보냈다. 라이프니츠의 편지는 뉴턴을 정말로 화나게 만들었다. 그 때부터 뉴턴은 자신의 시간과 노력 중 상당 부분을 라이프니츠에 대한 자신의 입장을 자세하게 밝히는 데 할애했다. 그 순간부터 그것은 전쟁으로 변했으며, 뉴턴은 가차없이 정벌에 나섰다.

왕립학회는 케일에 대한 라이프니츠의 이의 제기에 대해 심사원단을 구성하여 그 문제를 조사하는 데 착수했다. 뉴턴은 그 심사원단이 공정하다고 주장하면서 나중에 이렇게 썼다.

"그 위원회는 위원 수가 많고, 능숙하며, 여러 국적의 신사들로 구성돼 있다."

실제로는 심사원단 단 한 사람의 예외를 제외하고는 전부 뉴턴의 추종자들로 구성되었다. 그 구성 인물들이 너무나도 뻔했기 때문에, 최초의 보고서를 작성할 때 위원들의 이름조차 발표되지 않았다.

상황을 길고도 상세하게 검토한 보고서는 50일이라는 아주 짧은 시간에 작성되었으며, 뉴턴에게서만 직접 나올 수 있는 정보들이 담겨 있었다. 사실, 그 보고서의 초안은 뉴턴 자신이 쓴 것이었다. 당연히 그 보고서는 뉴턴의 주장에 매우 호의적이었으며, 라이프니츠를 매우 난처한 입장에 놓이게 했다.

역시 뉴턴이 익명으로 작성하여 왕립학회에서 발간된 전체 상황을 설명한 글에서 뉴턴은 칼자루를 완전히 뒤집었다. 왕립학회가 쌍방의 이야기를 듣지도 않은 채 라이프니츠에 대해 불리한 판단을 내렸다는 주장에 대해, 뉴턴은 그러한 주장은 잘못된 것이며, 왕립학회는 그 문제에 대해 아직까지 판단을 내린 바가 없다고 했다. 오히려 쌍방의 이야기를 듣지도 않고서 왕립학회로 하여금 케일을 비난하라고 요구한 라이프니츠가 잘못이라고 썼다. 그렇게 함으로써, 익명의 뉴턴은 "라이프니츠는 왕립학회의 명예를 훼손하는 자를 추방하라고 정한 규칙 중 하나를 어겼다"고 위협했다. 뉴턴은 훗날 "그 답변을 통해 라이프니츠의 심장을 찢어놓았다"고 유쾌하게 말한 것으로 한 동료가 전한다.

## 그 밖의 다른 요인들

*

위대한 두 사람이 어떻게 하여 그렇게 품위 없는 분쟁에 휘말리게 되었는지 이해하기 위해서 두 사람의 생애와 철학적 · 종교적 견해를 살펴보는 것이 필요할 것 같다.

### 라이프니츠의 세계관

뉴턴의 이름은 대중 사이에 친숙하게 알려져 있어, 그의 비범한 능력에도 불구하고 그는 한 인간으로 쉽게 와닿는다. 그러나 라이프니츠는 육체에서 분리된 영혼의 별처럼 철학의 하늘에 떠 있는 신비의 인물로 남아 있다. 갈릴레이 시대에 천상의 법칙이 지상의 법칙과 달랐던 것처럼 그는 나머지 우리와는 아주 다른 존재이다.

그러나 우리가 그의 세계에 들어갈 수만 있다면, 끝없는 논쟁에 휘말려 고통과 실망으로 점철된 그의 삶을 보고 느낄 수 있을 것이다. 존 시어도어

머즈는 다음과 같이 썼다.

"라이프니츠는 수많은 논쟁에 휘말렸음에도 불구하고, 그중 어느 하나에서도 진정한 승리를 거두지는 못했다. 그의 적 중 많은 사람들은 그의 발언에 대답할 필요성도 느끼지 않았으며, 어떤 사람들은 길게 끌던 논쟁을 갑자기 팽개치기도 했고, 때로는 논쟁 당사자의 죽음으로 결론나지 않은 채 논쟁이 막을 내리기도 했다. 따라서 미적분학에 대한 개인적인 싸움은 분명한 논점도 없이 남아 있었을 뿐만 아니라, 아르노 · 보쉬에 · 로크 · 클라크 · 베일을 비롯해 많은 사람들과의 논쟁에서도 확실한 승리를 이끌어내지 못했다."

라이프니츠는 뉴턴과 같은 영향력이나 힘있는 자리를 차지하지도 못했다. 그는 심한 류머티즘으로 고통받았으며, 1676년부터 죽기 전까지 도서관 사서, 판사, 독일 하노버 브룬스빅 가문의 정치 고문 등을 지냈다. 게다가 그는 역사가와 계보학자의 일도 맡았는데, 그것은 브룬스빅 가문이 영국 왕위를 이어받을 자격이 있다는 주장을 뒷받침하기 위해 왕조사를 편찬하는 임무를 맡았기 때문이다(라이프니츠 같은 지성인이 맡을 만한 가치가 있는 일은 아니었지만). 그는 스스로를 역사 · 철학 및 과학 연구 사이에서 왔다갔다하면서 혼란한 상태에서 살아간다고 묘사했다.

그의 많은 계획도 결실을 맺지 못한 것으로 보인다. 그는 가톨릭 교회와 신교를 통합시키기 위한 계획을 수립했지만, 실패로 끝났다. 1672년, 그는 파리로 가서 루이 14세에게 이집트 공격을 포함한 정치적 구상을 바쳤다. 그것은 오토만 제국을 약화시키고, 프랑스의 공격을 독일로부터 돌리게 할 목적이었다. 그렇지만 아무 성과도 얻지 못했다.

게다가 이전에 예술과 과학이 융성했던 독일은 이제 제조 · 무역 · 군사력 · 정부 · 예술 · 과학 분야에서 쇠퇴 일로를 걷고 있었다. 학술원과 지식인 협회들이 활발하게 활동하고 있는 영국과 프랑스, 이탈리아의 예를 참고하고, 이들 단체의 존재가 조국의 학문 발전에 크게 기여할 것이라는 믿음에서 라이프니츠는 일련의 지식인 협회를 만든다는 구상을 내놓았다.

1697년, 베를린 학술원의 설립 계획이 훗날 프로이센의 초대 왕에 오르는 브란덴부르크 선거후의 재가를 받자, 라이프니츠는 그 계획을 추진해나가게 되었다. 그러나 불행하게도 일련의 전쟁이 발발하는 바람에 학술원으로 가야 할 에너지와 돈을 모조리 쓸어가버렸다. 드레스덴에서 세운 비슷한 계획도 역시 정치적인 이유로 실패하고 말았으며, 빈에서도 역시 같은 실패를 맛보았다! 라이프니츠가 수립한 수많은 계획 중에서 오직 베를린 과학학술원만이 그의 생애 동안에 어려움 속에서 실현되었고, 라이프니츠가 그 회장을 지냈다.

### 뉴턴의 세계관

뉴턴 역시 문제가 많은 인물이었다. 그는 자기가 출생하기도 전에 죽은 아버지가 누구인지 결코 알지 못했으며, 또한 사실상 양아버지에게 어머니를 잃었다고 표현할 수 있다. 그도 라이프니츠처럼 평생 동안 결혼하지 않았고, 가까운 가족도 아무도 없었다. 고독과 병적 흥분에 휩싸여 지낸 세월이 건강에 좋을 리 없었다. 그는 1693년에 심각한 정신 장애를 겪었다. 그것은 약 1년간 계속되었는데, 그 기간에 그는 친구들이 자기를 음해하는 음모를 꾸민다고 비난했으며, 잠을 자는 데 큰 어려움을 겪었다.

그는 또한 결코 일어나지도 않은 대화들도 일어난 것처럼 상상했다. 새뮤얼 페피스(그 당시의 일기 작가)에게 보낸 편지(1693년 9월 13일의 날짜가 적힌)에서 그는 이렇게 쓰고 있다.

"내가 처한 시끄러운 상황 때문에 큰 고통을 받고 있습니다. 지난 열두 달 동안 나는 먹지도 자지도 못했으며, 이전의 일관성 있는 정신도 잃어버렸습니다. 나는 분별력이 있는 지금 당신과의 관계를 끊어야겠습니다. 그리고 당신은 물론 나머지 친구들도 더 이상 보지 않겠습니다."

진실로 슬픈 편지이다. 며칠 후 뉴턴은 존 로크에게 편지를 써, 로크가 '여자들을 가지고 나를 귀찮게 하려고 노력했다고 생각한 것'과 로크를 '홉스주의자'라고 불렀던 데 대해 사과했다.

정신 장애가 일어났다는 사실은 의심의 여지가 없다. 그렇지만 그 원인은 오랫동안 논란의 대상이 되었으며, 여러 가지 가능성이 제기되었다. 어머니의 죽음(비록 그것은 오래 전인 1679년에 일어났지만), 큰 관심을 가졌던 지위를 얻는데 실패한 것, 귀중한 원고가 불타 없어진 것(이것은 아직 확실하게 확인되지 않았지만) 등등이 있다.

최근에 뉴턴의 머리카락을 화학적으로 분석한 결과, 또 다른 흥미로운 가능성이 제기되었다. 1669년경부터 연금술에 심취했던 뉴턴은 다양한 독성 화학물질 증기에 오랫동안 노출되었으며, 또 맛을 봄으로써 화학물질을 분석한 것으로 알려져 있다. 수은이 머리카락에 높은 농도로 축적된 것은 심한 수은 중독을 시사한다. 정신 장애를 일으키기 전에 뉴턴은 일련의 연금술 실험에 몰두했는데, 다른 일에 몰두할 때에도 종종 그런 것처럼 이때도 밤늦게까지 일하곤 했다. 때로는 수은이 끓고 있는 동안에 잠이 들기도 했을 것이다.

말년에는 너무 바빠져서 뉴턴은 레토르트(증류기)를 만질 겨를이 없어졌는데, 아마도 그 덕분에 생명이 연장된 것이 아닌가 싶다. 그는 그 당시의 관행에 따라 그의 적들이 도전 문제로 제시한 물리나 수학 문제를 푸는 데 비범한 능력을 보였다. 그렇지만 창조적이고 천재적인 생각들이 반짝이던 초기 시절(그 기간에 그는 이항정리, 미적분학, 백색광의 구성 성분, 중력 이론을 발견했다)과 같은 때는 다시 오지 않았다. 게다가, 1711~1714년은 영국 조폐국에서 권력을 장악하기 위한 투쟁, 영국의 초대 왕실 천문학자인 존 플램스티드와 왕립학회에서 다른 문제들을 놓고 벌인 싸움으로 얼룩졌다.

그의 종교적 신념도 내면의 갈등을 증폭시켰는지 모른다. 그는 그리스도의 삼위일체를 부정하는 교파인 아리우스주의를 따랐다(이것은 영국의 대다수

시민들이 매우 싫어하던 것이었다). 역시 아리우스주의를 믿었던 그의 동료 윌리엄 휘스턴은 뉴턴이 사망한 후에 자신의 신앙을 공개했다가 즉시 케임브리지 대학에서 뉴턴의 뒤를 이은 자리에서 쫓겨나고 말았다.

위에서 우리는 라이프니츠와 뉴턴을 서로 비교해보았다. 한 사람은 벌이는 계획마다 좌절을 당했고(특히 말년에), 다른 사람은 오만하고 정신이 약간 불안정했다. 두 사람의 대결 결과는 자연철학계 전체에 큰 반향을 일으키게 된다.

## 철학과 종교

*

이 시점에서 두 사람 간의 분쟁은 월리스와 홉스 간의 분쟁을 연상시키는 뉘앙스를 풍기기 시작한다. 두 사람 간의 적대감 중 대부분은 철학적으로 그리고 종교적으로 기본 생각이 다른 데서 생겨났기 때문이다. 뉴턴은 1669년부터 진짜 연금술사로 활동했지만, 그는 그 생활을 수리물리학과는 완전히 별개로 유지할 수 있었다. 과학계에서는 그를 엄격한 경험주의자로 간주했다. 「프린키피아」에서 뉴턴은 행성의 운동, 조석의 움직임, 진자의 흔들림, 사과의 낙하 등과 같은 다양한 현상들에 대해 단일한 수학적 설명을 제시했다. 이 놀라운 솜씨는 마침내 지상의 물리학과 천상의 물리학을 결합시켰다. 이것은 갈릴레이가 그렇게 이루기를 갈망했으나 끝내 이루지 못했던 것이었다.

이 모든 운동의 뒤에 숨어 있는 유일한 원동력은 바로 중력이었다. 뉴턴은 신기하게도 중력이 무엇인지 설명하는 것을 자제했다. 그러나 뉴턴이 중력의 개념을 사용한 방식에서는 '원격 작용'*이라는 개념을 기정사실로 받아들이고 있었다.

원격 작용은 전기와 자기에 대한 연구에서도 사용되었다. 이들 현상에서는 모두 뉴턴이 기본 원리로 삼은 역제곱 법칙이 성립하기 때문이다. 다시 말해서, 원격 작용이라는 개념이 수학적으로 다루어짐으로써 과학계에 수용되었던 것이다.

그러나 유럽 대륙의 수학자들과 철학자들은 원격 작용의 개념을 쉽사리 받아들일 수 없었다. 라이프니츠는 행성의 운동을 설명하기 위해서는 공간상에 어떤 종류의 미묘한 물질이 존재해야만 한다고 생각했다. 그 당시에 과학과 형이상학이 얼마나 긴밀하게 서로 얽혀 있었는지 엿볼 수 있는 대목이다. 라이프니츠는 형이상학자였던 것으로 생각되는데, 그럼에도 불구하고 그와 그의 동료들은 원격 작용은 '환상적인 형식적 속성'을 지니고 있는 너무 신비스러운 개념이라고 느꼈다. 그들에게 그것은 앞으로 나아가는 것이 아니라, 뒤로 멀리 후퇴하는 개념으로 생각되었다. 그와 동시에 그들은 뉴턴은 중력이 무엇인지, 그리고 어떻게 작용하는지 전혀 설명하려고 하지 않는다고 공격을 퍼부었다.

자신과 라이프니츠의 견해차를 요약하면서 뉴턴은 이렇게 썼다.

"이 두 신사가 철학에서 서로 큰 차이를 보이는 것은 어쩔 수 없는 일이다. 한 사람(뉴턴 자신)은 실험과 현상에서 나타나는 증거를 바탕으로 나아가고, 증거가 부족한 곳에서 멈춰 선다. 그러나 다른 사람은 가설에 빠져 가설을 제시한다… 한 사람은 의문을 결정할 수 있는 실험이 부족한 탓에 중력의 원인이 역학적인 것인지 아닌지 단언할 수 없는 반면, 다른 사람은 그것이 역학적인 것이 아니라면 영원한 불가사의라고 단언한다."

이와 함께 서로를 용납할 수 없는 훨씬 더 깊은 차이가 얽혀 있었다. 라이프니츠와 뉴턴은 모두 신앙심이 깊었으나, 신이 우주에서 행사하는 역할에 대해서는 생각이 크게 달랐다. 만약 우주가 정말로 엄격하게 기계적인 원리

---

* 원격 작용이란, 공간상에서 서로 떨어져 있는 두 물체가 물리적으로 전혀 연결돼 있지 않은데도 불구하고 서로 간에 어떤 종류의 효과를 미치는 것을 말한다.

에 따라 작동한다면, 우주는 태초에 신이 태엽을 감아놓은 하나의 시계처럼 간주할 수 있다고 뉴턴은 말했다.

그러나 만약 시계가 신의 도움 없이도 영원히 잘 작동한다면, 신이 불필요해진다는 사실을 뉴턴은 우려했다. 만약 신이 기계의 태엽을 감아놓고 혼자서 잘 굴러가게 내버려두었다면, 기도로 무엇을 이룰 수 있겠는가? 그래서 뉴턴은 예컨대 행성들의 운동에서 나타나는 설명할 수 없는 어떤 불규칙한 움직임이 누적되어 결국에는 태양계 전체가 정상 상태에서 벗어날지 모른다고 생각했다. 그러한 경우, 신이 개입하여 모든 것을 정상으로 돌려놓을 수 있을 것이라고 그는 확신했다.

반면에 라이프니츠는 신을 일종의 천문학적 수선공으로 본 개념을 비웃었다. 그로서는 정기적으로 태엽을 감아주는 것이 필요한 시계처럼 작동하는 우주 개념은 도저히 받아들일 수 없었으며, 그러한 우주의 개념은 신의 완전성을 훼손한다고 여겼다.

신과 우주의 완전성에 대한 이러한 신념은 라이프니츠의 철학에서 중요한 부분을 차지했다. 신은 무한히 많은 가능성의 세계들 중에서 가장 적절하다고 생각되는 것을 신중하게 선택했다고 그는 믿었다. 그래서 우리가 살고 있는 세계는 완벽한 세계는 아닐지 몰라도, 모든 것을 감안할 때, 가능한 모든 세계 중에서 최상의 세계라고 믿었다. 다음 장에서 보게 되겠지만, 볼테르는 이러한 생각에 대해 악의적인 풍자를 통해 실컷 빈정댄다.

홉스에 대한 두 사람의 견해 역시 상반되는 것이었다. 라이프니츠는 홉스의 철학적 견해를 유용하며, 자기 취향에 맞는 것이라고 생각했다. 그러나 뉴턴은 홉스의 견해를 매우 싫어했다. (로크를 '홉스주의자'라고 공격했던 것을 기억하라). 그러나 현대의 독자들에게 전체 논쟁에서 가장 흥미로운 부분은 필시 시간과 공간에 대한 두 사람의 견해 차이일 것이다. 뉴턴은 시간과 공간을 절대적이고 실재하는 존재로 간주했다. 시간과 공간은 인간의 마음과는 상관 없이 독립적으로 존재한다. 이러한 확실성은 '고전 물리학'을 확립시키는 굳건한 기초를 제공했다. 그리고 20세기에 상대성 이론이 등장할 때까지 물리학은 뉴턴의 우주 속에 머물렀다.

라이프니츠는 시간과 공간에 대해 완전히 다른 개념을 가지고 있었다. 만약 시간과 공간이 절대적이고 실재한다면, 그것들은 신과 무관하게 독자적으로 존재할 것이고, 사실상 신의 능력에 제한을 가할 것이라고 그는 생각했다. 다시 말해서, 신은 시간과 공간을 마음대로 통제하지 못하게 된다. 여기서도 뉴턴은 경험주의자로, 라이프니츠는 형이상학자로 처신하는 것처럼 보인다.

그렇지만 뉴턴은 비경험주의자적 견해를 종종 표출하기도 했다. 예를 들면 「광학」의 초기 판본에서 뉴턴은 공간은 일종의 신의 '감각기관'이라고 제안했다. 그랬다가 곧 마음이 변해 부랴부랴 배포된 책들을 회수하여 그 문장을 수정했다. 그러나 맨 처음에 인쇄된 책들 중 한 권이 라이프니츠의 수중에 들어가게 되었으며, 그는 그 개념을 난도질했다. 신이 지각을 하기 위해서 감각기관이 필요하단 말인가?

라이프니츠는 또한 자기가 '「프린키피아」의 반기독교적 영향'이라고 부른 측면을 지적했다. 뉴턴은 미적분학에 대한 분쟁보다도 이 점을 참기가 더 어려웠는데, 그것은 라이프니츠 혼자만의 아이디어가 아니라는 사실에도 일부 이유가 있었다. 독실한 신자인 프랑케라는 사람은 기하학을 공부하는 학생은 훌륭한 기독교인으로 만들 수 없다고 말했으며, 웨슬리라는 사람은 수학 공부가 자신을 무신론자로 만들까 봐 두려워 수학공부를 중단했다.

시간과 공간에 대한 라이프니츠의 생각은 약간 흥미로운 의미를 지니고 있다. 라이프니츠는 시간과 공간을 질서 또는 관계로 보았다. 공간은 '공존하는 것들의 질서'이고, 시간은 '연속적인 것들의 질서'였다. 만약 우주의 모든 물체들이 하룻밤 사이에 크기가 두 배로 늘어난다면, 다음날 아침에 우리는 뭔가 달라진 것을 느낄 수 있겠는가 하고 라이프니츠는 반문했다. 우리는 아무것도 달라진 것을 느낄 수 없을 것이라고 그는 말했는데, 우리 몸의 크기가 두 배로 늘어났기 때문에 그러한 변화를 알아챌 수 없다고 설명했다. 그때가 1700년대 초라는 사실에 주목하라.

역사학자 프리저브드 스미스는 "그의 생각은 그토록 심오해서 상대성 이론이 등장할 때까지 제대로 평가받지 못했다."고 썼다. 라이프니츠의 이러한 상대론적 견해를 물리학계가 따라잡기까지는 그로부터 2세기가 더 걸렸다. 아인슈타인을 비롯해 상대성 이론의 후계자들은 라이프니츠의 생각이 유용하다는 사실을 깨닫게 된다.

라이프니츠는 또한 단단하고 '질량을 지닌' 입자가 물질의 구성 성분이라는 뉴턴의 주장에도 반론을 제기했다. 그는 입자 대신에 일련의 모나드 monad(單子)를 주장하고 나섰다. 라이프니츠가 생각한 모나드는 확대되지도 않고, 부분도 없고, 배열도 없지만 무한히 다양한 지각 능력을 지니고 있는 실체였다. 경직된 실재론자의 눈에는 그의 모나드 개념은 불가능한 형이상학적 개념으로 비칠 것이다. 뉴턴은 모나드를 경멸적으로 '상호 운동(conspiring motion)'이라 불렀다(conspiring은 '음모적'이라는 의미도 지니고 있다). 그러나 '상호 운동' 역시 뉴턴의 '질량' 입자보다도 양자역학적 원자의 개념에 더 가까운 것이다.

과학사가들은 만약 두 사람이 함께 협력해 연구했더라면 훨씬 좋은 결과가 나오지 않았을까 하고 의문을 제기할 때가 있다. 그런데 어떤 의미에서 두 사람은 서로 대결을 함으로써 협력 연구를 했다고 볼 수도 있다. 비록 두 사람은 많은 점에서 정반대 방향으로 나아갔지만, 미적분학 논쟁은 두 사람을 한 덩어리로 결합시켜 결국 근대 물리학을 탄생시키는 데 기여했다.

## 끝없는 싸움

✶

그렇지만 싸움이라는 측면만을 놓고 볼 때, 뉴턴이 라이프니츠에게 이겼다는 데에는 의심의 여지가 없다. 뉴턴과 그의 친구들이 라이프니츠에게 가한 공격이 일부 원인이 되어 찬란하게 빛나던 라이프니츠의 별은 빛을 잃기 시작했으며, 한때는 완전히 꺼져버리기까지 했다. 종국에 이르러서는 두 사람의 상황이 극명하게 대조를 이룬다. 뉴턴은 큰 존경과 숭배를 받았다. 그는 과학에 업적을 남긴 사람으로서는 최초로 기사 작위를 받았다. 그리고 1727년에 사망했을 때에는 국장의 예우를 받았으며, 지금도 웨스트민스터 성당의 가장 좋은 자리에 묻혀 있다.

반면 라이프니츠는 제대로 되는 일이 없었다. 아이로니컬하게도, 1714년에 라이프니츠가 봉사하고 있던 하노버 선거후가 영국의 조지 1세로 즉위하자, 라이프니츠는 오히려 궁정에서 신임을 잃고 말았다. 이것 역시 뉴턴과의 대결 때문에 그런 것으로 짐작된다. 미적분학 분쟁은 영국과 독일 사이에 외교적 책략에서 하나의 변수가 되었으며, 라이프니츠는 그 싸움에서 분명히 지는 쪽에 서 있는 것처럼 보였다. 누가 지는 쪽의 편을 들려고 하겠는가? 그는 또한 로마 교황청으로 하여금 갈릴레이의 「천문 대화」를 금서 목록에서 해제하게 하려고 노력했으나, 역시 무위로 끝났다.

라이프니츠가 많은 계획에서 실패를 거듭하고, 약 40년 동안 봉사한 궁정에 단 한 명의 친구도 없는 상태에서 1716년 하노버에서 죽었을 때, 그의 장례식에 참석한 사람은 그의 전 비서 한 사람뿐이었다. 한 친구는 회고록에서 라이프니츠가 "조국의 영광스러운 인물로 정당한 예우를 받기는커녕 도둑놈처럼 매장되었다"고 기록했다.

라이프니츠는 "조국이 암울한 시기에 있을 때, 기만과 타락과 비참함으로 가득 차 있던 세상에서" 죽어갔다고 머즈는 말했다. 그럼에도 불구하고, 그의 연구는 강한 낙관주의를 유지했는데, 그러한 낙관주의는 여러 측면에서 표출되지만, 그중에서도 '가능한 세계들 중에서 최상의 것'이라는 개념을 대표적으로 들 수 있다. 사실, 그는 문명이 고대의 황금 시대 이래로 계속 불가피하게 쇠퇴를 거듭하고 있다는 생각에서 벗어난 최초의 사람들 중 한 명이었다. 18세기의 철학자인 디드로는 라이프니츠를 낙관주의의 아버지라고 불렀다.

그가 개인적으로 겪었던 그 모든 낙담과 좌절을 고려할 때, 이러한 낙관주의는 더욱 놀라운 것으로 받아들여진다. 뉴턴의 이름이 힘의 단위로 사용되는 영예를 누리는 것을 감안할 때, 라이프니츠에게도 비슷한 대우를 해줄 때가 되었다고 나는 제안한다. 나는 낙관주의의 단위로 '라이프니츠'를 쓰고 싶다. 훗날 라이프니츠와 뉴턴을 합쳐놓은 듯한 인물이 나타나 이 단위를 어떻게 정량화해야 할지 가르쳐주지 않을까? ✶

ROUND 4

# 볼테르 VS 니덤

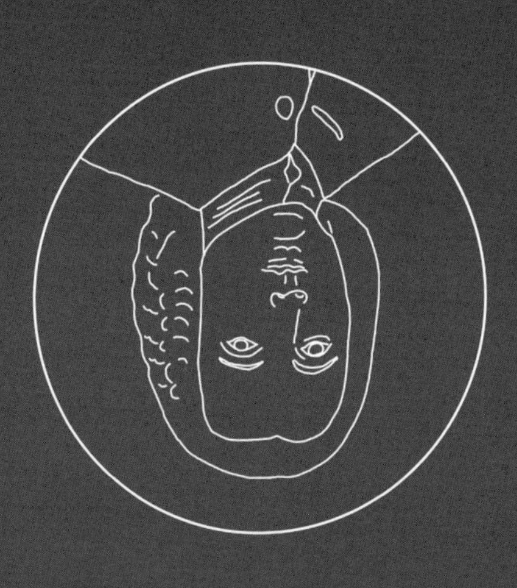

볼테르 VS 니덤

# 자연 발생설 논쟁

"1800년의 간격을 두고 태어난, 인류애의 두 사도 사이에는 신비스러운 관계가 있다"라고 빅토르 위고는 말했다.

"깊은 존경의 감정을 가지고 표현한다면, 예수는 울었고, 볼테르는 웃었다."

그러나 볼테르의 웃음은 천의 얼굴(그리고 그만큼 많은 용도)을 지니고 있었다. 그는 교회와 국가의 불의와, 불관용과, 절대권력에 맞서 싸우는 데 그것을 사용했다. 그는 개인적인 복수에도 그것을 사용했는데, 웃음을 그처럼 파괴적인 효과를 나타내도록 사용한 사람은 아무도 없었다. "비웃음은 거의 모든 것을 압도한다. 그것은 가장 강력한 무기이다. 복수를 하면서 웃는 것만큼 큰 즐거움도 없다"라고 그는 주장했다.

75년에 걸친 긴 생애 동안 볼테르는 수많은 시와 편지, 희곡, 역사, 정치적 소논문, 단편소설을 썼다. 어떤 글에는 서명을 했으나, 어떤 글에는 필자를 감추기 위해 서명을 하지 않았다. 그 당시 프랑스에서는 신문지상에 발표된 글의 필자임이 분명히 드러날 경우 고문이나 죽음을 당할 수 있었다. 실제로 볼테르는 바스티유에 투옥된 적이 있었으며, 사랑하는 파리에서 오랫동안 추방된 적도 있었다.

볼테르와 그의 제자인 프로이센 국왕 프리드리히 2세.
1750년부터 54년까지 볼테르는 국왕의 문학 교사였다.

볼테르는 뉘앙스의 대가였다. 프로이센 왕 프리드리히 2세(흔히 프레데릭 대제라 부르는)와 언쟁을 벌인 후, 볼테르는 조카딸에게 보낸 편지에서 자신은 '왕들을 위한 사전'을 편찬하고 있다고 하면서 몇 가지 예를 들었다. '친애하는 친구'는 "자네는 나한테 아무 쓸모도 없는 놈"이란 뜻이며, '내가 그대를 행복하게 해주겠네'는 "그대가 필요한 동안만 돌봐주겠다"는 뜻이고, '오늘 밤 식사나 같이 하지'는 "오늘 밤에 자네를 조롱거리로 만들겠다"는 뜻이라는 것이다.

볼테르가 다음에는 누구를 칠지 아무도 짐작할 수 없었다. 그의 주요 표적 중 하나는 18세기 유럽 과학계의 주요 인물이자 베를린 과학 학술원(반세기 전에 라이프니츠가 그 회장 자리에 오르기를 갈망했던)의 회장이기도 한 모페르튀였다. 모페르튀는 뉴턴의 연구의 가치를 최초로 인정한 주요 인물 중 하나였으며, 뉴턴이 이론적으로 예측한 것 중 하나를 검증하기 위한 어려운 임무를 맡아 고생 끝에 성공을 거두기도 했다.

1750년대 초에 모페르튀는 쾨니그라는 수학자와 논쟁에 휘말렸다. 40년 전에 뉴턴이 써먹었던 것과 똑같은 수법을 사용하여 모페르튀는 쾨니그를 짓밟아버릴 학술원의 위원회를 소집했다. 라이프니츠의 경우에는 자기편을 들어주는 복수의 천사가 한 명도 없었으나, 쾨니그에게는 한 사람이 있었다. 그 사람이 바로 볼테르였는데, 볼테르는 모페르튀를 싫어할 이유가 수없이 많았던 터라 기꺼이 쾨니그를 옹호하고 나섰다. 볼테르가 사용한 수법은 간단하면서도 아주 효과적인 것이었다. 모페르튀를 바보처럼 보이게 하여 그의 주장의 신빙성을 떨어뜨리는 것이었다.

1752년, 모페르튀는 일련의 공개 서한을 통하여 몇 가지 생각을 발표한 적이 있었다. 몇 가지는 사리에 맞고 유용한 것이었으나, 몇 가지는 괴상한 것이었다. 예를 들면 이집트의 피라미드 속에 무엇이 들어있는가 알아보기 위해 피라미드를 폭발시켜 날려버리자고 주장하는가 하면, 라틴어만 사용하는 도시를 건설하자고 주장했으며, 지구의 중심까지 구멍을 파서 그 속에 무엇이 있는지 조사하자고 했다. 또 사형 선고를 받은 죄수를 생체 해부할 것도 제안했는데, 두뇌 해부를 통해 감정의 메커니즘을 밝힐 수 있을 것이라고 믿었다.

볼테르는 이러한 생각들을 통렬하게 비난했으며, 그것을 통해 모페르튀까지 비난했다. 기본 무기로 사용한 것은 '의사 아카키아 박사가 교황에게 바치는 논문'이라는 제목이 붙은 에세이였다. 이 재미있는 풍자 작품에서 아카키아 박사는, '서한'들을 쓰면서 스스로를 중요한 학술원의 존경받는 회장이라고 뻐기는 자만심에 가득 찬 젊은 학생에 대해 묘사한다. 모페르튀의 이름은 어디에도 언급돼 있지 않지만, 작가(물론 공식적으로는 볼테르가 아니었다)가 염두에 두고 있는 인물이 누구인가는 명백했다. 작품 중 일부는 마치 갈릴레이와 「천문 대화」를 연상시키는 심문으로 이루어져 있다. 다만 이 경우에는 심문의 대상이 '젊은 저자'의 서한이라는 것이 다를 뿐이다.

예를 들어보자.

"독자의 인내심을 지치게 하고, 심문자의 관심을 끌지 못하는 몇 가지 사실은 그냥 지나치려고 합니다. 그러나 교황께서 이 젊은 학생이, 인간 마음의 본성을 더 잘 이해하기 위해 거인들… 그리고 꼬리 달린 털북숭이 인간의 두뇌를 해부하길 열렬히 갈망하고, 아편과 꿈을 사용해 영혼을 개조시킬 것을 제안하며, 밀가루 반죽으로 물고기를 만들어내겠다고 한다는 사실을 들으면 크게 놀라시리라고 믿습니다."

그러한 어리석은 주장들을 더 언급한 후에 심문자는 이렇게 덧붙인다.

"결론적으로 말해서, 우리는 아카키아 박사에게 마음을 진정시키는 약을 처방해주도록 요청드리며, 어느 대학에서 연구에 전념하고, 미래를 위해 자중하도록 권고하는 바입니다."

모페르튀가 볼테르에게 복수하겠다고 위협하는 내용의 편지를 보내자, 볼테르는 아카키아의 모험 속편을 출판하면서 첫머리에 모페르튀의 편지를 집어넣었다. 핵심을 집어내어 그것을 면도날처럼 날카롭게 만든 다음 정확하게 베는 비범한 능력으로 볼테르는 모페르튀를 유럽의 우스갯거리로 만들었다. 모페르튀로서는 너무나도 억울한 일이었으며, 그는 몇 년 뒤에 몸과 마음에 큰 상처를 입고 죽고 말았다.

볼테르는 과학자는 아니었지만, 물리학과 생물학에 깊은 관심을 가지고 있었다. 사실, 뉴턴이 유럽 대륙에 널리 알려지게 된 데에는1783년에 출간된 볼테르의 「뉴턴 철학 원론」이 큰 역할을 했다(아이로니컬하게도, 볼테르를 뉴턴의 연구에 처음으로 접하도록 소개한 사람은 모페르튀였다). 볼테르는 초기의 가장 뛰어난 과학 작가(복잡한 과학 이론을 일반인들이 읽을 수 있는 산문으로 바꾸어 쓰는 사람)중 한 사람이었다.

뉴턴에 관한 책을 쓰면서 볼테르는 아주 특별한 도움을 받았다. 1733년에서 1749년 사이에 그는 샤틀레-르몽 후작 부인인 가브리엘 에밀리 르 토넬리에 드 브르퇴유를 애인이자 동료로서 사귀었는데, 그녀는 부와 매력과 명석함을 두루 갖춘 인물이었다. 사실, 가정교사였던 모페르튀와 함께 일했던 그녀는 뉴턴의 연구에 대해 볼테르보다 더 잘 알고 있었다. 볼테르가 싫어했던 라이프니츠를 그녀가 잠깐 동안 열렬히 지지한 것은 나쁜 점이었다.

게다가 모페르튀의 격려를 받으며 라이프니츠에 대한 연구 논문까지 내놓았다. 그렇지만 가장 나쁜 점은, 기혼 여성인데다가 볼테르의 애인이었음에도 불구하고, 그녀가 모페르튀에 연정을 품었다는 사실이다(볼테르에게는 다행스럽게도, 그녀의 정열은 일방적인 것이었고, 시간이 잠시 지난 후에 식어버렸다).

아카키아 박사를 이용해 모페르튀를 제거한 지 7년 후, 그리고 에밀리가 죽은(1749년)지 한참 후인 1759년, 볼테르는 라이프니츠를 표적으로 삼았다. 그 중간에 그는 자신의 가장 유명한 작품인 「캉디드Candide」를 썼다. 이 작품은 18세기의 생활과 사상에 대한 통렬한 풍자 문학이었다. 종교적 광신, 전쟁, 계급 차별의 불의, 그리고 마지막으로 라이프니츠의 철학을 직설적으로 풍자했다. 이 이야기의 주인공은 캉디드이지만, 그의 가정교사인 팡글로스 박사는 라이프니츠의 제자로 나온다. 진지하면서도 우스꽝스러운 일련의 모험에서 팡글로는 라이프니츠가 그랬던 것처럼 "모든 것은 가능한 모든 세계 중에서 최상의 것인 이 세계의 최상의 존재를 위한 것"이라고 주장한다. 이 작품은 볼테르에게 가장 큰 성공을 안겨준 작품 중 하나였으며, 현재까지 전 세계에서 수백만 부 이상이 인쇄되었다.

볼테르는 라이프니츠의 연구에 대해 크게 두 가지 반대 의견을 갖고 있었다. 첫째, 그는 라이프니츠의 "가능한 모든 세계 중에서 최상의 것"이라는 견해가 완전히 잘못된 것이며, 라이프니츠는 사실상 염세주의 철학자라고 생각했다. 왜냐하면 이 세상을 가능한 모든 세계 중에서 최상의 것으로 받아들이는 것은 라이프니츠와 그의 추종자들이 현재의 상태(the status quo)를 인정하는 것이기 때문이다. 투사인 볼테르는 현재의 상태를 인정하려 하지 않았다. 그리고 많은 종류의 불의와의 싸움을 통해 그는 유럽의 양심으로 알려져 있었다.

둘째, 볼테르는 라이프니츠의 철학을 환상적이고, 뒤죽박죽이고, 위선적이라고 생각했다. 그것은 뉴턴 철학의 완전한 안티테제(反)이자, 진정한 철학에 대한 비웃음이며, 일종의 사이비 과학이라고 볼테르는 생각했다. 라이프니츠가 미적분으로 인간 행동의 비밀을 풀어낼 수 있다고 주장한 것을 놓고 볼테르는 실컷 조롱했다.

## 뱀장어 인간

*

잘난 체하기 좋아하는 성직자이자 과학자인 존 터버빌 니덤이 붓으로 결투를 벌여야 할 상대는 바로 그런 사람이었다. 그러나 니덤도 결코 호락호락한 사람이 아니었다. 니덤은 나름대로의 무기를 갖고 있었다. 자신의 과학이 로마 가톨릭 교회를 강력하게 지지해준다는 뿌리깊은 믿음에 바탕한 도덕적 정당성, 뛰어난 수사학, 뻔뻔스러움, 자신의 일부 실험이 유럽 과학계를 발칵 뒤집어 놓았다는 사실을 알고 있는 것 등이 그러한 무기였다.

니덤은 성직자 수련을 받을 때 수사학을 배웠으며, 그 역시 볼테르와 마찬가지로 뛰어난 투사였다. 싸움을 마다하지 않는 그의 성향은 집안 내력과 관계가 있다. 그는 영국의 로마 가톨릭 집안에서 태어났는데, 그들은 이미 국교로 자리잡은 영국 성공회에 봉직하기를 거부했다. 니덤은 프랑스로 가서 학교를 다녔으며, 24세 때인 1737년에 교구 거주(수도원 밖에서 생활하는) 성직자로 서품받았다. 그가 자연과학에 접한 것은 1740년부터 1743년까지 가톨릭 교회의 학교를 관리할 때였으며, 1743년에 그는 이미 최초의 과학 논문을 발표했다.

그 논문은 주로 지질학에 관한 것이었지만, '최근에 내가 이룬 미생물학적 발견'이라는 절을 덧붙였다. 꽃가루의 작용 방식에 관한 이 첫 번째 발견으로 니덤은 식물학계에서 인정을 받게 되었다. 그리고 두 번째 발견으로 그는 '뱀장어 인간'이라는 별명으로 널리 알려지게 되었다. 그는 1745년에 「새로운 미생물학적 발견」이라는 책을 출간했는데, 이 책은 아주 잘 팔렸을 뿐만 아니라, 니덤에게 로마 가톨릭 성직자로서는 최초로 왕립학회의 회원으로 선출되는 영광을 안겨다주었다. 1761년에는 런던 골동품연구협회의 회원으로 선출되었고, 1773년에는 벨기에 왕립학회의 초대 회장에 선출되어 생물학에 발전된 실험 방법을 도입하는 데 기여했다.

볼테르의 '아카키아'는 실제로 볼테르와 니덤 사이에 벌어질 전쟁의 서막이었다. 비록 그 '논문'은 모페르튀를 겨냥한 것이긴 했지만, 니덤 역시 그 표적이 되었다. 그 풍자 작품에서 볼테르는 모페르튀가 밀가루로 '뱀장어'를 만들어낸다고 공격을 가했다. 볼테르는 책에 훌륭한 장어요리 그림까지 덧붙였다. 언제나처럼 볼테르는 사실을 약간 왜곡했다. 밀가루로 뱀장어를 만들어낸 사람은 모페르튀가 아니라 니덤이었기 때문이다. 그렇지만 모페르튀는 니덤의 연구를 지지하는 글을 썼고 그것만으로도 볼테르의 공격 대상이 되기에 충분했다.

## 자연 발생설과 그 밖의 발생설

*

볼테르와 니덤이 전투를 벌인 전장으로 가기 전에 그들이 무엇을 놓고 전투를 벌였는지 이해하는 것이 필요하다. 자연 세계의 연구에 대한 역학적 접근 방법(예컨대 갈릴레이와 뉴턴이 취한 것과 같은)은 다양한 현상들을 성공적으로 설명할 수 있었다. 그래서 무생물 물질은 자연 법칙의 지배를 받는 것으로 생각되었다. 그렇다면 "생물도 역시 그러한 자연 법칙의 지배를 받을까?"하고 과학자들은 의문을 품기 시작했다. 특히, 골치 아픈 문제는 발생에 관한 것이었다. 자손은 어디에서 만들어지는 것일까? 배胚 혹은 태아의 창조는 종교적 또는 형이상학적 설명이 아닌 과학적 설명으로 이해가 가능한가?

생물학 현상 중에서 가장 곤혹스러운 이 문제를 설명하려는 시도에서 서로 상반된 견해를 가진 두 학파가 대두되었다. 18세기 전반에 지배적인 학설이었던 전성설前成說에서는, 모든 태아가 비록 아무리 작은 크기라 하더라도, 난자나 정자 속에 이미 완전한 형태로 존재한다고 주장했다. 마찬가지로 식물 역시 씨 속에 이미 존재하고 있던 아주 작은 유기체로부터 발생하는 것으로 생각했다. 따라서 발생에서 일어나는 모든 일은 보이지 않을 정도로 작은 부분들이 눈에 보일 만큼 커지는 것이라고 전성설 옹호론자들은 믿었다. 스위스의 박물학자 샤를 보네는, 전성설은 "인간의 마음이 감각보다 우위에 있다는 것을 보여주는 위대한 승리 중 하나"라고 선언했다. 이것은 전성설이 과학 이론일 뿐만 아니라 철학 이론이기도 하다는 것을 명백하게 보여준다. 따라서 전성설의 뿌리가 아리스토텔레스까지 거슬러 올라간다는 사실에는 전혀 놀라울 것이 없다.

난자설(emboitement)이라는 전성설의 한 변형 이론에서는, 모든 배 속에는 수많은 작은 배들이 발생할 때를 기다리며 들어 있다고 주장했다. 다시 말해서, 모든 배는 천지 창조 시에 하느님이 창조해놓았다는 것이다. 오늘날에는 이러한 생각이 터무니없는 것으로 비치겠지만, 당시에는 가장 완벽하고 훌륭한 이론으로 평가받았다. 라이프니츠는 난자설을 확고하게 지지했다.

그 반대되는 입장에 후성설後成說이 있다. 예를 들면, 모페르튀는 전성설 지지자들이 답을 제시하는 것이 아니라 단순히 문제를 더 앞의 시간으로 미룰 뿐이라고 주장했다. 신의 입장에서 볼 때, 시간상의 한 순간과 다른 순간 사이에 어떤 차이가 있겠는가 하고 그는 의문을 제기했다. 또한 부모 사이에서 태어나는 자손은 양부모를 모두 닮는다는 사실과 잡종의 존재는 전성설에서 주장하는 바와 모순된다고 지적했다. 모페르튀와 그 밖의 후성설 지지자들은 각각의 배는 해체된 다른 물질로부터 새롭게 생겨나야 한다고 주장했다.

세부적으로 들어가서는, 후성설 지지자들은 물리학과 천문학에서 성공을 거둔 개념들을 빌려왔다. 모페르튀는 어떤 형태의 인력이 관계한다고 제안했다. 이 생각에 대해 신앙심이 깊은 동물학자인 레오뮈르가 즉시 그 신비적인 성격을 공격하고 나섰으며, 또 단순한 인력만으로는 입자들이 충분히 결합할 수 없다고 주장하고 나섰다. 이에 대해 모페르튀는 입자들은 그 속에 나름의 지능(라이프니츠의 모나드)을 가지고 있다고 주장했다.

「박물지」의 저술로 유명한 18세기의 박물학자 뷔퐁은 후성설을 지지하는 여러 가지 주장을 들고 나왔다. 그중에는 '내부 주형', 특별한 '침투력', 물질의 유기적 형태와 야만적인 형태로의 분열 등이 있었다. 신체 자체에 필요한 것 이상으로 존재하는 과도한 유기 물질은 부모의 생식 물질이 된다고 그는 주장했다. 뷔퐁은 「박물지」에서 니덤의 관찰을 소개함으로써 그것을 널리 알리는 데 기여했다.

마지막으로 니덤 자신도 모든 생명 활동의 원천인 일종의 생장력(vegetative force; 예컨대 식물 물질이 동물 물질로 전환되는 것) 개념을 포함한 후성설을 제안했다. 생장력은 두 가지 형태(팽창을 포함한 것과 저항을 포함한 것)로 나타나며, 두 형태의 균형에서 생명 현상이 나타난다고 했다. 니덤은 라이프니츠의 추종자였으며, 그가 주장한 두 가지 힘은 라이프니츠가 '활력(vis viva)'이라고 부른 원동력(motor force)과 관성력을 연상시킨다.

이 세 가지 후성설(모페르튀, 뷔퐁, 니덤이 각각 주장한)은 힘을 발달의 원인으로 보았다는 점에서 서로 비슷하다. 이러한 수렴은 결코 우연의 일치가 아니다. 첫째로는, 뉴턴이 무생물 물질의 세계에서 단순한 물리 현상인 중력으로 큰 성공을 거둔 사실을 지적할 수 있다. 둘째, 뷔퐁은 나머지 두 사람과 함께 연구를 한 적이 있었다.

세 사람 중에서 발생학 분야에서 중요한 실험 관찰을 한 사람은 니덤뿐이었다. 1747년에 이루어진 관찰은 전성설 지지자들이 내세우는 일부 주장이 틀렸음을 증명하기 위해 실시되었다. 그는 끓인 양고기 국물을 유리병에 넣고, 입구를 코르크와 유향 수지로 밀봉했다. 좀 더 확실하게 하기 위해 그는 그 유리병을 뜨거운 재 속에서 가열했다. 그 목적은 끓이고 밀봉한 후에도 병 속에 남아 있을지 모르는 모든 생물체를 죽이기 위한 것이었다.

며칠 후 니덤이 병을 열어 그 속을 조사한 결과, '온갖 크기의 생물들과 아주 작은 동물들로 들끓고' 있는 것을 발견했다. 물에 젖은 썩은 밀을 가지고 한 실험에서도 비슷한 결과를 얻었다. '아주 작은 동물'가운데에는 그가 뱀장어처럼 생겼다고 묘사한 동물도 일부 있었다.

다시 말해서, 니덤은 무생물 물질에서 생명이 탄생하는 '자연 발생'을 관찰했다고 주장한 것이다. 자연 발생의 가능성은 오래 전부터 제기돼왔다. 1667년에 플랑드르의 유명한 의사이자 과학자인 얀 밥티스타 반 헬몬트는 더러운 넝마조각과 밀을 섞어놓은 데서 쥐가 태어난다고 믿었다. 그 이야기를 의심하는 사람은 거의 없었다. 두 가지 물건을 뚜껑이 없는 그릇에 담아놓고 충분한 시간 동안 기다리기만 하면 쥐가 나타났기 때문이다.

그러나 18세기 중반에 이르러 자연 발생설은 다소 설득력을 잃게 되었으며, 생명은 오직 생명으로부터 발생할 수 있으며, 그것도 같은 종류의 생명으로부터 발생할 수 있다는 사실이 확립되었다. 쥐는 밀과 젖은 속옷가지에서 태어난 것이 아니었다. 그런데 바로 이때, 니덤이 양고기 국물과 밀을 가지고 엄밀한 실험적 방법을 적용하여 상황을 반전시킨 것이다. 아마도 아주 낮은 생명 단계에서는 무생물 물질이 조직적인 생물로 변하는 것인지도 모른다고 생각되었다.

어쨌든 니덤의 연구는 전성설의 관에 못을 박은 것처럼 보였다. 전성설 같은 개념은 전혀 필요가 없다는 것을 니덤의 연구는 명백하게 보여주었다. 비록 니덤의 실험은 아주 낮은 단계의 생명체를 다룬 것이긴 하지만, 그것은 더 높은 단계의 생물에도 적용될 수 있다는 것을 의미했기 때문이다. 따라서 신이 세상을 창조할 당시부터 그 수많은 배胚들을 만들어놓을 필요가 없어진 것이다.

그러나 니덤의 입장에서는 곤혹스럽게도, 그 실험 결과는 유물론자와 무신론자 철학자들의 주장을 뒷받침하는 증거로 받아들여졌다. 예컨대 유물론자는 모든 것은 운동하는 물질 또는 물질과 에너지로 설명할 수 있다고 믿었는데, 니덤의 연구는 그러한 믿음과 너무나도 잘 맞아떨어졌다. 또한 만약 비조직적인 물질이 생명체로 변할 수 있다면, 신적인 창조자가 존재할 필요가 어디 있겠는가?

이러한 결과에 대해 볼테르 역시 니덤 못지않게 속이 뒤집혔지만, 상황이 그렇게 전개된 데 대해 니덤을 비난했다. 비록 볼테르는 교회의 과도한 행동에 맞서 싸웠지만, 그는 신을 확고하게 믿었고, 또한 전성설을 지지했다(라이프니츠처럼). 또한 볼테르는 뉴턴의 열렬한 지지자였던 반면, 라이프니츠의 지지자인 니덤은 모든 모나드 속에 생장력이 들어 있다고 믿었다.

아이로니컬하게도, 볼테르는 모페르튀를 통해 뉴턴의 연구를 배웠는데, 이번에도 1752년에 모페르튀의 서한을 통해 니덤의 연구를 알게 되었다. 그렇지만 볼테르가 본격적으로 니덤을 공격하고 나선 것은 그로부터 10여 년 후였다. 볼테르가 포문을 열게 된 데에는 여러 가지 사건들이 복합적으로 얽혀 작용했다. 그중 한 가지는 의심할 여지 없이 니덤이 1750년에 쓴 아주 인상적인 책이었다. 그 책은 비록 니덤이 관찰한 정보를 담고 있긴 했지만, 기본적으로는 과학과 철학과 종교적 수사가 뒤죽박죽으로 섞여 있는 것이었으며, 볼테르를 발끈하게 만들었다.

## 골리앗 대 골리앗의 대결

*

볼테르는 1755년에 제네바로 거주지를 옮겼는데, 제네바는 프랑스보다 검열의 강도가 덜했다. 그러나 신교도 교회는 여전히 스위스에서 막강한 힘을 발휘하고 있었으며, 종교적 기적에 관한 주제가 정치에 섞여들기 시작했다. 프랑스의 작가이자 논객인 장 자크 루소는 로마 가톨릭 교회의 힘을 약화시키려는 의도로 기적에 반대하는 내용의 글을 썼다. 니덤은 기적을 옹호했을 뿐만 아니라, 칼뱅 파 교회와 로마 가톨릭 교회 그리고 교회 지배계급의 정치까지도 옹호했다.

1765년, '기적에 관한 서한'이라는 제목을 단 소논문들이 발표되기 시작했다. 비록 익명으로 발표되긴 했지만, 그것을 쓴 사람이 볼테르라는 것은 명백했다. 그는 단지 계시된 기적뿐만 아니라, 1세기 전에 홉스가 그런 것처럼 왕권 신수설을 겨냥했다. 니덤의 연구는 기적이 일상적으로 일어난다는 명백한 증거를 제공하는 것처럼 보였기 때문에, 볼테르는 니덤을 쏘아 떨어뜨려야겠다고 생각했다. 볼테르는 니덤이 동성연애자라고 시사했다.

"세상에! 예수회 교도가 우리 사이에서 젊은이의 선생으로 미화되다니! 이것은 어느 모로 보나 위험하다!"

니덤도 전쟁을 벌이기로 결심했다. 그에 대한 응수로 그는 볼테르에게 여러 차례 공개 서한을 보냈다. 한 서한에서는 볼테르의 방탕한 생활을 비난했는데, 독신주의를 엄격하게 공언하면서도 실천하지는 않는 '소위 현자들'을 경멸스러운 어조로 언급했다. 이 글에서 그는 볼테르가 저지른 여러 차례의 연애 사건을 암시했는데, 가장 최근에는 자신의 조카딸과 염문을 뿌린 일이 있었다. 그리고는 볼테르의 "글은 독"이며, "사람들을 방탕으로 이끄는 공개적인 초대장으로, 사회에 가장 큰 위협"이라고 덧붙였다.

니덤의 편지에 따르면, 볼테르는 훌륭한 행동을 하는 사람처럼 자처하지만, 실제로는 인류의 재앙이며, 따라서 국가의 공적으로 선포되어야 한다고 니덤은 이렇게 주장했다.

"당신의 주장에 따르면 도덕은 아주 하찮은 것이며, 물리학에 종속되어야 한다. 그러나 나는 물리학이야말로 도덕에 종속되어야 한다고 주장하는 바이다."

니덤이 보낸 편지 중 맨 처음의 두 통은 비교적 직설적인 것이었으며, 세 번째는 볼테르의 세 번째 편지를 모방하여 풍자한 것으로, 그는 볼테르의 '잘못된 논리'를 드러내 보였다고 생각했다. 승리를 확신한 니덤은 동료인 샤를 보네(아이로니컬하게도, 그 역시 볼테르와 마찬가지로 전성설을 지지했다)에게 편지를 보내면서 "볼테르와의 작은 전쟁을 마무리하느라고" 그 동안 편지를 보내지 못했다고 의기양양하게 썼다. 자신이 보낸 편지들을 자신의 '전승 기념비'라고 말하면서, 겸손하게 자신은 영광을 위해서가 아니라 사회의 선을 위해 싸웠노라고 덧붙였다.

그러나 니덤의 승리는 일시적인 것이었다. 그는 자신이 싸우는 상대가 어떤 사람인지 잠깐 잊고 있었다. 비록 볼테르는 자기 자신을 조롱하긴 했지만(나이가 들면서 그는 이빨도 빠지고, 말라깽이 다리와 해골 같은 몰골을 가진 자신의 외모를 비웃었다), 다른 사람이 자신을 조롱하는 것은 용납하지 않았다. 상대가 니덤이라면 더더욱 말할 나위도 없었다. 볼테르는 대중에게 어려운 과학을 소개하는 사람에 불과했던 반면, 이 무렵에 니덤은 과학계의 중요 인물이었다는 사실을 기억할 필요가 있다. 그 당시의 〈Journal des Savants(학자 잡지)〉에 실린 한 연구 조사에 따르면, 학자들의 연구에서 가장 많이 인용된 사람이 니덤이었다. 그 사실에 볼테르는 심기가 매우 불편했을 것이다.

모페르튀와 벌였던 싸움을 연상시키는 방식으로 볼테르는 니덤의 정체성(identity)을 변화시키려고 시도했다. 그는 신교 세계 전체를 가톨릭으로 개종시키는 것만을 궁극적인 목표로 삼고 있는 광신적인 아일랜드인 예수회 교도라는 개념을 만들어냈다. 볼테르는 또한 변장이라는 개념도 사용했다. 즉, 실제로는 성직자의 옷을 입지 않은 니덤이 양고기 국물과 시든 밀로부터 '뱀장어'를 기적적으로 만들어낼 수 있는 사람으로 변장한 성직자 행세를 한다는 것이었다.

물론 니덤은 아일랜드인도 아니었고, 예수회 교도도 아니었지만, 볼테르가 그렇게 공격하고 나서자, 그는 졸지에 아일랜드인 예수회 교도가 되어버렸다(최소한 볼테르의 독자들 눈에는). 그 당시에 아일랜드인이나 예수회 교도로 불리는 것은 결코 유쾌한 일이 못되었다. 사실, 예수회는 1764년에 프랑스에서 추방당한 상태였다. 그런데 왜 하필이면 아일랜드인이라고 했을까? 아일랜드 계 가톨릭 교도라면 니덤은 더 이상 자기 조국에서 패배자로 동정받지 못하고, 신교도들에게 위험한 존재로 비칠 가능성이 높았기 때문이다.

스무 번째의 마지막 편지에서 볼테르는 니덤이 예수회 교도이면서 그 사실을 감추려고 한 죄로 투옥되는 상황을 풍자적으로 묘사했다. 그것으로 니덤은 끝장이라고 그 편지는 시사했다. 볼테르의 편지들이 얼마나 성공을 거두었느냐 하면, 1771년에 가톨릭 교회의 금서 목록에 포함된 것에서도 증명된다.

그러나 니덤은 패배를 인정하려 들지 않았다. 그는 왕권 신수설을 옹호하고, 프랑스 출신인 볼테르가 제네바의 문제에 간섭해서는 안 된다는 주장을 담은 익명의 소논문들을 발표했다. 다른 곳에서도 볼테르를 향해 화살이 날아왔다. 뷔퐁은 볼테르에게 직접 공격받은 적은 없었지만, 니덤을 훌륭한 관찰자라고 부르고 니덤과 협력했다는 이유로 간접적인 조롱의 대상이 되었다. 그래서 뷔퐁은 볼테르에게 반격을 가했다. 그는 모든 지식인들에 대한 볼테르의 시기심이 "나이가 들면서 더욱 비뚤어지고 격화되었으며, 그래서 동시대에 사는 모든 사람들을 그들이 살아 있는 동안에 매장해버리려는 계획을 꾸민 것처럼 보인다"고 공격했다.

볼테르는 특히 니덤의 연구가 널리 인용되고 지지를 받는 것이 못마땅했다. 그는 돌바크라는 과학자가 제안한 체계가 니덤의 관찰에 바탕하고 있다고 느꼈으며, 그래서 1770년에 쉬잔 네케르에게 보낸 편지에서 이렇게 썼다.

"그렇게 많은 사람들이 그렇게 우스꽝스러운 의견을 빨리 받아들인다는 것은 우리 나라의 수치이다. 아주 낮은 지능을 가지고 있으면서 대단한 지능을 가진 것으로 생각할 정도로 어리석어서는 안 될 것이다."

볼테르가 "철학자로 간주돼온 한 아일랜드인 예수회 교도가 행한 잘못된 실험에 전적으로 바탕한 체계"라고 언급할 때, 자신이 조작해낸 개념을 얼마나 이용하는지 주목할 필요가 있다.

### 혹독한 공격

*

'잘못된 실험'이라는 표현에도 주목할 필요가 있다. 이것은 니덤에 대한 그의 끈질긴 공격적 심리를 보여주는 단서일까? 진 퍼킨스Jean A. Perkins라는 학자는 볼테르가 협잡에 대해 깊은 공포를 가지고 있었고, "물질이 자기 조직 능력이 있다는 것을 증명하기 위해 니덤이 엉터리 실험을 꾸며냈다고 확신했다"고 주장한다. 볼테르가 정의의 구현을 열렬히 추구했고, 스스로를 백기사로 생각했던 것을 감안한다면, 이것은 볼테르가 신랄한 공격을 퍼부은 중요한 이유일 수 있다.

1세기 전에 벌어졌던 '원과 같은 면적의 정사각형 작도하기' 소동 때처럼 그 당시의 생물학 개념은 상당히 혼란스러운 상태에 있었기 때문에, 니덤은 자신의 실험이 자연 발생설과 후생설이 현실로 나타난 것이라고 확신했다. 또 어느 누구도 실험을 통해 그것과 다른 결과를 얻을 수 없었다는 것이 한 가지 문제점이었다. 니덤이 오늘날의 연구자들도 흔히 저지르는 잘못인 '선택적 지각(selective perception)'의 오류를 범했다고 지적할 수 있을지도 모른다. 선택적 지각이란, 선입견에 빠진 사람의 눈에는 자기가 보고자 하는 것만 보이는 것을 말한다.

그러나 우리는 이미 니덤의 생각이 무신론자와 유물론자들에게 어떻게 받아들여지는지 보았으며, 볼테르는 이 사실을 매우 불쾌하게 여겼다. 볼테르는 이 상황에 적절히 대처하는 방법은 모페르튀처럼 니덤을 철저히 짓밟아버리는 것이라고 단순하게 생각했을 수도 있다. 다시 말해서, 다른 사람들의 광신적인 태도를 신랄하게 공격했던 그가 종교적인 개념에 이르러서는 자신이 그 함정에 빠져버렸을 수 있다. 실제로 두 사람의 기본적인 의견 대립에는 종교적인 의미가 함축돼 있다. 볼테르는 연속 창조설을 선호했는데, 자신의 우상인 뉴턴의 생각처럼 오랜 세월 동안 신이 아무 일도 하지 않는다는 개념을 받아들일 수 없었던 것이 주된 이유였다.

스스로 달팽이를 가지고 간단한 생물학 실험을 해본 적도 있지만(비록 잘못된 결론을 얻긴 했지만), 그는 니덤의 연구를 진정으로 이해하지 못했을 수도 있다. 그럼에도 불구하고, 볼테르가 "사람은 오른쪽 발가락이 왼쪽 발가락을 끌어당긴다는 것과 끌어당기는 힘 때문에 손이 팔의 밑부분에 위치한다는 것을 믿지 않을 자유가 있다"고 지적한 것은 옳았다. 이것은 모페르튀가 니덤의 연구에 기여한 부분을 공격한 것이었다.

니덤에 대한 볼테르의 감정을 감안한다면, 이 부분에서만큼은 그의 본능은 훌륭했다고 평할 수 있다. 왜냐하면 니덤이 실험에서 기술적인 실수를 저질러서 잘못된 관찰 결과를 얻었기 때문이다. 따라서 그러한 관찰 결과에 바탕한 어떤 체계도 명백하게 잘못일 수밖에 없다. 사실, 1765년 무렵에 볼테르는 니덤처럼 성직자였던 라차로 스팔란차니가 행한 새로운 연구를 참고할 수 있었다.

볼테르는 니덤을 개인적으로 공격하는 데 그친 반면, 위대한 실험가 중 한 사람인 스팔란차니는 니덤의 과학에 공격을 가했다. 무신론적 유물론자들이 니덤의 연구를 이용하는 것을 막기 위해서는 그러한 행동이 필요하다고 스팔란차니는 여겼다. 결국 스팔란차니는 니덤이 어떤 미생물도 침입할 수 없도록 플라스크를 밀봉했다고 생각한 것은 잘못이며, 코르크 마개로는 미생물의 출입을 완전히 막지 못한다는 것을 증명했다. 스팔란차니는 유리 자체를 녹여 플라스크를 밀봉한 채 실험을 했다. 또한 그는 뜨거운 재를 사용해 플라스크를 가열하는 것만으로는 미생물을 완전히 죽이지 못하며, 최소한 45분은 팔팔 끓여야 한다는 것도 증명했다. 요컨대 니덤은 플라스크 속의 미생물을 완전히 죽이지도 못했으며, 새로운 미생물이 플라스크 안으로 들어오는 것도 완전히 차단하지 못한 채 실험을 했던 것이다.

자신의 주장이 철저하게 부정된 데 불만을 느낀 니덤은, 스팔란차니가 실험에서 과도하게 가열을 함으로써 미생물뿐만 아니라, 플라스크 안에 든 혼합물의 발아력, 즉 생장력을 파괴해버렸다고 주장했다. 그러나 스팔란차니는 끓인 혼합물을 다시 공기 중에 노출시킴으로써 얼마나 오랫동안 세게 가열을 하는가에 상관 없이 미생물이 다시 나타난다는 것을 보여줌으로써 니덤의 반론을 손쉽게 물리쳤다.

물론 볼테르는 이 새로운 사태의 진전에 매우 기뻐했다. 스팔란차니에게 보낸 편지에서 볼테르는 이렇게 썼다.

"당신은 예수회 교도인 니덤의 뱀장어들에게 최후의 일격을 가했소. 그놈들은 아주 활발하게 꿈틀거렸으나, 이제는 사망했소… 씨도 없이 태어난 동물은 오래 살 수가 없는 법이지요. 당신의 책이야말로 오래 살아남는 것이오. 그것은 실험과 이성에 바탕하고 있기 때문이오."

그렇지만 여기에는 미묘한 아이러니가 숨어 있다. 니덤의 관찰은 실제로 잘못된 것이었지만, 그는 결국에는 승자 쪽의 주장을 지지했던 것이다. 반면에, 스팔란차니는 아주 세심하고 뛰어난 실험가였지만, 자신이 전성설에 대한 증거를 발견한 것으로 잘못 생각했다. 전성설은 오늘날 완전히 틀린 가설로 드러났기 때문이다. 더 나쁜 결과는, 오랜 동안 전성설에 대한 믿음이 발생학의 발달을 심각할 정도로 지연시키게 되었다.

1759년, 그리고 최종적으로는 1768년에 카스파르 프리드리히 볼프는 발달 중인 병아리의 혈관과 같은 생물체의 특정 부위를 집중적으로 연구하여, 그것이 실제로 다른 종류의 조직으로부터 발달한다는 것을 증명함으로써 후성설을 강력하게 주장하고 나섰다. 그런데 기묘하게도, 그의 연구는 라이프니츠의 연구에서 영감을 얻었다. 변화의 수학인 미적분학과 모나드monad 개념에서 영감을 얻은 것이다.

그러나 열렬한 지지를 받아온 믿음은 설사 잘못된 것이라 하더라도 쉽사리 사라지지 않는다. 일부 요소가 아직 살아 있고, 불확실한 부분이 남아 있는 한, 그러한 믿음은 생명력을 지닌다. 잘못된 믿음이 아주 오랫동안 끈질기게 살아남는 것은 이 책의 후반부에서도 여러 차례 보게 될 것이다. 그래서 1770년대와 1780년대에 들어서도 전성설은 여전히 위세를 떨치고 있었다. 1776년, 니덤은 볼테르를 겨냥하여 '요약(Idée sommaire)'을 발표했으며, 여전히 전성설 옹호론자들의 '수많은 터무니없는 짓'에 공격을 가하고 있었다.

끈덕진 주의에 최종적인 조종을 울리기까지는 후세대의 많은 연구자들에 의해 이루어진 연구(생명의 세포설과 염색체의 연구를 포함하여)가 필요했다. 이러한 연구 덕분에 우리는 오늘날 놀라울 정도로 다양한 발달의 역사에 대해 상세한 것을 알 수 있게 되었으며, 그것들은 모두 공통적인 발달 패턴을 보여준다.

볼테르와 니덤의 견해에는 모두 어느 정도 어리석은 측면이 있지만, 두 사람은 그 시대에 큰 존경을 받았다. 볼테르는 니덤에게 몇 차례 타격을 주긴 했지만, 니덤은 모페르튀보다는 훨씬 탄력이 있었다. 니덤은 1781년에 브뤼셀에서 68세의 나이로 세상을 떠나기까지 영국과 벨기에 양국으로부터 귀족 작위를 받는 영예를 누렸고, 그 밖에도 많은 성직자의 직위를 부여받았다.

영국에 거주할 때 뉴턴의 장례식을 지켜본 볼테르는 자기도 그에 못지 않은 인상적인 장례식을 치르는 인물이 되리라 마음먹었는데, 사망 후 13년이나 지난 뒤이긴 했지만 그 소원을 이루었다. 1778년에 열병으로 사망한 볼테르는 기독교식 장례 의식에 따라 파리 교외에 서둘러 매장되었다. 그러다가 대중의 요구에 부응하여 1791년에 그의 유해는 성대한 의식과 함께 새로 완성된 파리의 팡테옹으로 이장되었다.

## 최종적인 답

✶

오늘날 우리는 볼테르와 니덤을 어떻게 보아야 할까? 볼테르는 그 시대의 많은 사람들과 마찬가지로 종교와 과학을 뒤섞는 오류를 범했다. 그렇게 된 데에는 무신론자들이 니덤의 연구를 이용한 데 일부 원인이 있었다. 그런데 볼테르의 종교적인 믿음은 어떤 것이었던가? 비록 그는 조직화된 종교를 거부하긴 했지만, 기본적으로 우주에는 질서와 조화가 존재하며, 그것은 근본적인 원동자原動者로서의 지성의 존재를 증명하는 것이라고 느꼈다. 시계가 존재한다면, 그것을 만든 사람도 존재한다고 그는 표현했다. 이 생각은 지금도 널리 주장되고 있다.

니덤과 볼테르의 싸움에는 또한 정적인 우주와 변화하는 진화 우주 사이의 차이도 관계했다. 두 사람의 논쟁은 훗날의 연구자들이 우주론의 기초를 세우는 데 도움이 되었다. 다만 여기서는 볼테르는 정적인 우주를 선택했다는 사실을 언급하는 것으로 충분할 것 같다. 전성설을 주장한 다른 사람들과 마찬가지로 그는 세상은 태초에 창조된 모습과 똑같다고 주장했다. 알프스 산맥에서 발견된 해양 생물의 화석에 대해, 그는 그것은 여행자들이 먹다 버린 것이라고 설명했다.

니덤의 경우, 그는 단순히 종교적 열정 때문에 맹목적이 되었던 것일까? 과학사가로서 니덤을 철저하게 연구한 극소수 연구자들 중 한 사람인 레이첼 웨스트브룩은 니덤이 "사라져가는 종족 중 최후의 사람"이었다고 평한다. 그녀가 말한 사라져가는 종족이란, 종교를 옹호하기 위해 과학을 사용한 부류의 사람들을 말한다. 그렇지만 "그의 생각 중 많은 부분이 새로운 세속적 견해에 기여한" 것은 아이러니라고 그녀는 덧붙인다. 예를 들면 그의 체계에는 '원동력'이 있었으며, 변화하는 자연을 강조했다. "설명에 필수적인 존재로서의 하느님이나 영혼은 니덤의 자연 체계에서는 거의 불필요했다"고 그녀는 말한다.

오늘날, 생물의 발달에 대한 설명으로는 후성설이 옳다는 게 명백해졌다. 난자나 정자 속에 미리 형태가 결정된 생물체 같은 것은 존재하지 않는다. 그럼에도 불구하고, 지금도 전성설 옹호론자들뿐만 아니라 니덤의 이론에도 하느님이 중요한 역할을 했다는 니덤의 주장을 들고 나올 수 있다. 태초에 하느님이 모든 생물을 만들었다는 것과, 하느님이 단순히 미래의 모든 생명들이 생겨날 법칙을 만들었다는 것 사이에 무슨 차이가 있느냐고 그는 물었다.

다시 말해서 생명체의 창조를 신과 같은 창조자가 한 일로 돌리지 않는다면, 생명은 무생물에서 태어난 것이 되고, 자연 발생의 개념은 실제로는 죽은 것이 아니라 좀 더 과거의 시간으로 옮겨간 것에 불과하다. 최근의 일부 연구는 만약 그러한 과정이 아주 먼 과거에 일어났다면 바이러스나 그 아래의 단계에서 일어났다는 것을 시사한다.

따라서 비록 전성설과 후성설의 논쟁은 후성설의 승리로 판결났지만, 그 일부인 생기론生氣論(생명 현상은 물질 기능 이상의 생명 원리가 작용한다는 설)과 기계론 사이의 논쟁은 계속되고 있다. 생기론의 입장(예컨대 라이프니츠가 전개한 것처럼)은 생명 물질의 입자들은 무생물 물질 입자와는 본질적으로 다르다는 것이다. 기계론자들은 물질은 물질이며, 생명 현상은 입자들이 어떻게 결합하느냐로 설명할 수 있다고 주장한다.

어느 쪽이 옳은 것일까? 이것을 판단하는 데 있어서, 오늘날의 우리는 라이프니츠 시대의 과학자들과 철학자들보다 크게 나아진 것이 없다. 생명체를 기계처럼 다루는 것은 연구하는 데에는 매우 유용한 반면, 생명체를 더 깊이 이해하는 데에는 더 형이상학적인 생기론적 접근 방법이 필요할 수 있다. 최소한 니덤의 연구는 생명 활동은 외부에서보다는 내부에서 왔다는 것을 시사하는데, 이것은 훌륭한 출발점이 될 수 있다. 게다가, 내부 주형이라는 개념은 DNA가 수행하는 일을 최초로 설명한 것으로 그다지 나쁜 것이 아니다.

볼테르에게 있어 니덤과의 논쟁은 그가 치른 수많은 논쟁 주 하나에 지나지 않았다. 논쟁에 관한 그의 보편적인 감정은 그 자신의 말로 요약할 수 있다. "저자들 사이의 논쟁은 문학에 유익하다. 자유정부 체제에서 대가들의 싸움이나 소인들의 말다툼은 자유에 필요한 것이기 때문이다." 비록 볼테르는 여기서 과학을 언급하진 않았지만, 과학의 경우에도 그의 주장은 성립한다. 그의 말은 이렇게 바꾸어 표현할 수 있다. "자연철학자들 사이의 논쟁은 과학에 유용하다. 대가들의 싸움이나 소인들의 말다툼은 사고의 자유와 학문의 발전에 필요한 것이기 때문이다."

전성설은 발생생물학의 발전을 지연시키는 역할을 한 것으로 간주돼왔다. 1931년 위대한 과학사가인 조지 사턴은 이렇게 썼다.

"그렇게 해서 17세기의 정밀한 관찰의 전통은 부적절한 논의 때문에 중단되거나 1세기 이상 상당히 지연되었다. 그러한 논의는 실험 데이터보다 너무 앞서 있었기 때문이었다."

니덤과 볼테르 사이의 논쟁이 자연 발생의 문제를 결론을 향해 이끌고 간 중요한 요인이 되었으며, 그럼으로써 마침내 전체 연구를 제 궤도로 돌려놓은 실험적 증거를 나타나게 했다고 주장할 수도 있다.

오늘날 발생에 관한 연구는 단지 후손의 번식뿐만 아니라 노화, 회춘, 심지어는 암까지도 포함하고 있다. 예를 들어 암이 바이러스나 새로이 탄생한 더 하등한 생물체에 의해 발생하는 것으로 밝혀졌다고 가정해보자. 물론 그럴 가능성은 적지만, 그런 일이 일어날 수도 있다. 니덤은 그것 보라는 듯 크게 웃을 것이다. 볼테르는 미소를 지으며 비서에게 소리칠 것이다. "빨리 서둘러, 바그니에르! 소논문을 발표해야겠어." ✶

ROUND 5

# 다윈의 불도그 VS 윌버포스 주교

다 윈 의 불 도 그 VS 윌 버 포 스 주 교

# 진화론을 둘러싼 전쟁

## 제 1부 : 19세기

*

1860년 여름 그날 오후, 옥스퍼드 대학의 강당은 사람들로 가득 찼다. 700명이 넘는 청중이 강당에 빼곡히 찼고, 중앙 부분은 검은 성직자의 옷을 입은 사람들이 상당수 차지하고 있었다. 강당의 나머지 부분에는 찰스 다윈 Charles Darwin이 새로 내놓은 이론을 옹호하는 사람들이 여기저기 앉아 있었다. 그곳은 영국과학발전협회의 연례회의가 열리는 자리였다. 그날은 큰 논란을 불러일으킨 다윈의 저서 「종의 기원(The Origin of Species by Means of Natural Selection)」이 출간되고 나서 6개월이 지난 6월 30일이었다.

뉴욕 대학에서 초빙된 존 윌리엄 드레이퍼가 '다윈의 견해를 중심으로 살펴본 유럽의 지적 발달'이라는 제목의 강연을 단조로운 목소리로 이야기하고 있었다. 그것은 사실상 다윈설과 사회의 진보를 주제로 한 것이었다. 다윈의 진화론이 지닌 광범위한 의미는 이미 널리 인식되고, 논의되고 있었다.

그러나 저명한 옥스퍼드 주교인 새뮤얼 윌버포스가 다윈의 위험한 생각에 대해 교회측을 대변해 준엄한 공격을 가하리라는 사실을 모두가 알고 있었다.

찰스 다윈(1809~1882)의 젊은 시절의 모습.

다윈은 몸이 아파 집에 틀어박혀 있었는데, 사실 그가 그 자리에 있었다 하더라도 아무 도움도 되지 않았을 것이다. 1809년에 태어난 그는 「종의 기원」을 출간할 때 막 50세가 되었다. 이제 그는 활력이 넘치는 젊은 탐험가에서 사람들과의 접촉을 꺼리고 집 안에 틀어박혀 지내기를 좋아하는 병약한 사람으로 변해 있었다. 비록 진화에 관한 그의 생각은 과감한 것으로 인정받았지만, 그 자신은 비정상적으로 수줍음을 많이 타는 성격이었고, 윌버포스 주교와 같은 웅변가의 상대가 결코 될 수 없었다.

옥스퍼드 대학의 학생들이 윌버포스에게 붙여준 '유들유들한 샘(Soapy Sam)'이라는 별명은 오늘날에는 종종 경멸적인 의미로 받아들여진다. 그러나 그 당시에는 그의 뛰어난 웅변에 대한, 특히 필요할 경우 독설과 함께 매력과 위트를 섞어넣는 그의 능력에 대한 존경심도 담겨 있었다. 그는 수학자로서도 약간의 명망을 얻고 있었다. 게다가 윌버포스는 과학자가 아니었음에도 불구하고, 그 당시 최고의 비교해부학자로 인정받던 리처드 오언 경으로부터 다윈을 공격하기 위한 지식을 사전에 충분히 배웠다.

다윈의 저서는 출간된 지 불과 몇 개월밖에 안 되었지만, 이미 엄청난 논란을 일으키고 있었다. 한 가지 이유는 다윈이 이미 존경받는 박물학자로 인정받고 있었기 때문이었다. 사실, 그 책이 출간되기 얼마 전에 다윈에게 기사 작위를 수여하자는 건의가 나오기까지 했다. 앨버트 공은 이미 그 건의에 동의하고 있었다. 그러나 「종의 기원」이 나오자, 빅토리아 여왕에게 자문 역할을 하는 교회측 인사들(윌버포스 주교를 포함하여)은 그 건의에 반대 의견을 나타냈으며, 결국 그것은 부결되고 말았다.

그런데 진화론을 제기한 사람은 다윈이 맨 처음이 아니라는 사실을 기억해야 한다. 종은 불변의 존재가 아니라, 시간이 흐름에 따라 변화하고 적응한다는 생각은 그 이전에도 여러 차례 제기되었다. 라마르크(그는 환경의 영향에 노출됨으로써 생긴 변화, 즉 획득형질이 후손에 전달될 수 있다고 믿었다)와 마찬가지로, 다윈의 할아버지인 에라스무스 다윈 역시 그러한 주장을 폈다.

그러나 다윈의 시대에는 어떤 형태의 진화론이든지 간에 그것을 받아들이려는 사람보다는 심한 불쾌감을 느끼는 사람이 압도적으로 많았다. 다윈보다 앞서 과학 대중화 작가로 성공한 로버트 체임버스가 1844년에 진화론의 전신에 해당하는 내용을 담고 있는 소책자 「창조의 자연사 흔적(Vestiges of the Natural History of Creation)」을 출판했다. 그때 그는 소동에 가까운 반응이 나타날 것으로 예상하여 책에 자기 이름조차 밝히지 않았다.

그것은 실제로 소동을 야기했다. 케임브리지 대학에서 다윈의 지질학 교수였던 애덤 시지윅은 진화와 자연 발생이 '불법 결혼'을 하여 끔찍한 괴물을 낳았다고 비난을 퍼부었다. 그리고 "더러운 미숙아의 머리를 바수어 아예 기어다니지 못하게 하는 것"이 자비로울 것이라고 주장했다. 세지윅은 생물들과 그들이 사는 세계 사이의 적절한 균형은 필요한 경우에 신의 간섭에 의해 유지된다고 믿었다. 다윈은 도덕 세계와 물질 세계의 연결 고리는 말할 것도 없고, 그러한 연결 고리마저 끊었다.

체임버스의 책에 대해서는 윌버포스도 당시 영향력 있던 학술지인 〈쿼털리 리뷰〉지를 통해 신랄하게 비난했다. 불행히도 「창조의 자연사 흔적」은 합리적인 내용과 터무니없는 내용이 마구 뒤섞여 있는 책이었다. 다윈도 상반된 두 가지 느낌을 가지고 이 책을 대했다. 이 책의 바탕을 이루는 과학에 대해서는 일부 문제를 느꼈지만, 자기가 오랫동안 준비해온 책에 대해 예상되는 격렬한 반응의 열기를 어느 정도 희석시키는 역할을 해주고, 심지어 자기 책이 나올 수 있도록 기반도 어느 정도 마련해줄 것으로 생각되었다.

비록 지나친 것이긴 했지만, 진화론에 대한 공격은 전혀 근거가 없는 것은 아니었다. 본질적으로, 진화론자들은 지구상에 존재하는 모든 종의 생물에 대해 일일이 수많은 창조 행위를 해야 하는 필요성에 대해 반대 주장을 펼치고 있었다.

그러나 「창조의 자연사 흔적」에서는 이러한 생각은 이전의 시도들에서와 마찬가지로 순전히 추측에 지나지 않았으며, 그것을 뒷받침해주는 증거도 없을뿐더러, 진화가 어떻게 일어나는지 설명할 수 있는 어떤 메커니즘도 제시하지 못했다. 그 결과 창조설은 다른 이론들만큼 훌륭한 이론으로 남아있을 수밖에 없었다.

빠져 있던 그 메커니즘(자연 선택)을 바로 다윈이 제공했으며, 그와 함께 방대한 양의 자료와 확고한 논증도 제시했다. 다윈 자신이 설명한 자연 선택을 간략하게 옮겨보자.

> 모든 생물체의 상호관계 그리고 물리적 생활 조건에 대한 상호 관계가 얼마나 복잡하고 딱 들어맞는지, 그리고 그 결과로 변화하는 생활 조건에 대해 구조의 무한한 다양성이 각각의 종에 얼마나 유용한지 기억해야 할 것이다… 만약 그러한 변이가 일어난다면, (살아남을 수 있는 것보다 훨씬 많은 개체들이 태어난다는 사실을 감안할 때) 아주 미소하더라도 다른 개체보다 유리한 점을 지닌 개체가 생존과 번식에서 가장 나은 기회를 갖게 된다는 사실을 의심할 수 있겠는가? … 이렇게 유리한 개인의 차이와 변이가 보존되고, 불리한 것들이 없어지는 것을 나는 자연 선택 또는 적자 생존이라고 부른다.

이 주장은 우리가 볼 때 별로 위험해 보이지 않지만, 그 당시의 성직자들

다윈과 함께 세계를 주항한 비글호를 그린 동판화

은 바로 여기에 심각한 위험이 있다는 사실을 즉각 간파했다. 그래서 그들은 다윈설의 구조 전체를 즉시 무너뜨리는 것이 급선무라고 느꼈다. 그들은 1860년의 영국과학발전협회의 연례회의를 아주 이상적인 무대로 여겼다.

수적으로는 비록 열세이긴 했지만, 다윈의 지지자들은 누군가가 윌버포스에 맞서주기를 바랐다. 그러한 사람 중에 토머스 헨리 헉슬리가 있었다. 그는 동물학 · 지질학 · 인류학 분야에 크게 공헌하여 존경받던 과학자였다. 그는 또한 명쾌하고도 아름다운 문체로 교육과 종교 문제에 관한 글도 썼으며, 뛰어난 연설가이기도 했다.

헉슬리가 다윈을 옹호하는 데에는 또 다른 이유가 있었다. 그는 자기 동료인 성직자 찰스 킹슬리에게 이렇게 설명했다.

"선을 위한 것이든 악을 위한 것이든 거대하고 강력한 도구인 영국국교회가 밀려오는 과학의 물결에 산산조각 나는 것—그것을 지켜보는 것은 매우 유감스러운 사건이지만, 옥스퍼드의 윌버포스와 같은 사람들이 그 운명을 이끈다면 필연적으로 일어날 수밖에 없는—을 구하려면, 당신과 같은 사람들이 교회의 행동과 과학의 정신을 결합하는 방법을 찾으려는 노력을 기울이는 수밖에 없다."

다시 말해서, 진화 과학과 종교는 공존할 수 있지만, 극단주의자들의 공격이 난무하는 상황에서는 공존할 수 없다는 것이다.

다윈의 이론이 지닌 문제점 중 하나는 일찍이 표면에 드러났다. 자연 선택에 의한 종의 변화라는 기본 개념은 너무나도 단순해서 헉슬리조차 "왜 내가 그것을 생각하지 못했던가?"하고 탄복하게 만들었지만, 그것은 또한 아주 심오하여 다윈의 적뿐만 아니라 다윈의 지지자까지도 받아들이는 사람에 따라 다른 의미로 해석되었다. 그 의미는 아주 심오하여 수 세대가 지날 때까지도 많은 사람들은 그 거대한 구도를 제대로 이해하지 못했다. 또 하나의 어려움은 다윈의 진화론이 두 부분으로 이루어져 있다는 사실이다. 즉, 진화 그 자체와 자연 선택의 두 가지로 이루어져 있는데, 특히 자연 선택이 주요 장애물로 작용하는 것 같다. 자연 선택설의 큰 문제점은 '선택' 과정에서 적극적인 선택자의 역할을 하는 존재가 없다는 것이다. 그것은 오히려 사후적인(a posteriori)과정이다. 그래서 자연이 선택을 한다는 것이다. 차라리 '자연 보존'이라고 했더라면, 보통 사람들이 더 쉽게 이해할 수 있었을 것이다.

현대의 권위 있는 과학자 에른스트 마이어에 따르면, 헉슬리 자신은 다윈의 자연 선택 과정을 결코 믿지 않았다고 한다. 다른 사람들 역시 자연 선택에 반대하는 주장을 펼쳤으며, 변이의 메커니즘을 설명하기 위해 다른 이론들을 제시했다. 그중 한 가지 예외를 제외하고는 어떤 것도 타당한 것으로 인정받지 못했다. 예외란, 도약 진화론(saltationism)을 말하는데, 이름 그대로 진화에 도약이 관여한다는 것이다. 헉슬리는 다윈이 작은 변화들이 누적되어 결국에는 종 사이에 큰 변화로 나타난다는 점진설(gradualism)을 고집하는 데 대해 의문을 표시했다. 이 점에서는 헉슬리가 옳은지도 모른다. 현대의 저명한 진화 생물학자 스티븐 제이 굴드와 그의 동료 나일스

엘드리지는 독자적인 도약설을 제시했는데, 그것은 '점철 평형(punctuated equilibrium)'이라 부르는 것이다. 그렇지만 굴드는 조심스럽게 이 도약 진화설은 자연 선택이 지니고 있는 기본적인 합리성을 절대로 부정하는 것은 아니라고 지적한다. 모든 진화론자들은 그 유파가 어디에 속하든 간에 특별한 창조에 대해서는 반대한다.

## 대결의 장

*

자신의 연구에 대해 불안해하는 다윈의 심정을 잘 알고 있던 헉슬리는 「종의 기원」이 출간되기 전날, 다윈에게 편지를 써 지원과 격려를 아끼지 않았다.

"짖거나 깽깽 울어댈 똥개들에 관한 이야기인데, (비록 당신이 종종 정당하게 그들의 주장을 논박하긴 했지만) 친구들이 당신을 위해 충분히 싸울 준비가 되어 있다는 사실을 기억할 필요가 있습니다. 나 자신도 발톱과 부리를 날카롭게 갈고 있습니다."

헉슬리는 윌버포스가 일류 논객이라는 사실을 알고 있었지만, 헉슬리 자신도 만만치 않은 논객이자 연설가였다. 그러나 1860년 2월, 헉슬리는 영국 왕립과학연구소에서 다윈의 이론에 대해 강연을 했을 때, 두 가지 놀라운 결과에 직면했다. 첫째, 그는 진화론의 모든 측면을 제시하려고 시도함으로써 모든 사람들을 "실망시키고, 불쾌하게" 만들었다. 둘째, 교회측의 통제로부터 과학을 떼어내려고 시도하면서 교회측에 대해 대결적인 자세를 취하게(다윈보다도 오히려 훨씬 더 심하게) 되었다.

옥스퍼드 대학의 회의에 교회측 인사들이 대거 몰려온다는 사실을 알고서, 헉슬리는 처음에는 참석하지 않기로 결정했다. 훗날 그는 그 때의 사정을 이렇게 설명했다.

"만약 그(윌버포스)가 자신의 카드를 적절히 활용한다면, 그러한 청중 앞에서 우리가 효과적인 방어를 할 가능성은 거의 없다고 나는 믿었다."

그러나 회의가 열리기 하루 전날, 그는 우연히 「창조의 자연사 흔적」의 저자인 로버트 체임버스를 만났다. 체임버스에게 회의에 불참하기로 했다고 이야기하면서 그는 "평화와 안식을 포기하고 주교에게 흠씬 두들겨 맞을 필요"가 없다고 본다고 말했다. 자신의 저서를 사정없이 짓밟은 사람에게 오랫동안 기다려온 복수를 해주기를 기대했던 체임버스는 회의에 참석하여 윌버포스에게 반격을 하라고 헉슬리를 설득했다.

이리하여 과학 논쟁의 역사에서 가장 유명한 서사시적 사건 중의 하나가 시작되었다. 불행하게도, 그 자세한 내용은 미스터리와 혼란에 뒤섞여 있다. 그 결과, 그 사건에 대해 말하는 사람마다 제 각각 다른 이야기를 들려준다.

세세한 내용에 다양한 차이가 있음에도 불구하고, 나중에 그 사건에 대해 글을 쓴 사람들은 전체적인 흐름에 대해서는 의견의 일치를 보인다. 드레이퍼는 한 시간 가량 단조로운 목소리로 강연을 했는데, 마침내 큰 소리로 발언권을 신청한 사람이 있었다. 사람들의 기대에 어긋나지 않게 과연 윌버포스가 일어서서 '몇 가지 평'을 했다.

수준 높은 논쟁 방법에 통달한 윌버포스는 과학과 교회의 공통 기반을 간단하게 요약하는 것으로 이야기를 시작했다(어쨌든 그 모임은 과학적인 모임이었으니까). 그는 자신을 공격할 것이 확실한 헉슬리를 칭찬하는 말까지 했다. 그러고 나서 그는 본론으로 들어갔다. 그러나 그가 구사한 정확한 용어들은 분명하게 전해지지 않는다. 다만 부분적으로 그는 그 이론을 "인과론의 품위에 어울리지 않게 가장 비철학적으로 제기된 가설에 불과하다"고 비난한 것은 확실하다. 그와 비슷한 반론은 오늘날에도 제기되고 있다.

반 시간 동안이나 장황한 웅변을 늘어놓은 다음, 그는 만약 누가 동물원의 유인원이 자신의 조상이라는 것(다윈은 이런 말을 한 적도 생각한 적도 없었다)을 증명할 수 있다면 얼마나 불쾌하겠는가 하고 지적했다. 그리고는 그는

윌버포스(1805~1873).

헉슬리를 쳐다보면서 만약 당신이 원숭이의 후손이라면, 그 조상은 할아버지 쪽인지 할머니 쪽인지 밝혀달라고 교묘하게 말했다. 청중은 폭소를 터뜨리면서 박수를 보냈다. 헉슬리는 "하느님이 그를 내 손아귀에 쥐어주셨도다"라고 중얼거렸다.

그렇지만 그 당시는 전자공학이 등장하기 이전의 시대였기 때문에 헉슬리는 윌버포스의 큰 목소리를 잠재울 수 없다는 것을 잘 알고 있었고, 그래서 청중이 "헉슬리! 헉슬리!" 하고 연호할 때까지 답변을 하지 않고 기다렸다. 그제서야 헉슬리는 자리에서 일어나 짧게 답변했다.

"나는 과학을 위해 지금 이 자리에 참석했습니다. 그리고 나는 나의 존귀한 의뢰인의 사건을 편견을 갖고 보게 만들 수 있는 어떤 말도 듣지 않았습니다."

그런 다음, 다윈의 견해를 보호하는 말을 몇 마디 더 한 후에 이렇게 결론지었다.

"마지막으로 원숭이의 후손에 관한 이야기인데, 나는 우리가 원숭이의 후손이라고 해도 조금도 수치스러움을 느끼지 않습니다. 그러나 나는 교양과 웅변의 재능을 편견과 오류를 조장하기 위해 악용한 사람의 후손이라면 매우 수치스러워할 것입니다."

그 당시에 주교에게 모욕을 가한다는 것은 결코 가벼운 문제가 아니었다는 사실에 유의해야 한다. 청중의 반응은 충분히 예상할 수 있는 것이었다. 성직자들은 분노하여 고함을 질렀고, 다윈의 지지자들은 박수 갈채를 보내며 환호했다. 그리고 학생들은 양쪽 모두에 대해 박수를 보냈다. 브루스터라는 한 여성은 충격을 못 이기고 기절하기까지 했다.

그것으로 끝난 것이 아니었다. 저명한 천문학자이자 박물학자인 존 러복 경이 일어서더니 다윈의 이론을 지지하는 말을 몇 마디 했다. 한편 이 모든 일의 출발점이 된 5년간의 비글 호 항해를 이끈 선장이자 뉴질랜드 총독을 지낸 바 있는 로버트 피츠로이 제독이 일어서서 성경을 흔들면서 모든 진리의 근원은 바로 이것이라고 주장했다.

그 다음에는 영국의 저명한 분류학자이자 식물학자인 조지프 돌턴 후커가 인상 깊은 결론을 덧붙였다. 윌버포스는 다윈의 책을 읽지 않은 것이 분명하며, 식물학의 기초도 잘 모르는 게 명백하다고 이야기 한 다음 결정타를 날렸다.

"나는 이 이론을 15년 전에 알았습니다. 그때, 나는 이 이론에 전적으로 반대했습니다…. 그러나 그 후 나는 박물관학에 매진했습니다. 그 연구를 위해 나는 전세계를 여행했습니다. 전에는 도저히 설명이 되지 않는 이 분야의 사실들이 하나씩 이 이론으로 설명되었고, 거기서 생겨난 확신은 전혀 그럴 의사가 없었던 나를 서서히 개종시켰습니다."

이것들은 그날의 전투에서는 마지막 말들이었는지 모르지만, 전체 전쟁에 있어서는 마지막이 될 수 없었다. 며칠 후 「종의 기원」에 관한 윌버포스의 평이 〈쿼털리 리뷰〉지에 실렸다. 17,000단어로 씌어진 이 방대한 비평에서 그는 더욱 완고한 입장을 취했다. 그는 다윈이 회피하고자 했던 분야를 가장 강력하게 공격했다. 다윈은 책 전체를 통해 '사람'이라는 뜨거운 감자를 건드리지 않으려고 신중을 기하는 데 많은 노력을 기울였다. 그가 사람과 관련해 가장 근접하여 다룬 것은, 말미에서 "더 많은 중요한 연구가 추가로 더 이루어지면… 사람의 기원과 그 역사에 대해 더 많은 것이 밝혀질 것이다"라고 언급한 것이 전부였다.

그러나 윌버포스는 이 부분이 약점이라는 것을 간파하고, 그것을 계속 찔렸다. 그는 다윈이 자연 선택의 체계를 동물뿐만 아니라 사람에게까지 적용했다고 주장했다. 이것은 너무 지나친 주장이었다.

"세상에 대한 사람의 우월성, 말을 할 수 있는 사람의 능력, 이성이라는 선물, 사람의 자유 의지와 책임감, 사람의 타락과 구원, 영원한 아들의 화신, 영원한 영혼의 깃들임, 이 모든 것은 하느님의 형상으로 창조된 사람이 동물로부터 기원했다는 창피스러운 개념과는 절대로 양립할 수 없다."

다시 말해, 나머지 동물 왕국에 대해서는 무슨 소리를 하든지 간에, 사람은 특별히 창조됐으며, 그것도 수천 년 전에 창조됐다는 것이다.

그 후로 해가 흘러갈수록 다윈과 같은 시대에 살던 진보적인 사람들 중 많은 사람들이 후커의 뒤를 따라 진화론을 지지하는 진영에 가담했다. 다만, 그들이 합류하게 된 원인은 다양했다. 그러다가 「종의 기원」이 출간된 지 12년 후, 다윈은 「인간의 유래(The Descent of Man and Selection in Relation to Sex)」를 출간했는데, 이 책에서 그는 실제로 자연 선택이 사람에게도 적용된다고 시사했다. 또다시 큰 소동이 일어났다. 마이어는 "다윈의 다른 어떤 개념보다도 사람이 원시적인 조상으로부터 유래했다는 개념은 빅토리아 시대 사람들이 받아들이기 어려운 것이었다… 사람이 영장류에서 유래했다는 것은… 즉각 마음과 의식의 유래에 관한 의문을 제기했는데, 이것은 오늘날까지 논란의 대상이 되고 있다"고 언급했다. 다음에 보게 되듯이, 이 개념은 집중적인 공격 대상이 된다. 그 후로 자연 선택은 거의 언급조차 되지 않았다.

진화론 논쟁을 벌인 양측에서 가장 시끄러운 목소리를 낸 사람들 중에는 풍자 작가와 만화가들이 있었다. 이들은 빅토리아 시대의 영국에서 독자적인 언론인 계층을 이루고 있었다. 헉슬리와 리처드 오언(윌버포스가 1860년의 연설을 준비하는 데 도움을 준 비교해부학자이자 고생물학자)사이에 전개된 싸움을 언급하면서 〈펀치Punch〉지는 1861년 5월에 다음과 같이 예언했다.

그때 헉슬리와 오언은
적대감정이 점점 고조되어
펜과 잉크를 가지고 맞섰다.
두뇌와 두뇌가 맞부딪친다,
그들 중 하나가 죽을 때까지.
오, 하느님! 정말 멋진 대결이군요!

팸플릿(시사 문제에 관한 소논설) 제조업자들도 호시절을 만났다. 한 팸플릿에서는 헉슬리와 오언이 서로를 추악한 이름으로 불렀다고 주장했다. 헉슬리는 오언을 "거짓말을 늘어놓는 오르토그나투스 브라키세팔릭 비마너스 피테쿠스(똑바른 턱을 가지고, 머리가 짧고, 손이 둘 달린 원숭이)"라고 불렀다. 오언은 헉슬리를 "완전히 케케묵은 두뇌를 가진 영장류에 지나지 않는다"고 말했다. 오언은 또한 헉슬리가 아무것도 믿지 않기 때문에 증인으로서 선서할 수 없다고 주장했다(헉슬리는 훗날 자신의 철학을 설명하기 위해 '불가지론(agnostic)'이라는 단어를 도입했다).

과학은 전반적으로 풍자의 대상이 되었다. 또 다른 팸플릿에서는 "On the passage of Palarized [sic] Light through smoked glass, a brick wall, a sheet of four-inch armour plate, and a dark room"이라는 제목이 붙은 논문을 언급했다(sic은 '원문대로'라는 뜻으로, 의심되는 원문이나 명백히 그릇된 원문을 그대로 인용할 때 뒤에 표기하는 용어이다. 여기서는 Palarized가 Polarized의 오기임을 밝힌 것. 논문 제목의 뜻은 '그을린 유리, 벽돌, 4인치짜리 장갑판, 암실을 편광이 통과하는 것에 대하여'이다). 서명한 사람은 "A.B. Surd, A.L. Chemy, A. Vision Ary, and A. Muddle"이었다(영어 단어를 적당히 붙여 읽으면, '터무니없는 연금술, 어느 몽상가, 혼란'이라는 뜻이 된다).

아직 사진은 발달 초기였기 때문에, 만화는 아주 강력하고 광범위하게 영향을 미친 일러스트레이션 방법이었다. 다윈을 원숭이나 유인원으로 묘사

진화론을 풍자한 만화.
유인원 찰스 다윈이 원숭이에게 거울을 들이대며 진화론을 설명하고 있다. 이 그림은 1874년 5월에 <런던 스케치북>이 게재했는데, 셰익스피어 희곡에서 인용한 문구 두 개를 곁들였다. "이놈은 모양부터가 원숭이로군" "4, 5세대 후예로군".

하는 것이 만화의 주요 소재였다. 한 만화에서는 다윈의 책을 읽으면서 수긍하고 있는 원숭이를 묘사했다. 또 다른 만화는 유인원처럼 생긴 다윈이 한 여성의 맥박을 재고 있는 모습을 그렸다.

문학 작가들도 가만히 있지 않았다. 예컨대 소설가이자 논객인 새뮤얼 버틀러는 다윈의 생각을 풍자하고 공격하는 작품을 여러 편 썼다. 실례를 들자면, 「생명과 습성」, 「낡은 진화와 새로운 진화」가 있다.

## 종교적 고뇌

*

빗발치는 공격에 대한 다윈의 반응은 주로 고민하는 것이었다. 그의 전기 작가인 에이드리언 데스먼드와 제임스 무어는 1991년에 출간한 자신들의 전기 작품에 '고뇌하는 진화론자의 생애'라는 부제를 달았다. 다윈의 주 관심사는 사랑하는 아내의 고통이었다. 깊은 신앙심을 갖고 있던 그녀는 종교적 신념과 남편에 대한 사랑과 존경을 조화시키느라 노력하는 과정에서 많은 어려움을 겪었다. 남편에 대한 교단의 공격이 거세질수록 그녀의 고통은 더욱 커졌다.

종의 기원에 대한 다윈의 진짜 생각은 명확하지 않다. 예를 들면 「종의 기원」 초판에는 '창조자'에 대한 언급이 전혀 없다. 책의 말미에서 그는 "생명에 대한 이 견해는, 그 여러 가지 힘과 함께, 처음에는 몇 개 또는 하나의 형체에 불어 넣어졌다."고 언급했다. 초판을 찍은 지 얼마 후에 나온 재판에서는 이 부분이 "처음에 창조자에 의해 몇 가지 형체 또는 하나의 형체에 불어 넣어졌다"고 수정되었다(그리고 '창조자에 의해'를 이탤릭체로 씀으로써 강조를 나타냈다).

초판에서 누락된 부분이 실수였는지(신중한 그의 성격을 감안할 때 가능성은 매우 적지만), 아니면 재판에서 그 부분을 첨가한 것이 아내와 많은 친구들에게 안겨준 고통을 덜어주기 위한 시도였는지는 아무도 확실하게 말할 수 없다. 바로 여기에서 큰(그리고 중요한) 의견 대립이 일어난다. 깊은 신앙심을 가진 많은 사람들(성직자나 평신도 모두)은 진화와 심지어는 자연 선택의 기본 개념을 받아들이는 데 아무런 어려움을 느끼지 않는다–하느님이 그곳 어딘가에 존재하고 믿을 수 있는 한. 하느님의 존재에 대한 가장 논리적인 근거가 애초부터 옳기 때문이다. 뉴턴 시대의 시계공 문제를 떠올린다면, 이 문제는 "처음에 종들을 움직이게 만든 것으로 충분했고, 그 후로는 만물이 스스로 알아서 제 갈 길을 걸어갔느냐, 아니면 만물이 제대로 굴러가도록 하기 위해 주기적인 개입이 필요했느냐?"의 문제가 될 뿐이다.

물론 「종의 기원」은 헉슬리나 그 밖의 다른 옹호론자의 논쟁 능력이 아니라, 그 자체의 장점에 따라 성패가 결정되었다. 다행히도 「종의 기원」은 정말로 훌륭한 대작이었으며, 격렬한 공격에 잘 버텨냈다. 그 후 시간이 지나면서 「종의 기원」은 확고한 일련의 관찰, 불가피하게 존재하는 결함을 솔직하게 인정한 점, 그리고 쉽게 읽을 수 있는 점 등의 이유로 큰 영향력을 발휘하게 되었다. 맨 처음에는 지질학자들이, 그 뒤를 이어 생물학자, 고생물학자 및 그 밖의 사람들(과학계 인사와 과학계 밖의 사람들 모두)이 점차 다윈의 편으로 선회하기 시작했다. 물론 그 선회 과정은 느렸고, 한결같지 않았으며, 또한 결코 완전한 것은 아니었다.

## 반론

*

모든 반론이 다 종교적인 것은 아니었다. 가장 큰 장애물 중 하나는 그 다음 번에 열린 영국과학발전협회 연례 회의에서 윌리엄 톰슨(나중에 켈빈 경이 됨)이 지구의 나이를 계산한 결과를 발표한 것이었다. 켈빈이 상한선으로 제시한 기간(약 1억 년)은 자연 선택이 제대로 역할을 다하기에는 너무 빠듯했기 때문이다.

다윈은 「종의 기원」 5판을 발행할 무렵, 켈빈의 계산이 실제로 중요한 문제라고 인식하고, 그 문제를 해결하려고 시도했다. 6판과 마지막 판(1872년)에서 다윈은 켈빈이 제기한 반론이 "지금까지 제시된 것 중에서 가장 심각한 것"이라고 인정했다. 그렇지만 그는 특유의 신중하고 예민한 지각으로 이렇게 덧붙였다.

"다만 이렇게 말할 수 있을 뿐이다. 첫째, 종이 년 단위로 얼마나 빠른 속도로 변하는지 우리는 알지 못하며, 둘째, 많은 철학자들은 과거에 흐른 시간이 얼마나 되는지 확실하게 추정할 수 있을 만큼 우리가 우주의 구성과 지구의 내부에 충분히 알고 있다고는 아직 인정하지 않는다."

다음 장에서 보게 되겠지만, 켈빈의 반론이 무너지기까지는 그 후 40년이라는 시간이 걸린다.

같은 문단에서 다윈은 "캄브리아기 이전의 지층에서 화석이 풍부한 지층이 발견되지 않는" 또 다른 문제를 다루었다. 그는 놀라운 통찰력으로 이렇게 지적했다.

"비록 대륙과 바다는 상당히 오랜 기간 현재의 상대적인 위치를 그대로 유지해왔지만, 항상 그래 왔다고 가정해야 할 이유가 없다. 현재 알려진 것보다 더 오래 된 지층들은 대양 아래에 깊이 묻혀 있는지도 모른다."

다양한 반론에 대한 자신의 견해를 요약하면서 다윈은 이렇게 덧붙였다.

"나는 이러한 어려운 문제들을 오랫동안 너무 심각하게 생각하는 바람에 그것이 얼마만한 비중을 가지는지조차 의심하지 않았다. 그러나 가장 중요한 반론들은 우리가 명백하게 잘 모르고 있는 물음과 관련된 것이라는 사실에 특별히 주목할 필요가 있다. 우리는 우리가 얼마나 무지한지조차 모르고 있다."

역시 다윈이 잘 인식하고 있던 한 가지 주요 결함은 변이와 변형이 일어나는 메커니즘이었다. 그 출발점이 되는 답을 오스트리아의 수사이자 실험식물학자인 요한 그레고르 멘델이 제시했다. 체코슬로바키아의 브르노에서 그가 콩을 가지고 행한 유명한 실험은 유전학의 기초를 마련했다. 오늘날 다윈의 강한 지지자인 다니엘 데넷은, 멘델의 유명한 논문 한 부가 1860년대 후반에 다윈의 서재에 읽히지 않은 채 놓여 있었다고 주장한다. 그러나 과학사가들은 일반적으로 다윈은 멘델의 연구가 지니는 의미를 인식하지 못했고, 따라서 그것은 다윈의 연구에 아무런 영향도 미치지 못했다는 데 의견이 일치한다. 멘델의 논문은 다윈의 「인간의 유래」가 출간되고 나서 6년 후인 1865년에 발표되긴 했지만, 널리 알려지지 않은 체코슬로바키아의 한 학술지에 실렸다. 만약 다윈이 멘델의 논문을 읽었더라면, 역사가 어떻게 변했을까 궁금증을 자아낸다.

어쨌든 다윈은 유전적 변이를 미지의 요인으로 취급했다. 동물의 품종 개량에 사용되는 인위 선택을 잘 알고 있던 다윈은 변이가 분명히 존재한다는 사실을 알고 있었으며, 그것을 기초로 하여 이론을 세워나갔다. 멘델의 연구가 해결해준 문제는 바로 이 점이었다. 다윈은 선택 작용이 느리게 일어난다고 가정했다. 또한 한 종 내에서 개체 간에 계속적으로 교배가 일어나면, 나타나는 변이체들은, 그것이 무엇이건 간에, 단지 다시 섞여서 중간물이 된다고 보편적으로 믿어지고 있었다. 그러나 만약 변이가 사라진다면, 자연 선택이 어떻게 제 역할을 할 수 있겠는가? 멘델의 유전 법칙은, 변화하는 형질들이 섞이는 것이 아니라, 원래의 특징을 그대로 간직한 채 남아 있으며, 따라서 자연 선택은 느리게 작용하면서도 제 역할을 다할 수 있다는 것을 보여주었다.

## 제2부: 20세기

*

사람들의 시선을 끌지 못하고 묻혀 있던 멘델의 논문을 1900년에 네덜란드의 식물생리학자 휘고 드 브리스가 발견해냈다. 드 브리스는 멘델의 유전 이론에 생식질(germ plasm)이 갑작스럽게 변화한다는 자신의 돌연변이설을 첨가했다. 그는 또한 그 무렵에 막 발견된 X선에 대해서도 놀라운 통찰력을 갖고 있었다. X선은 살아 있는 조직을 꿰뚫을 수 있기 때문에 생식세포 속에 들어 있는 유전 입자(그 정체가 무엇이든 간에)를 변화시킬 수 있을 것이라고 추측했다.

그러나 이 추측은 20년이 지난 후에야 증명된다. 1919년경부터 미국의 유전학자 허먼 조지프 멀러는 유전 물질이 실제로 환경에 의해 영향을 받을 수 있다는 것을 보여주었으며, 그러한 변화가 후손에게 전달될 수 있다는 것을 증명했다. 이러한 발견으로 빠져 있던 구멍들이 메워지고, 다윈의 이론은 더욱 완벽한 모습을 갖추게 되었다. 이제 어느 누구도 진화론이 옳다는 데 대해 이의를 제기하지 못할 것이라고 진화론자들은 생각했다.

그러면 진화와 다윈의 이론은 정말로 승리를 거두었을까? 결코 그렇지 않았다. "1890년경에서 1910년 사이에 다윈의 이론은 수많은 반대 이론들에 심각한 위협을 받아 사실상 붕괴될 위험에 처했다"고 마이어는 썼다. 멘델의 논문이 (재)발견된 이후에도 유전학의 의미가 사람들 사이에 확산되는 데에는 오랜 시간이 걸렸다. 사실 새롭고 중요한 발전이라면 모두 겪는 일이지만, 기본 이론에 약간의 부정적인 영향을 끼치기도 해, 유전학자들이 엄격한 다윈주의 진화론자들과 충돌하는 사태가 일어났다.

1920년대에 진화를 새롭게 이해하고 평가할 수 있는 확고한 토대가 마련되었는데, 이 새로운 이론 체계는 최소한 과학계에서는 과학적 사실로 자리잡았다. 뉴턴의 법칙이 그랬던 것처럼 약간의 발전과 수정은 있을지 몰라도, 이미 진화론 자체는 광범위한 지지를 받고 있었다.

진화론은 또한 이미 미국의 일부 학교들에서, 특히 전국에서 속속 새로 생겨나고 있던 많은 고등학교에서 가르치고 있었다. 로널드 넘버스는 창조설의 역사를 다루면서, 그러한 가르침 중 일부는 지나치게 진화와 종교를 대립시키려고 한, 비위에 거슬리는 것이었다고 주장했다. 그러한 무례한 방법은 진화론을 순순히 받아들일 수도 있었던 집단 사이에 일종의 반혁명을 불러일으켰다고 그는 생각한다.

"종교적으로 보수적인 남부에서조차 교회와 연관이 있는 많은 대학들에서 수십 년 동안 진화론을 가르치고 있었다"고 그는 썼다. 그러나 제1차 세계대전이 일어나기 전 몇 년 동안, 무슨 이유에서인지 성난 반혁명주의자들이 점점 "생물의 진화를 현대 문명을 병들게 하는 사회적 병폐의 원인으로 동일시하기 시작했다." 이것은 아주 중대한 결과를 가져왔다.

## 원숭이 재판

*

서구 세계에서 가장 위대한 (반)도덕적 연극 중 하나인 '궁지에 몰린 다윈(Darwin on the Ropes)'은 두 차례나 큰 무대에 올려졌다. 첫 번째 작품은 이 장의 앞부분에서 소개한 것처럼 옥스퍼드 대학에서 열렸으며, 그것을 본 관객의 수는 천 명 미만이었지만, 수십 년 동안 글을 통해 널리 퍼져나갔다. 두 번째 작품은 아주 다른 방식으로 무대에 올려졌다.

진화를 뒷받침하는 증거가 날이 갈수록 증가했지만, 반혁명군은(특히 미국에서) 조금도 움츠러들지 않고 기회를 노리고 있었다. 권위 있는 교회 조직이 진화와 맞서 싸울 십자군을 조직하려는 노력은 없었지만, 개별적인 종파들이 놀라운 속도와 다양성으로 들고 일어나기 시작했다. 그들이 전파하는 종교적 가르침은 분별 있는 것에서부터 웃음거리가 될 만한 것에 이르기까지 아주 다양했다. 그러나 하나의 공통 분모는 성경의 가르침에 나타난 진리에 대한 믿음이었다. 세세한 구절까지 철저하게 믿는 사람들을 '근본주의자(fundamentalist)'*라 불렀다.

다윈의 진화론과 가장 직접적으로 모순되는 성경 구절은 창세기 첫 부분, 특히 천지 창조를 묘사하는 부분이다. 이 이야기를 옹호하는 사람들, 특히 그 구절이 지상의 모든 생명(그리고 관찰된 우주에 존재하는 모든 것)의 시작을 정확하게 설명하고 있다고 확신하는 사람들은 '창조론자'라는 이름을 얻게 되었는데, 그들은 미국 일부 지역에서는 상당한 힘을 발휘했다. 1920년대 초에 그들은 미국의 3개 주(테네시 · 미시시피 · 아칸소)에서 진화론을 가르치는 것을 불법적인 행동으로 만드는 데 성공했다.

아연실색한 진화론자들은 이 문제를 법정에서 다루고자 했다. 그래서 첫

---

* 운동으로서의 근본주의는 단일한 체계가 아니고, 심지어는 일부 자유로운 경향마저 있었기 때문에, 이 절에서 다루는 근본주의의 경향은 성경 직해주의라고 부르는 것이 더 적절할 것이다. 그러나 '근본주의'라는 용어가 더 보편적으로 사용되고 있기 때문에, 여기서도 이 용어를 채택했다.

번째 작품이 공연된 지 65년 후에 '궁지에 몰린 다윈'은 또 한 번 테네시 주의 소도시 데이턴에서 무대에 올려지게 되었다. 이 1925년의 공연에서는 젊은 고등학교 과학 교사이자 풋볼 감독인 존 토머스 스코프스가 진화론을 가르쳐 주법을 위배했다는 혐의로 재판을 받았다. 미국시민자유연맹을 포함해 이해가 엇갈린 소집단들이 무대에 올린 이 공연은 첫 번째 것보다 훨씬 정교하고 복잡한 것이었다.

수십 명의 기자들이 지켜보는 가운데 수 주일이나 계속된 재판 과정은 의도적으로 전신과 신문을 통해 세계 전역에 알려졌다. 참관한 언론인 중에는 그 당시 미국에서 가장 영향력 있는 평론가이자 사회 비평가인 멩켄도 있었다. 이 재판은 그에게 신랄하고 풍자적인 문체를 발휘할 수 있는 기회를 제공해주었다.

이 공연은 간혹 '스코프스 원숭이 재판'이라는 부제로 불리지만, 스코프스 자신은 아주 미미한 역밖에 맡지 않았다. 이번에도 주역을 맡은 두 사람이 따로 있었다. 먼저 하원의원이자 세 차례나 대통령 후보로 나섰던 윌리엄 제닝스 브라이언이 윌버포스 역을 맡았다. 그는 불붙는 듯한 열변을 토하는 웅변가이자 골수 정치적 복음주의자였다. 전국적인 명성과 함께 진화론에 대해 강한 증오심을 지니고 있던(제1차 세계대전의 중심에는 다윈주의가 숨어 있다고 그는 확신하고 있었다) 그는 그 역을 맡기에 아주 적격이었다. 사실, 브라이언을 전혀 좋아하지 않은 멩켄조차도 웅변가로서는 브라이언이야말로 "그들 중 최고"라고 말했다.

헉슬리의 역은 세련된 불가지론자이자 형사 담당 변호사로서 큰 성공을 거둔 클래런스 시워드 대로우가 맡았다. 대로우는 브라이언과 그의 생각을 아주 싫어했기 때문에, 변론을 자청했을 뿐만 아니라, 통상적으로 받던 높은 수임료도 마다하고, 심지어는 스스로 비용을 부담하기까지 했다.

그리고 재판관은 존 롤스턴이 맡았는데, 그는 "성경을 매일 읽어라"라고 씌어진 깃발 아래에 앉아 있었다. 12명의 배심원 중 11명은 근본주의자였

피고를 위해 변론을 펼치는 클래런스 대로우. 그는 테네시 주가 학교의 교육 과정에 개입할 수 있는 헌법상의 권리가 있느냐 하는 법적 문제를 진화론이 과학적으로 옳으냐 하는 획기적인 논쟁으로 비화시켰다.

고, 한 명은 문맹이었으며, 과학이나 진화에 대해 약간이나마 아는 사람은 단 한 명도 없었다. 대로우가 펼친 변론의 주제는 다음과 같은 것이었다.

"잠시 후면 재판관님, 우리는 영광스러운 16세기의 시대를 향해 행진하고 있는 자신들을 발견하게 될 것입니다. 광기와 편견에 사로잡힌 사람들이 사람들의 마음에 어떤 지성이나 깨달음을 주려고 시도하는 사람들을 장작더미에 올려놓고 불태우던 그 시절로 말입니다."

이 말은 재판관의 마음을 움직였다.

사실 롤스턴이 처음에 내린 결정 중 하나는 피고측이 전문가 증인을 내세우는 것을 막은 것이었다. 원고측은 그러한 증인이 필요없다고 주장했다. 브라이언은 스코프스가 사용하던 교과서를 쳐들고서 사람이 다른 포유류와 함께 있는 그림을 보여주면서 큰 소리로 외쳤다.

"어떻게 하여 이 과학자들은 인간을 사자와 호랑이와 그 밖의 정글냄새를 풍기는 모든 동물들과 같은 집단에 넣을 수 있단 말입니까?… 성경이 의미하는 바를 알기 위해서는 전문가가 필요하지 않습니다."

대로우의 변호팀 중 한 사람인 더들리 필드 말론은 이렇게 응수했다.

"저는 원고측의 이야기를 듣는 순간 배움이 왜 필요한지를 이 순간보다 더욱 절실하게 느낀 적이 없습니다."

그러나 아무 소용이 없었다. 판사는 피고측이 전문가를 증인으로 부르는 것을 허락하지 않았다. 한 시사 해설가는 그것을 현명한 결정이라고 말하면서 "만약 어떤 위대한 주에서 2 더하기 2는 5라고 법으로 명시해 놓았다면, 수학자를 불러서 의견을 묻는 것은 어리석은 짓이 될 것이기 때문"이라고 지적했다. 대로우는 전문가들이 법정에서 진술할 내용을 이미 가지고 있었으며, 그것을 언론에 배포했다. 그 증언이 거부 되었다는 사실 때문에 그것은 오히려 외부 세계에서는 큰 호기심을 끌었다.

그런 다음 대로우는 '피고측을 위해' 성경에 대한 전문가 증인으로 브라이언을 출석시켜달라고 요청했다. 지나친 자신감에 차 있던 브라이언은 전술적 실수를 범했다. 그 요청을 수락한 것이다. 그 결과(사자에게 던져진 기독교인의 꼴)는 너무나도 비참한 것이었기 때문에, 재판관은 그 증거를 기록에서 삭제하도록 했다. 그러나 그러한 법정 기록의 변경만으로는 한 마디 한 마디를 주시하고 있던 수십 명의 기자들이 세계 방방곡곡으로 브라이언이 만신창이가 된 사건을 알리는 것을 막을 수 없었다. 브라이언의 실수는 그의 진영에 엄청난 재앙을 가져다 주었다(최소한 세계 여론의 법정에서는).

그러나 비록 세계 여론의 법정에서는 브라이언이 졌을지 몰라도, 대로우는 브라이언에게 우호적이고 동정적인 그 법정에서는 승리를 장담할 수 없다는 사실을 잘 알고 있었으며, 브라이언에게 기운을 회복할 기회를 주지 않으려고 했다. 그래서 대로우는 스코프스에게 정당한 죄값을 치르겠다고 복죄하도록 함으로써 소송을 갑자기 중단시켰다. 판사는 스코프스에게 벌금 100달러를 선고했는데, 이것은 또 다른 쟁점의 불씨가 되었다. 법적으로 벌금액의 결정은 배심원단이 내리게 돼 있었기 때문이다. 몇 달 후, 테네시 주 대법원은 원심을 파기했다.

옥스퍼드 논쟁 때와 마찬가지로, 진화론을 지지하는 사람들은 승리의 불길을 느꼈으며, 아무런 구속 없는 자유가 보장된 미래가 오리라고 기대했다. 그러나 현실은 그렇지 않았다. 비록 주 항소법원에서는 유죄 판결을 파기했지만, 진화론에 반대하는 법은 그대로 유지시켰다.

## 끊임없는 압력

*

비록 데이턴의 진화론자들은 정확하게 기대했던 바를 성취했고, 테네시 주는 체면을 크게 구겼지만, 반진화론 진영의 세력은 조금도 위축되지 않았다. 실제로 테네시 주에서 교육자들은 1967년까지도 합법적으로 진화론을 가르칠 수 없었다. 게다가 계속되는 논란은 미국 내(특히 남부에서)의 많은 학교와 교과서에서 진화론을 추방하는 결과를 초래했다. 스코프스 재판 직후에 십여 개의 반진화론 법안이 제출되었으며, 미시시피 주와 아칸소 주에서는 그 법안이 통과되었다. 그때, 두 가지 주요 사건이 진화론자 진영에 힘을 더해주었다.

20세기 초반에 진화를 다루는 광범위한 분야에서 연구하던 사람들은 유전학 · 계통분류학 · 고생물학의 세 분야로 갈라져 나갔다. 각 분야는 다른 분야에 가치 있는 지식들을 지니고 있었으나, 마치 대학의 다른 학과들과 마찬가지로 서로 거의 도움이 되지 않았다.

그러다가 마침내 세 분야는 서로 섞이면서 마치 모래와 시멘트와 물이 섞인 것처럼 서로를 강하게 만들기 시작했다. 하나의 건축물을 위한 기초가 마련되었으며, 그것은 서서히 위로 솟아오르기 시작했다. 토머스 헨리 헉슬리의 손자이자 저명한 생물학자인 줄리언 헉슬리는 1942년에 미소 진화(유전적 측면)와 거대 진화(살아 있는 완전한 생물체를 다루는)가 잘 혼합된 통일 이론을 묘사하는 '진화적 종합(evolutionary synthesis)'이라는 용어를 도입했다(가끔 '새로운 종합'이라는 용어가 사용되기도 한다).

그로부터 얼마 후인 1957년, 소련은 초기 우주 경쟁에서 승리함으로써(스푸트니크 호의 발사로) 잠자고 있던 미국을 앞질렀다. 냉전하의 이러한 경쟁은 과학 부문에 큰 자극을 주었으며, 미국 학생들을 위한 과학 교육 방법을 개선시키기 위해 각별한 노력이 기울여졌다. 새로운 교육에서 진화론은 현대 생물학에 절대로 필요한 기초 원리로 포함되었다.

진화론을 가르치는 것을 금지한 아칸소 주의 법은 한동안 계속 효력을 유지했으나, 마침내 연방 대법원으로 헌법 소원이 올라가 1968년에 파기되었다. 비록 아칸소 주의 법에서는 성경의 창조설을 구체적으로 명시하고 있지는 않지만, 연방 대법원은 그 법이 그러한 의도를 지니고 있다고 판시했다.

그러나 그와 동시에 창조론자들은 이미 최초의 접근 방법인 종교에 기반을 둔 창조론이 먹혀들지 않을 것이라고 결론을 내리고 있었다. 그것은 명백하게 미국 헌법 수정조항 제1조와 제14조에 위배되었다. 그래서 그들은 자신들의 주의를 '과학'으로 변화시키는 해법을 내놓았다. 과학 용어로 포장함으로써 창조론자들은 자신들의 주의를 학교에서 진화론과 마찬가지로 가르칠 수 있는 권리가 있다고 주장했다. 그리하여 이제는 창조론 대신에 '창조과학'이라는 것이 등장했다. 나중에 '창조'라는 단어가 의심을 받게 되자, 창조론자들은 또 한번 그 이름을 바꾸어 '이성적인 설계론(Intelligent Design Theory)'이라 부르게 되었다.

이러한 새로운 접근 방법을 사용함으로써 그들은 또다시 여기저기서 법안을 통과시키는 데 성공했다. 물론 그들이 원한 것은 그 '증명되지 않은 가설'인 진화론을 창조과학으로 대체시키는 것이었다. 대개의 경우, 법에서는 두 가지 접근 방법을 모두 가르치라는 쪽으로 결론났다. 예를 들면 1981년에 루이지애나 주에서는 진화론을 가르치는 모든 공립학교에서는 창조론도 하나의 과학으로 가르치라는 법안을 통과시켰다. 그러나 연방 대법원은 7대

2로 이 법안에 반대하는 판결을 내림으로써 이 법안에 역시 종교적인 취지가 들어 있다고 판시했다.

## 또 다른 방향 전환

*

그러나 창조론자들이 비록 법정에서는 지고 있었는지 모르지만, 다른 전선에서는 점점 성공을 거두고 있었다. 목소리가 아주 큰 집단인 그들은 지방 교육기관과 정치 집단에 침투하여 과학 교사들이나 생물교과서를 만드는 출판업자들의 생활을 어렵게 만들 수 있었다. 끊임없이 괴롭힘을 당하던 이들은 마침내 진화과학을 경시하거나 심지어는 무시함으로써 잠재적인 문제를 피하고 싶은 유혹을 받게 되었는데, 이것이야말로 창조론자들이 바라던 바였다.

그들이 한발 물러선 자세(양쪽 견해를 모두 소개하는 것)는 합리적인 타협처럼 보이지만, 실제로는 그렇지 않다. 놀랍게도 카드 패는 진화론자 진영에 불리하게 던져진 것이다. 그것은 1세기 전에 헉슬리가 모든 측면을 제시하려고 시도함으로써 모든 사람들을 '실망시키고 불쾌하게 만들었던' 상황과 비슷했다. 창조론자의 접근 방법은 겉보기에 훨씬 간단하고, 많은 점에서 유혹적이다. 특히 창조론자들이 전문 지식이 없는 대중에게 진화론을 받아들이는 것은 예수를 저버리는 것이라고 겁을 줄 때 더욱 그러하다.

같은 이유로, 공식적인 자리에서 창조론자와 진화론을 놓고 토론을 벌이려고 하는 것 역시 종종 실패로 끝나고 만다. 끈덕진 창조론자들은 주류 과학의 입장에서 볼 때 미치광이로 보일지 모르지만, 그렇다고 해서 그들이 결코 어리석은 것은 아니다. 창조과학의 개념을 더욱 확장하면서 창조론자들은 또 한 번의 방향 전환을 모색했다. 단지 자신들의 주의에 '과학'이라는 용어를 사용하는 데 그치지 않고, 그들은 진화론자들과 '과학'논쟁을 하기 시작한 것이다. 새로이 다루어야 할 많은 발전과 발견 및 사실들이 나타난 것은 틀림없다. 그 결과 논쟁의 복잡성은 구름을 뚫고 치솟을 지경에 이르렀다.

게다가 과학의 진보는 그렇게 쉽게 이루어지지 않으며, 진화론자들 사이에서도 많은 토론과 심지어는 논쟁까지 벌어진다. 진화론자들은 이렇게 말한다.

"우리는 교리를 놓고 논쟁을 벌이는 것이 아니라, 과학을 놓고 논쟁을 벌이는 것이다. 그것은 아주 복잡하고 세세한 부분을 파고든다는 것을 의미한다."

그러나 이것은 흔히 대중이 과학적 논의를 이해하지 못하는 결과를 초래한다. 진화 반대 세력은 그러한 논쟁들을 지적하면서 훨씬 잘 정리되고 확립된 자신들의 견해와 비교한다. 그리고 이렇게 반문한다.

"그러한 것이 무슨 과학이란 말인가? 과학자들 간에도 서로 의견의 일치를 보지 못하고 다투는 주제에."

그런데 또 한 가지 흥미로운 사실은, 다윈 시대 이후로 생물학 분야에서 축적돼온 방대한 지식이 양 진영에서 어떻게 이용되느냐 하는 것이다. 똑같은 증거를 놓고 양 진영은 서로 아주 다르게 해석한다. 일리노이 주 오로라의 고등학교 교사이자 창조론자 문제 전문가인 로널드 파인은 이 현상을 다소 직설적으로 표현한다.

"창조론자는 과학자가 일주일이 걸려도 제대로 논박할 수 없는 내용의 거짓말을 30분 만에 지어낼 수 있다."

## 미끄러운 미끄럼틀과 복잡성의 문제

*

창조론자의 '거짓말'은 논쟁의 핵심 주변을 맴도는 '미끄러운 미끄럼틀(soapy slide)'이라 불리는 것을 포함해 여러 가지 형태를 취할 수 있다. 보편적인 한 거짓말에서는, 생물체 내의 계들, 예컨대 눈은 무한히 복잡하고, 다른 계들과 상호 의존적이기 때문에, 모든 계들이 자연 선택을 통해 나타나

아주 정교하게 조화를 이루며 기능하는 전체를 만들었다고는 믿을 수 없다고 주장한다. 어딘가에 어떤 종류의 '이성적인 설계'가 있어야만 한다는 것이다. 리처드 도킨스는 창조론자의 이 주장에 맞서기 위해 눈에 관한 문제 하나만 가지고 꼬박 59페이지를 할애했다.

소위 '단절(gap)'문제는 또 하나의 흥미로운 예인데, 권위 있는 주류 간행물인 〈커먼터리Commentary〉지에 주석이 잔뜩 달린 긴 서정시 같은 기사로 나타났다. 그 글을 쓴 데이비드 벌린스키는 생물학자는 아니지만, 충분한 자격을 갖추고 있다. 그는 대학 수준의 교육기관에서 수학과 철학을 가르쳤으며, 미적분학의 역사에 관해 호평을 받는 책도 썼다.

'단절 문제'란 화석의 기록에 나타나는 '단절'을 가리킨다. 그러한 단절이 존재한다는 것은 분명하다. 큰 규모의 단절은 약 5억 년 전에 갑자기 새로운 종들이 수많이 출현한 '캄브리아기 폭발' 초기에 나타난다. 불행하게도 고생물학자들은 이 새로운 종들을 그 시대 이전의 어떤 생물과 연결시킬 수 있는 증거를 거의 찾지 못했다.

그 밖에도 많은 단절이 존재하지만, 캄브리아기의 예는 가장 큰 단절로 생각되는데, 그것은 놀라운 일이 아니다. 5억 년이라는 긴 시간 동안에 화석에는 얼마든지 많은 일이 일어날 수 있다. 그런데 더 중요한 것은, 그러한 단절 중 많은 부분이 서서히 연결되고 있다는 사실이다. 새로운 기술의 발전으로(그리고 시간이 흐름에 따라) 새로운 화석 증거들이 나오고 있기 때문이다.

진화론에 우호적인 진영의 주요 인물인 스티븐 제이 굴드는 이러한 주요 단절 사건 중 하나로 오늘날의 해양 포유류와 그 육지 조상 사이의 단절을 언급하면서 이렇게 썼다.

"진화론자가 원하는 바로 그러한 아주 모범적인 형태로, 엄밀한 화석 기록이 가장 아름다운 천이를 보여주는 일련의 화석으로 나타났다는 것을 나는 무한히 기쁜 마음으로 보고드리는 바이다."

단절이 채워진 250개의 명단을 언급하면서 벌린스키는 다소 다른 견해를 취한다.

"단절된 부분들이 채워졌다는 것은 흥미롭지만, 부적절하다. 중요한 것은 단절이다."

그의 주장은 단절이 존재하는 한 진화론은 옳을 수 없다는 것이다. 그를 만족시키려면 앞으로도 아주 오랜 시간이 걸릴 것이다.

다윈도 이러한 단절들에 대해 잘 알고 있었고, 이 문제에 관해 책의 한 장 전체를 할애했다. 그는 이렇게 썼다.

"나는 지질학적 기록을 불완전하게 보존되고, 시간 속에서 변해간 방언으로 씌어진 세계의 기록으로 본다. 그러한 역사책 중에서 우리는 맨 마지막 권 하나만을 가지고 있을 뿐이다."

당연히 벌린스키의 글에 대해 수많은 반응이 나타났다. 석 달 후 많은 학자들의 반응을 종합한 후속 기사는 최초의 기사보다 훨씬 더 긴 것이었다. 많은 의견들은 저자의 견해에 반대하는 진화론자들의 주장이었다. 그중 다니엘 데닛은 아주 직설적으로 표현했다.

"나는 그 글이 아주 마음에 든다. 그것은 당신네들이 터무니없는 주장을—편집진이 선호하는 문체로 씌어지기만 한다면—마음대로 출판할 수 있다는 것을 떠들썩하게 증명해 보인 것이다."

〈커먼터리〉지는 벌린스키에게도 쇄도한 비판에 답하고, 자신의 견해를 계속 선전할 수 있도록 16페이지를 할애했다.

또 하나의 '미끄러운 미끄럼틀'이 있다. 창조론은 약 200년 전에 영국의 신학자 윌리엄 페일리가 제기한 '목적론적 증명(argument from design: 목적을 가진 우주의 질서를 신의 존재를 증명하는 근거로 사용하는 증명법)'의 후손이다. 만약 땅에서 시계를 하나 발견했다고 치자. 그것이 우연히 저절로 조립되었을 가능성이 얼마나 되겠는가? 그 가능성은 거의 없다고 여러분은 동의할 것이다. 마찬가지로 인류가 현재와 같은 방식으로 출현할 가능성은 얼마나 되겠는가? 현대의 이성적 설계(ID: intelligent design)로 진화를 우연과 동일시하여 복잡함은 설계에서 비롯되었음이 분명하다고 주장한다. 재판관측을 의식하여 ID옹호론자들은 그 설계자의 이름을 밝히지 않는다.

이와 같이 우연을 언급하는 것은 진화론자들을 몹시 화나게 만든다. 도킨스는, 다윈식의 진화를 받아들이려 하지 않는 많은 ID이론가들은 단지 한 가지 중요한 사실을 간과하고(혹은 무시하고)있다고 지적한다. 그것은 바로 "진화론은 무작위적인 우연에 좌우되는 이론이 아니라는 것"이다. "진화론은 무작위적인 돌연변이에다가 비무작위적인 자연 선택의 누적이 더해진 결과를 바탕으로 하는 이론이다." 그러면서 그는 "왜 아주 세밀한 과학자들조차도 이 간단한 사실을 이해하기가 그렇게 어려울까?"하고 반문한다.

다윈 역시 켈빈에게서 비슷한 경우를 당했다. 물리학자인 켈빈은 다윈의 생물학적 증거를 일축해버렸던 것이다. 다윈과 같은 시대에 살던 천체물리학자 존 허셜은 다윈의 진화론을 뒤죽박죽 이론이라고 불렀다. "오늘날까지도 그리고 당연히 현명한 사람들이 연구하는 분야에서조차 다윈설은 '우연'의 이론으로 널리 알려져 있다"고 도킨스는 말한다.

1990년대에 창조론의 진화에서 또 하나의 '미끄러운 미끄럼틀'이 등장했다. '설계'라는 단어가 창조와 동의어로 인식되었으므로, 야전 사령관들은 자신들의 사이비 과학을 위해 또 하나의 새로운 이름을 지어냈다. 그것은 바로 '최초의 복잡성(complexity)모형'이라는 것이다. 만약 창조론자들이 뜻을 이룬다면, 이 모형은 그들이 진화론에 붙여 준 새로운 이름인 '최초의 원시성 모형(initial primitiveness model)'과 함께 나란히 가르칠 수 있게 될 것이다.

그와 동시에 보수적인 기독교 견해 역시 계속 전개되었다. 〈크리스천 투데이〉지에 실린 한 글에서는 "최근에 이루어진 과학적 발견들은 다윈설보다는 설계를 지지한다"고 주장하고 있다. 그리고 더 나아가 " '우리가 어디서 왔는가?'하는 것은 과학자들만이 취급해야 할 비밀스런 의문이 아니다. 그것은 우리 모두가 믿고 있는 신앙의 시작이자 기초이다. 기독교인들이 모두 단결하고, 믿을 만한 변증론을 만들어 내고, 뒤로 물러서길 거부해야 하는 이유가 바로 여기에 있다"고 지적한다. 반면에 가톨릭 교회측에서는 오래 전부터 진화론과 기독교의 교리가 충돌해야 할 필요가 없다고 가르쳐왔다.

어쨌든 사태는 이런 식으로 진행되었다. 온갖 불리한 증거에도 불구하고 창조론자들의 군대는 점점 증강돼가는 것처럼 보인다. 창조론 문제에 대한 중요한 관측통 중 한 사람인 로널드 넘버스는, 이제 창조론자들은 교육위원회(지방 공립학교를 감독하는 기능을 담당함)를 공격하고 있다고 보고했다. 1992년에 미국 내 16,000개 교육위원회 가운데 2200여 개가 창조론 쪽으로 기우는 보수주의자들에 의해 장악되었다고 그는 보고했다. 비록 미국에서 그 세력이 가장 거세긴 하지만, 이 운동은 다른 나라들에서도 열렬한 신도들을 늘려가고 있다.

창조론자의 교리를 채택하는 것은 심각한 결과를 초래할 수 있다. 창조론을 채택하면, "최소한, 본질적으로 현대 천문학 전부와 현대 물리학의 상당 부분, 그리고 지구과학의 대부분을 포기하지 않을 수 없다"고 한 평가 보고서는 밝히고 있다. 이 평가는 1981년에 발표되었다. 그 이후로 진화론의 원리를 의학이나 해충 구제, 농업, 심지어는 심리학 · 정신의학 · 인류학 · 윤리학 · 사회학(예컨대 행동의 기원)등의 분야에 적용하려는 관심과 시도가 폭발적으로 증가했다. 분자생물학의 새로운 연구도 여기에 얽혀 있다.

1996년도에 대해 온라인 잡지 데이터베이스(약 1000종의 정기간행물을 포함한 UMI리서치 1)를 대충 조사해본 결과, '진화(evolution)'라는 단어에 대한 항목이 무려 1349개나 되었다. 물론 이 글들은 찬성과 반대 및 새로운 연구(물론 다른 분야에서 본뜻과는 상관없이 사용하는 예도 포함되었겠지만)등 모든 측면을 총망라하고 있다. 그렇다 하더라도 숫자 자체는 나름의 의미를 지니고 있다(성경이라는 단어는 그보다 적은 1105개 항목밖에 차지하지 못했다).

스티븐 제이 굴드의 저서 「캐나다의 지리」를 검토한 웨인 그레이디는 자연 선택에 의한 진화를 '우리 생활의 모든 장소와 측면 곳곳에 스며 있는 이론'이라고 불렀다. 그러고서 이렇게 덧붙였다.

"그것은 이젠 법칙이 되어야 할 것이다. 그런데도 그러지 못하고 있다는 사실은 다윈의 전반적인 구도에 어떤 결함이 있어서가 아니라, 그렇게 포괄적인 세계관을 수용하지 못하는 우리의 무능함을 보여주는 것이라고 굴드는 일깨워준다."

반면에 창조론자들이 원하던 것을 손에 쥐었다고 가정해보자. 그 결과로 초래될 교육이 실시되면, 일반 대중은 과학의 원리를 평가하는 능력이 필연적으로 약화될 것이다. 그렇게 되면 터무니없는 생각들이 판을 치기가 훨씬 쉬워질 것이다.

우리는 이미 그러한 상황으로 치닫고 있는 것은 아닐까? 1993년의 갤럽 조사에서는 전체 미국인 중 절반이 지난 1만 년 이내에 하느님이 인간을 창조했다고 믿는 것으로 나타났다. 〈퍼레이드 매거진〉지는 다음과 같이 보고했다.

"미국인 중 75%는 인간과 공룡이 같은 시대에 살았느냐와 같은 기본적인 질문을 묻는 미국과학재단의 기초적인 과학 퀴즈를 통과할 수 없다."

현재 벌어지고 있는 현상은 근본주의자들의 믿음이 일부 증가하는 것과 함께 일반적으로 반과학적 정서가 광범위하게 증가하고 있는 것처럼 보인다. 비록 미국의 대학 졸업생의 과학 실력은 세계 최고 수준이지만, 그보다 낮은 단계에서의 과학 교육은 과거 그 어느 때보다 낮은 최악의 수준이다. 이러한 괴리는 미국의 장래를 위해 결코 좋지 않다.

이 책의 서문에서 과학과 종교 사이에 계속 전개되고 있는 전쟁은 갈릴레이보다는 다윈에서 비롯된다는 과학사 교수 윌리엄 프로빈의 견해를 인용한 바 있다. 프로빈 교수가 왜 그런 견해를 가졌는지 이제 여러분은 조금 이해할 수 있을 것이다.

아이로니컬하게도, 이 전쟁에 관해 논의한 최초의 중요한 책 중 하나는 다윈의 「종의 기원」이 출판되고 나서 불과 15년 후인 1874년에 출판되었다.

「종교와 과학의 분쟁사」라는 제목이 붙은 이 책의 저자는 다름아닌 옥스퍼드 대학의 논쟁에서 주요 연사 중 한 사람이었던 존 윌리엄 드레이퍼였다. 데이비드 리빙스톤은 "드레이퍼가 분쟁이라는 은유를 사용한 것은 사람들의 관심을 사로잡았으며, 그와 비슷한 전투적인 환상들을 자극했다."

다윈을 둘러싼 논쟁에 전투적인 은유가 사용되었다는 것은 이 얼마나 아이러니인가! 다윈은 평생 동안 지극히 점잖고, 수줍음을 많이 타고, 관대한 사람으로 살았다. 자연에 대한 깊은 사랑과 일체감을 지니고, 꽃 하나, 벌레 한 마리, 산호 하나에도 깊은 관심을 기울이며 기뻐했던 그는 싸움을 좋아하는 시골 양반과는 전혀 거리가 멀었다.

그의 삶과 연구는 빅토리아 시대의 사회로 하여금 그 종교와 과학과 도덕을 새롭게 바라보도록 만들 만큼 도전적이었던가? 분명 그러했다. 그러나 비록 다윈이 많은 사람들에게 욕을 얻어먹긴 했어도(지금도), 다행히도 그의 놀라운 업적은 그가 살아 있을 때 충분히 인정받았다. 1882년 4월 19일 사망했을 때, 그는 자신의 업적에 대해 최고의 인정을 받았다. 웨스트민스터 성당 묘지에서 뉴턴의 무덤 근처에 묻히는 영예를 얻었던 것이다. 그렇지만 그가 야기한 논쟁은 과거 어느 때보다도 시끄럽게 계속되고 있다. ✶

ROUND 6

# 켈빈 VS 지질학자와 생물학자

켈빈 VS 지질학자와 생물학자

# 지구의 나이에 관한 논쟁

과학과 기술의 역사를 돌이켜 보면서 양자를 모두 겸비한 사람들을 꼽아 보면, 윌리엄 톰슨William Thompson이라는 이름이 명단의 맨 윗부분에 나타난다. 과학자, 교사, 공학자, 사업가로서 큰 성공을 거둔 그는 온갖 영예를 안았다. 집이건 사무실이건 어떤 교통 수단이건 간에, 어떤 형태로든 그의 손길이 닿지 않은 것이 거의 없는 형편이다. 긴 생애 동안에 그는 70개의 특허를 얻었고, 600편 이상의 논문을 발표했다.

1824년에 태어난 톰슨은 어릴 때부터 천재 과학자의 자질을 타고난 것처럼 보였다. 자연철학 교수이던 아버지에게서 교육을 받은 그는 10세 때 글래스고 대학에 입학했다. 거기서 공부를 마친 뒤에는 케임브리지 대학으로 옮겨가 21세 때인 1845년에 우등으로 졸업했다. 22세의 나이로 그는 글래스고 대학의 자연철학 정교수(그 당시 높이 존경받던 지위)가 되었다.

불운한 학생들의 머릿속에다 지식(특히 과학 지식)을 주입식으로 쏟아넣는 전통적인 교수법을 경멸한 그는 모형이나 실물을 가지고 설명하는 새로운 교수법을 도입했다. 한번은 점을 설명하기 위해 라이플을 가져와 진자에다 대고 쏘기도 했다.

일부 학생들(주로 심약한 학생들)은 그가 훌륭한 교수가 아니라고 불평했다. 그러나 그와 보조를 맞출 수 있었던 학생들에게는 그의 강의는 도전적인 경험이 되었음이 틀림없다. 톰슨은 첫 번째 강의는 신중하게 준비했지만, 그 다음 강의는 전혀 준비하지 않았다. 그의 초기 전기 작가 중 한 사람은 "항상 탐구정신이 넘쳐흘렀다!… 뭔가 새로운 사실이나 원리가 나오지 않는 한, 어떤 강의도 만족스럽지 않았다"고 썼다. 만약 그가 어떤 분야, 예컨대 물질의 변형과 변형력에 대해 강의하고 있을 때 뇌우가 몰려오면, 그는 전위계를 꺼내와 완전히 다른 방향으로 강의를 진행했다.

어느 날, 학생들은 그를 놀려주기로 계획했다. 톰슨은 날달걀과 삶은 달걀을 준비하여 그것들을 돌릴 때 어떤 차이가 나타나는지 보여주려고 했다. 그런데 학생들은 날달걀을 몰래 삶아놓았다. 그는 실험을 시작하자마자 무슨 일이 일어났는가 즉시 알아챘고 미소를 지으면서 "여러분, 달걀을 둘 다 삶아버린 모양이군요" 하고 말했다.

그가 강의를 할 무렵에는 영국이건 스코틀랜드건 과학을 가르치는 오늘날의 교육기관에서 볼 수 있는 것과 같은 대학 연구 실험실은 없었다. 심지어 그 유명한 케임브리지 대학조차도 실험에는 큰 관심을 보이지 않았기 때문에, 톰슨은 나중에 다른 과학자의 실험실에서 실험 경험을 쌓았다. 글래스고 대학에서 그는 학생들을 위한 최초의 실질적인 실험실을 만들었다.

톰슨은 50년 이상 글래스고 대학에 재직했지만, 그가 비범한 능력을 가졌다는 소문은 빠르게 널리 퍼졌고, 일생 동안 그는 세상에서 가장 뛰어난 물리학자이자 전기공학자로 인정받았다. 그는 5회 연속으로 왕립학회 회장을 연임하기도 했다.

유명한 「과학 전기 사전」에서는 그를 "독일의 헬름홀츠와 함께 그 당시의 물리학을 1900년의 물리학으로 변화시키는(실제로 창조하는)데 가장 크게

윌리엄 켈빈 경(1824~1907).

기여한 인물"이라고 서술하고 있다. 그는 또한 오늘날 세계 대부분에서 사용되고 있는 단위계인 미터법을 만드는 데에도 기여했다(그는 영국 도량형을 '야만적인 것'이라고 불렀다. 영국 도량형은 오늘날 영국에서는 사용되지 않고, 미국에서 사용되고 있다).

측정 과정과 실험 도구를 일일이 챙기는 그의 버릇이 자신의 생명을 구한 적도 있었다. 앞에서 언급한 라이플을 사용한 강의 도중에 상용 온스(약1.8g)와 약용 온스(약3.9g)를 혼동하는 바람에 한 학생이 라이플에 필요한 양의 두 배나 되는 화약을 장전했다. 그것은 톰슨의 머리를 날려버리는 사고를 일으킬 수도 있었다. 다행히도, 세부적인 것까지 꼼꼼하게 챙기는 톰슨의 까다로운 성격 때문에 그는 실험 전에 학생이 장전한 화약의 양을 재확인했던 것이다.

사실, 정확한 측정은 그가 가장 큰 관심을 기울인 것 중 하나였다. "당신은 그것을 측정할 수 있는가? 그리고 그것을 숫자로 나타낼 수 있는가? 그것의 모형을 만들 수 있는가? 이것들을 할 수 없다면, 당신의 이론은 지식보다는 상상에 기초하고 있을 가능성이 높다."고 그는 썼다. '응용과학(applied science)'이라는 분야도 톰슨이 그 선조로 생각되는데, 그는 선박용 나침의, 선박용 수심측량계, 조석 예보기, 그리고 여러 가지 민감한 측정도구의 개선을 포함하여 많은 발명을 이루었다.

이러한 측정도구 중 한 가지를 사용하여 톰슨은 1866년에 영국과 미국 사이에 대서양 횡단 해저 전신 케이블을 부설하는 작업을 성공적으로 이끌

수 있었다(첫 번째 시도가 실패한 후에). 정부는 톰슨을 귀족으로 신분을 격상시킴으로써 그의 노고에 감사를 표시했다. 그는 1892년에 켈빈 경(Lord Kelvin)이 되었는데, 영국 과학자로서 그러한 영예를 얻은 사람은 그가 처음이었다. 절대온도 체계(저온물리학에서 아주 유용하게 사용되는)를 켈빈 온도라 부르고, 그 단위를 K(켈빈의 머리글자)로 쓰는 것도 그의 공적을 기려서이다.

말하자면 그는 큰 산과 같은 위대한 인물이었다. 과학 회의에서는 그가 진행을 주도했다. 그러나 하늘을 찌르는 듯한 톰슨의 권위는 그 후에 믿을 수 없게도 60년 동안이나 계속된 논쟁에 부정적인 영향을 끼쳤다.

## 지구의 나이

*

문제가 된 쟁점은 지구의 나이였다. 1세기 전만 해도 이 문제에 관해서는 아무런 논의도 이루어지지 않았다. 성경에 지구의 나이는 약 6천 년으로 분명하게 명시돼 있다고 많은 사람들은 주장했다. 그중 가장 유명한 사람은 17세기의 아일랜드 주교 제임스 어셔였다. 성서 연대기(주로 '가계도'의 각 세대를 일일이 셈으로써), 역사적 서술, 천문 주기 등을 복잡하게 결합하여 그는 1650년대 중반에 이전의 추정치를 개선했는데, 그 결과 그는 천지 창조의 시점을 기원전 4004년이라고 못박았다. 이 수치는 그 다음 200년 동안 영국의 성경들에서 사용되었다.

어셔가 살던 시대의 과학은 대부분 그러한 생각을 지지해주었으며, 또한 선구적인 박물학자 중 많은 사람들은 성직자였다. 영국의 신학자이자 수학자, 천문학자인 윌리엄 휘스턴William Whiston(1667~1752)이 좋은 예이다. 그는 런던 대학에서 처음으로 강의에 실험을 도입한 사람 중 하나였지만, 노아의 홍수가 어셔가 말한 그해 11월 28일에 일어났다는 것을 계산하는 데 자신의 과학 지식을 사용했다. 그(그리고 그의 동료 성직자들)는 그것과 비슷한 다른 날짜들도 많이 계산했다.

성서 해석에서 나온 또 하나의 결과는, 노아의 홍수와 같은 격변이 지구의 모습을 형성한 주요 요인이라는 주장이었다. 이러한 격변은 지구 대부분을 덮고 있는, 큰 재난을 당한 것처럼 울퉁불퉁하게 생긴 지형을 설명해주는 것으로 생각되었다. 격변설(천변지이설이라고도 함)에 따르면, 지구는 나이가 젊으며, 변하지 않는다(화산이나 지진과 같은 사소한 변화를 무시한다면).

문제는 새로운 관찰 사실과 이론들이 성경에 바탕한 주장들과 모순 되는 것으로 보이기 시작했다는 것이었다. 4장에서 등장한 바 있는 뷔퐁은 기독교가 득세하고 있던 그 시절에 지구의 나이를 6천 년 이상으로 올리려고 시도한 최초의 사람으로 생각된다. 용융 상태에서 지구가 냉각하는 속도를 계산함으로써 뷔퐁은 75,000년이라는 값을 내놓았다. 뷔퐁의 주장에서 수치 자체(나중에 그는 이 값을 크게 증가시키지만)보다 더 중요한 것은, 그리고 이러한 결과들에 포함된 모순보다도 더 중요한 것은, 자연은 합리적이며, 자연의 언어를 읽고 이해할 수 있는 사람에게 그 비밀을 가르쳐 준다는 사실이었다.

지구의 나이를 찾아 나선 또 한 사람의 초기 연구자는 프랑스의 베누아 드 마이예(1656~1738)였다. 아마추어 박물학자였던 그는 해수면의 하강 관찰에 바탕하여 지구의 나이를 계산했다. 흥미롭게도, 그는 20억년이라는 계산 결과를 얻었는데, 이것은 오늘날의 수치와 가까운 것이다.

예상되는 보복으로부터 자신을 보호하기 위해 드 마이예는 자신의 발견을 프랑스 선교사와 텔리아메드Telliamed(자신의 이름을 거꾸로 쓴 것)라는 인도철학자 사이에 오가는 대화 형식의 이야기로 발표했다. 그럼에도 불구하고 그는 갈릴레이의 경우를 생각하고는 출판하기를 망설였다. 그의 이야기는 그가 사망하고 나서 10년 후인 1748년에 가서야 출판되었는데, 그의 우려와는 달리 전체 상황에 거의 아무런 영향을 미치지 못했다.

그 밖에도 지구의 진짜 나이를 결정하기 위한 시도들이 많이 이루어졌으며, 톰슨의 시대에는 다양한 방법에 바탕한 수많은 평가치들이 나와 있었다. 지구의 나이가 아주 젊고, 격변에 의해 현재의 모양을 갖게 되었다는 기독교의 주장에 가장 권위 있고 효과적인 반론을 제기한 사람은 그 당시 존경받고 있던 영국의 지질학자 찰스 라이엘(1797~1875)경이었다. 라이엘은, 격변설은 필요 없으며, 지구의 생김새는 지금도 작용하고 있는 힘들로 설명할 수 있다고 주장했다. 사실, 그는 지구에서 볼 수 있는 모든 것은 정상적인 힘들과 동인動因의 결과이며, 그 모든 것은 일정한 방식으로 작용한다고 믿었다(그의 이론을 '동일 과정설'이라 부른다). 동일 과정설은 오늘날 일어나고 있는 사건들을 기초로 하여 과거를 설명할 수 있다는 이론이었다.

그 시대의 관점에서 본다면, 동일 과정설이 지닌 중요성은 노아의 홍수와 같은 격변이나 다른 초자연적인 사건을 생각할 필요가 없다는 데 있다. 만약 라이엘이 옳다면, 성경을 곧이곧대로 해석한 것은 더 이상 과학에 참고가 될 수 없다. 그러나 그의 학설을 따른다면, 이러한 힘들이 무한정의 시간 동안 계속 작용하고 있어야 했다.

19세기 중반에 동일 과정설(아이로니컬하게도, 격변론자인 윌리엄 휴웰이 지어준 이름)은 영국에서 지배적인 지질학 이론이 되었다. 비록 신학자들은 동일 과정설에 마음이 불편했지만, 대부분의 사람들에게는 어느 순간에 우리가 멸망할 수도 있다는 생각보다는 세상이 안정하다는 주장이 훨씬 마음에 들었다. 3장에서 뉴턴과 라이프니츠가 태양계의 안정에 신이 차지하는 위치를 놓고 논쟁을 벌인 사실을 기억하고 있을 것이다. 19세기 초에 프랑스의 수학자 라플라스는 마침내 신은 계속 시계공으로 작용할 필요가 전혀 없으며, 태양계는 그 자체로 아주 안정하다는 것을 보였다. 많은 사람들은 안도의 한숨을 내쉬었다.

라플라스는 이러한 안정성을 순전히 행운이 빚어낸 우연한 배열로 생각했지만, 많은 사람들은 그것이야말로 신의 손이 존재한다는 명백한 증거라고 생각했다. 톰슨도 그중 한 사람이었다. 그러나 그와 동시에 엥케 혜성의 관측 결과는 행성간 우주 공간에 어떤 종류의 저항 매질이 존재함을 보여주는 것 같았다. 톰슨은 이것을 전체 태양계가 결국에는 운행을 멈춘다는 의미로 받아들였다(이것은 그가 큰 관심을 가지고 있는 다른 연구와도 잘 일치했으며, 그것은 또한 그가 다양한 관심을 가지고 있던 여러 분야를 통합시켰다).

## 톰슨의 사고체계

*

학생 시절부터 톰슨은 열의 문제에 대해 깊이 연구해왔다. 그는 라이프니츠가 초기의 지구가 용융 상태였다고 믿었다는 사실과, 뉴턴이 열손실과 물체의 냉각에 관해 약간의 연구를 했다는 사실을 분명히 알고 있었다. 18세 무렵에 톰슨은 "균일한 고체에서의 열의 균일한 운동과 전기에 관한 수학적 이론과의 관계"라는 논문을 이미 쓴 바 있었다. 이 제목은 중요한데, 왜냐면 이것은 그가 열과 그리고 열이 고체를 통과하는 움직임의 문제에 관심을 가지고 있었다는 것뿐만 아니라, 역학적 운동과 전기를 다루는 데 큰 성공을 거둔 것으로 밝혀진 수학적 방법을 열운동의 문제에 적용하려고 시도했다는 것을 보여주기 때문이다.

실험하기를 좋아한 톰슨이 상당한 수학적 능력을 습득했다는 것은 놀라운 일이다. 예컨대 그는 열전도에 대해 선구적인 수학적 연구를 이룬 조제프 푸리에의 연구를 따라해 보았다. 라이프니츠와 뉴턴의 미적분을 사용하여 푸리에는 고체 속의 어떤 점에서의 실제 온도뿐만 아니라, 어느 순간 고체 속의 각각의 점들에 대하여 온도 변화율을 찾는 방법을 유도했다. 톰슨은 그 방법에 매료되었다. 그 당시 아직 학생이었지만 그는 훗날, "불과 2주일 만에 나는 그것을 완전히 터득하고 마스터했다"라고 썼다.

나중에 그는 푸리에의 연구를 "위대한 수학적 시"라고 불렀지만, 그것은 실은 더 현실적인 일에 도움을 주었다. 그것은 톰슨에게 지구가 최초의 뜨거운 유동상태에서 현재의 상태가 되기까지 계속 냉각되어왔다는 사실을 확신케 해주었기 때문이다.

그보다 앞서 프랑스의 물리학자 사디 카르노는 증기기관이 점점 중요해지자 연구를 통해 열과 일은 상호 전환이 가능하다는 사실을 증명했다. 그러나 1849년에 톰슨이 그것을 좀 더 자세히 연구하여 중요한 진전을 이끌어낼 때가지 사람들은 이 중요한 개념에 별로 관심을 보이지 않았다.

톰슨은 투입된 열 중 일정 부분은 일을 하는 데 사용할 수 없다고 확신하게 되었는데, 이것은 열기관을 설계할 때 아주 중요한 사실이다. 그는 여기에 멈추지 않고 이러한 현상들이 지구의 작용에 관계하는 부분까지 포함하도록 초점을 확대했다.

그는 광산과 우물을 팔 때 관찰되는 보편적인 사실에 지구의 나이에 대한 중요한 단서가 숨어 있다고 생각했다. 땅 밑으로 더 깊이 파고 들어갈수록 온도가 높아진다. 이 현상은 다른 이유로도 얼마든지 설명할 수 있었지만, 톰슨은 열이 지구의 내부로부터 흘러나오기 때문이라고 믿었다.

톰슨이 이해한 바와 같이, 열 에너지는 지구로부터 빠져나가고 있으며, 증기기관에서와 마찬가지로 근본적으로는 회복할 수 없다. 이렇게 에너지가 빠져나가는 것은 자연계가 고갈되고 있다는 것을 의미하며, 톰슨은 이것을 1851년의 논문에서 열역학 제2법칙으로 제시했다.

열역학 제1법칙과 제2법칙을 대략적으로 설명하면 다음과 같다. 어떤 에너지도 절대로 없어지지 않지만(제1법칙), 그중 일부는 일을 하는 데 사용할 수 없다(제2법칙).

제2법칙은 모든 종류의 물리적 기계를 과학적으로 이해하는 일종의 양자도약적 사고를 제공했다. 예를 들면 왜 영구 운동 기계가 불가능한가를 마침내 증명할 수 있었다. 또, 자연 기관들(태양, 지구, 그리고 태양계의 나머지 부분들)이 언젠가는 운행을 멈추어야 한다는 사실도 제 2법칙은 알려준다고 톰슨은 말했다.

그의 계산은 지구가 원래 태양의 일부였다는 가정에서 출발한다. 그래서 애초에는 태양의 온도와 같았으며, 그 이후로 계속해서 일정한 속도로 냉각돼왔다고 가정했다. 처음에 톰슨은 지구와 태양계가 대략 현재의 상태로 얼마나 오래 유지될 수 있는지 파악하기 위해 계산했다. 그러다가 1842년의 논문에서 그 계산을 미래를 향해 하는 대신에 과거로 거슬러 올라가게 할 수 있다는 가능성을 다루었다. 그러자 갑자기 지구의 나이를 어느 정도 과학적 정확성을 가지고 계산할 수 있는 가능성이 보였다.

접근 방법에 약간의 결점이 있다는 것을 인정한 그는 그 다음 몇 년에 걸쳐 접근 방법을 개선하고, 그 개념을 더욱 발전시켰다. 1846년, 글래스고 대학 교수로 임명되던 해에 그는 물리적 원리에 바탕하여 지구의 나이를 계산한 결과를 발표했다. 모든 사람이 귀를 기울였다. 지구가 현재의 온도까지 이르는 데 필요한 시간은 약 1억 년이라고 그는 말했다. 가정의 단순화로 인해 그 수치가 사실은 대략적인 값임을 인정하면서, 그는 자신의 그물을 2000만 년에서 4억 년 사이로 넓게 펼쳤다.

## 논쟁

*

그러나 만약 톰슨의 주장이 옳다고 한다면, 몇 가지 주요 이론들은 틀린 것이 되고 만다. 예를 들면 지질학자들은 온갖 험난한 지형을 가진 지구의 역사는 수십억 년은 될 것이라고 생각했다. 확실한 자리를 굳히기 위해 애쓰고 있던 다윈의 진화론 역시 톰슨이 제시한 것보다 훨씬 더 긴 선사 시대를 필요로 했다. 그 결과, 톰슨은 진화론을 결코 받아들이지 않았다.

오늘날, 톰슨은 창조론자들 사이에서 기독교 교리를 믿었던 주요 과학자의 전범으로 칭송받고 있다. 그러나 이것은 과학사를 오용한 대표적인 사례일 것이다. 비록 톰슨은 다윈의 진화론을 거부했지만, 결코 창조론자는 아니었다. 그는 성서 직해주의자들과 견해를 같이하지 않았으며, 진화론에 반대한 이유도 오늘날 생물과학계를 계속 귀찮게 하고 있는 종교계의 공격과는 전혀 다른 것이었다.

비록 톰슨이 많은 주류 과학자들의 생각을 짓밟고 있긴 했지만, 그는 결코 자신이 혼자뿐이라고 느끼지 않았다. 열의 일당량을 밝힌 제임스 프레스콧 줄도 그의 지지자 중 한 사람이었다. 1861년 5월에 톰슨에게 보낸 편지에서 줄은 이렇게 썼다.

"나는 당신이 최근에 대중에게 던져진 일부 쓰레기를 폭로하기로 했다는 데 대해 기쁘게 생각합니다. 다윈이 비난을 받아야 하는 것은, 완성된 이론을 발표할 의사가 없다고 내가 믿어서가 아니라, 풀어야 할 어려운 문제를 지적하려고 했기 때문입니다… 오늘날 대중은 아주 놀라운 것이 아니면 관심을 보이지 않는 것처럼 보입니다. 인간이 원숭이나 고릴라와 어떤 관계가 있다는 것을 발견하는 철학자들보다… 그들을 더 즐겁게 하는 것은 없습니다."

1869년경에 톰슨은 자신을 스스로 '진정한 지질학자들'이라 부른 사람들과 편을 같이한다. '진정한 지질학자들'이란, 물론 자신의 시간 계산에 의견을 같이하는 사람들을 말한다. 그러자 다른 지질학자들과 생물학자들이 도움이 필요하게 되었다. 그래서 윌버포스 주교와 그 유명한 논쟁을 펼친 지 9년 후에 헉슬리가 다시 대중의 대변자로 나서게 되었다. 오늘날에는 다윈의 불도그로 기억되고 있지만, 헉슬리 역시 유명한 과학자였고, 왕립학회의 회장을 지낸 적도 있었다. 그가 톰슨과의 대결에 나서도록 선택된 것도 그러한 배경 때문이었다.

그런데 이번에는 싸움이 좀 더 과학적인 장소인 영국지질학회에서 열렸다. 또 한 가지 중요한 차이점이 있었다. 헉슬리의 상대는 이전의 상대보다 훨씬 강한 톰슨이었으며, 톰슨은 우연히 윌버포스와 헉슬리가 싸움을 벌이던 현장을 목격한 적이 있었다(헉슬리와 톰슨 사이에 벌어진 설전에서는 아무것도 해결되지 않았다는 사실에 주목해야 한다. 그 싸움은 그 다음 몇 년간에 걸쳐 글을 통한 싸움으로 계속되었으며, 많은 다른 선수들도 끌어들였다. 이 장에서 우리는 그 모든 것을 살펴볼 것이다).

톰슨이 다윈의 연구에 대해 이해하고 있는 것과 논쟁 과정에서 헉슬리가 펼친 주장은 두 사람을 더 깊은 진창 속으로 끌고들어갔다. 즉, 지구상의 생명의 기원에 관한 논쟁으로까지 비화된 것이다. 헉슬리의 입장은 1870년에 영국과학발전협회 회장으로서 행한 인사말에 요약돼있다. 거기서 그는 이렇게 말했다.

"우리가 유아기를 기억할 수 없듯이 그것을 다시 볼 수는 없지만, 만약 내가 지질학적으로 기록된 시간을 넘어서 지구가 물리적 및 화학적 상태를 거쳐 지나가는 것을 볼 수 있다면, 무생물 물질로부터 살아있는 원형질이 진화하는 것을 목격하리라 기대한다."

톰슨은 이 발언을 물고늘어져 진화론을 배척하는 데 이용했다. 그는 과학은 우리에게 "이 자연 발생 가설에 반하는 귀납적인 증거를 방대하게" 제공했다고 주장한다. 이것은 다소 불공평한 주장이었다. 최초의 시작보다는 진화론에 공격의 초점을 더 두었다는 점에서 그렇다. 그러나 생명의 기원에 관한 헉슬리의 접근 방법은 아주 놀랍고도 정확한 것이어서 오늘날에도 여전히 유효하다.

그러나 톰슨은 그것을 전혀 받아들이려 하지 않았으며, 생명은 생명으로부터만 올 수 있다고 주장했다. 그의 설명은 처음에는 과학적인 것처럼 들린다. "만약 자연의 정상적인 과정과 일치하는 그럴 듯한 답이 발견된다면, 우리는 비정상적인 (창조력의) 작용을 불러들여서는 안 된다." 그가 상상할 수 있는 유일한 다른 길은 "씨를 품고 있는 유성들이 우주 공간에 수없이 떠돌아다니고 있다"는 것이었으며, 그중 일부가 지구에 떨어져서 생명의 시작에 필요한 것을 제공했다는 것이다.

헉슬리는 1871년 8월 23일에 동료에게 보낸 편지에서 이렇게 반박했다.

"내 눈에 비치는 톰슨의 모습이 무척 보기 좋다네. 그는 정신적으로 내 창문 앞에 펼쳐진 풍경과 비슷하다네. 웅장하고 거대하지만, 안개에 많이 가려져 있는 풍경 말일세. 안개는 그에게 그림 같은 분위기를 더해주는 데에는 도움이 되지만, 그를 제대로 알아보는 데에는 도움이 되지 않는다네."

헉슬리는 또 다른 동료인 조지프 돌턴 후커(다윈의 친구)에게 이렇게 물었다.

"당신은 톰슨의 창조설에 대해 어떻게 생각하는가? 전능한 신이 게으른 소년처럼 해변에 앉아서 석질 운석(세균이 붙어 있는)을 이리저리 던지는데, 그 대부분은 빗나가고 가끔 가다가 하나씩 행성에 충돌한다는 가설 말일세."

그런데 톰슨을 겨냥한 또 다른 단도가 지방 간행물에 졸렬한 시의 형태로 나타났다.

세상에서 세상으로
씨들이 소용돌이치네.
거기서 영국 나귀(Ass)도 태어났다네.

(Ass는 바보라는 뜻도 있지만, 영국과학발전협회(British Association for the Advancement of Science)를 비꼬아 부르는 별명이기도 했다. 톰슨과 헉슬리는 모두 이 협회에서 적극적으로 활동하고 있었다.)

물론 생명을 담고 있는 운석에 관한 톰슨의 주장은 문제를 약간 후퇴시켰을 뿐이었다. 사실 이 문제에 관한 한 오늘날의 우리도 거기서 별로 진전한 것이 없다. 그렇지만 최근에 스탠퍼드 대학 연구팀이 지구에 떨어진 화성의 운석에서 옛날 생명체의 흔적으로 보이는 물질을 발견했다는 과학 보고서가 나온 것은 아주 흥미롭다.

그러나 논쟁이 불붙던 그 시절에 다윈과 그의 지지자들은 여전히 톰슨의 연구에 압박을 받고 있었다. 그들이 시도한 한 가지 임시방편은 진화를 통해 지구상의 수많은 생물들이 출현하는 데 필요한 시간을 줄인 것이었다. 찰스 다윈의 아들인 조지 다윈(그 역시 존경받는 과학자로 성장했고, 앞서 톰슨과 연구를 한 적도 있었다)은 아버지를 옹호하기 위해 노력했다. 1878년에 톰슨에게 보낸 편지에서 그는 그렇게 썼다.

"수억 년의 시간으로는 자연 선택에 의해 종들이 변화하기에 턱없이 모자란다는 당신의 주장에 저는 어떤 정당성도 발견할 수 없습니다. 자연 선택이 작용하는 속도에 대해 어느 누가 어떤 자료라도 가질 수 있겠습니까?"

톰슨의 반대자들은 모두 그의 계산이 정확한 것으로 받아들였으나, 일부 사람들은 적절하게 다루지 않은 문제(너무 많은 가정들과 확고한 과학적 자료가 충분치 않은 것)가 있다고 느꼈다. 헉슬리는 훗날 이렇게 썼다.

"수학은 정교하게 제작된 제분소에 비유할 수 있다. 그것은 재료를 아주 미세하게 빻아갈 수 있다. 그러나 거기서 나오는 것은 집어넣는 재료에 달려 있다. 세계 최대의 제분소라 하더라도, 땅콩 껍질로부터 밀가루를 얻을 수는 없는 법이다. 마찬가지로, 수많은 페이지를 채우는 공식이라 하더라도, 부실한 자료로부터 확실한 결과를 얻을 수 없다."

또한 다음과 같이 덧붙였다.

"이것은 수학적 과정의 공인된 정확성이 지극히 부적절한 권위의 모양새를 (그 문제에)던져주는 많은 사례 중 하나로 생각된다.

또 다른 비판가인 플리밍 젠킨은 톰슨의 계산 중 하나는 "공학자들 사이에 '중간을 추측한 다음, 2를 곱하라'는 것으로 알려진 어림셈의 냄새를 풍긴다"고 주장했다. 그러나 그들의 정당한 반론은 별다른 효과를 발휘하지 못했다. 불행하게도, 그들은 톰슨의 기본적인 요점을 간과했다. 지구의 나이에 어느 정도라도 일단 제약이 가해지면, 동일 과정설은 근거를 잃게 된다는 것이 바로 그것이었다. 톰슨은 지질학자들이 동일 과정설을 고수하는 한, 지질학은 가설과 추측에 바탕한 부정확한 과학으로 남을 수밖에 없다고 확신했다.

논쟁 그 자체는 앞서 벌어진 헉슬리와 윌버포스의 경우처럼 지구의 나이 문제를 대중의 공개 토론회로 끌어내 일반인들의 큰 관심을 불러일으켰다. 그러나 그 결과는 과학계의 지지와 대중의 지지가 모두 톰슨 쪽으로 더 쏠리는 것으로 나타났다.

1894년(톰슨이 켈빈 경으로 격상된 지 2년 후), 영국과학발전협회 회장이던 솔즈베리 경은 켈빈의 수치에 대해 다윈의 진화론에 대한 가장 강력한 반론 중 하나라고 주장했다. 지질학자들과 생물학자들은 "강요된 어린 시절의 자기 부정을 현재의 방종을 통해 보상받으려 하면서, 방탕한 후계자의 흥청망청한 손으로 수백만 년의 세월을 낭비해왔다."고 느꼈다.

심지어 마크 트웨인마저 이 논쟁에 가세했다. 세기가 바뀔 무렵에 "세상은 사람을 위해 만들어졌는가?"라는 짧은 글에서 그는 "일부 위대한 과학자들이 지질학의 증거들을 신중하게 해독한 결과 세상은 엄청나게 오래 되었다는 호기심에 이르게 되었다. 그들의 생각이 옳을지도 모른다. 그러나 켈빈 경은… 세상은 그들의 생각만큼 그렇게 오래 되지 않았다고 확신한다. 켈빈 경은 현재 살아 있는 과학계의 인물들 중에서 최고의 권위를 가진 사람이므로, 우리는 그에게 양보하여 그의 의견을 받아들여야 한다고 나는 생각한다"라고 썼다.

톰슨의 반대자들의 좌절은 충분히 상상이 가고, 또 상당히 강경한 언어들이 오갔음에도 불구하고, 양측은 그럭저럭 세기말까지 공존하면서 비교적 좋은 관계를 유지했다.

그렇지만 19세기가 끝나갈 무렵, 새로운 일들이 일어나고 있었다. 켈빈(이제는 톰슨보다는 주로 이 이름으로 불리게 되었음) 자신조차도 자신의 견해에 너무 제약돼 있었던 것이 아닌가 의심하기 시작했다. 1894년경에 그는 지구의 나이에 대한 상한선은 40억 년이 더 적절하지 않을까 생각했다. 켈빈을 아주 완고한 사람으로 간주하는 지배적인 견해는 너무 지나친 것일지도 모른다. 그러나 그 무렵에는 그런 것은 더 이상 문제가 되지 않았다. 원래 그가 밝힌 수치가 돌처럼 단단하게 굳어져 있었기 때문이다. 그의 계산은 전세계의 물리학 수업에서 30년 동안 학생들에게 고전적인 사례로 소개되었다.

오늘날 우리는 지구의 나이가 원래 켈빈이 계산한 것보다 훨씬 오래 되었다는 지질학자들과 생물학자들의 견해가 옳다는 사실을 잘 알고 있다. 켈빈이 틀렸다는 증거는 물리학자들이 개발한 완전히 새로운 방법을 통해 나타난다. 지구 내부에서 열을 공급해주는 추가적인 열원이 있다는 사실은 켈빈도 몰랐고, 그 당시 어느 누구도 알지 못했다.

## 새로운 발견들

*

켈빈의 종말은 1896년 프랑스의 물리학자 앙투안 앙리 베크렐이 방사능을 발견하면서 시작되었다. 그 과정이 명확하게 밝혀지기까지는 수년이 더 걸렸지만, 피에르 퀴리와 알베르 라보르드는 방사능 덕분에 라듐이 열을 계속해서 내보내는 놀라운 능력이 있다는 사실을 발견했다. 그 결과, 이 물질은 대부분의 따뜻한 물체들과는 달리, 주위의 차가운 온도로 냉각되지 않았다.

또한 여러 종류의 방사성 원소들은 독립적인 원소가 아니라, 어떤 방식을 통해 다른 원소로부터 생겨날 수 있다는 사실도 발견되었다. 예를 들면 라듐은 우라늄에서 파생할 수 있으며, 우라늄 붕괴의 최종 안정 생성물은 납이다. 1907년, 미국의 화학자이자 물리학자인 버트램 보든 볼트우드는, 우라늄광이 납으로 붕괴되는 속도가 알려져 있으므로, 특정 우라늄광 시료 속에 포함돼 있는 납의 양을 측정한다면, 그 우라늄광이 발견된 암석의 나이를 결정할 수 있을 것이라고 제안했다. 우라늄광 속에 포함된 납의 비율이 높을수록 그 암석의 나이는 더 오래 된 것이다.

이 방법이 더욱 발전하여 오늘날에는 상당히 정확한 암석 생성 시기를 알 수 있게 되었다. 지구상에서 발견된 암석 중에서 가장 오래 된 것은 약 43억 년 전의 것이다. 지구의 나이는 가장 오래된 암석보다 더 오래된 것으로 보는 것이 타당하다. 그러면 그것보다 얼마나 더 오래되었을까? 운석에서 얻은 증거는 태양계는 약 46억 년 전에 생성되었음을 시사한다. 레이저나 이온 탐침 등과 같은 다른 장비들을 사용한 최근의 연구에서도 앞서의 계산이 옳은 것으로 드러났다.

다른 발견들을 통해서도 켈빈 시대에는 겨우 추측만 할 따름이었던 사실들이 밝혀졌다. 예를 들면 우리는 여러 원인(중력 에너지, 유성의 충돌, 지구 내부의 방사능 등)에서 나오는 열이 지구 내부의 부분적인 용융을 초래하고 유지시킨다는 사실을 알고 있다. 그 결과로 내부에서 외부로 열이 전도될 뿐만 아니라, 용융된 암석이 섞이고 위로 상승하는 강한 대류 과정이 일어난다. 그리고 켈빈이 전혀 알 수 없었던 화학적 분해 과정도 있다. 이 모든 과정의 최종 결과는 지구가 바깥층의 암석으로 이루어진 얇은 지각, 훨씬 큰 밀도를 지닌 암석질 맨틀층, 그보다 훨씬 무거운 철과 니켈로 이루어진 핵의 구조를 가진 것으로 나타났다.

게다가 강한 대류 과정은 지구의 여러 곳에 엄청난 힘을 미쳐 지표면의 많은 부분을 구부러뜨리고, 파묻고, 잡아 찢고, 들어올린다. 그 결과 최초의 암석이 지금까지 살아남아 있을 가능성은 거의 없으며, 그래서 가장 오래된 암석만으로는 지구의 정확한 나이를 알 수 없다.

그런데 현재 또 다른 중요한 힘이 작용하고 있음을 시사하는 새로운 연구가 부상하고 있는데, 이것은 과학적 결과들을 또 한번 뒤집어 놓을지도 모른다. 몬터레이만 해양연구소의 지구화학자인 데브라 스테이크스는 이렇게 말했다.

"대부분의 지질학적 과정은 더 근본적인 단계에서는 생물학적 과정의 개입을 받을 수 있다. 이것은 무기적인 열역학을 주도적인 반응으로 삼고 있는 우리의 모형에 심각한 도전을 제기한다. 미생물은 4km이상의 깊이와 110℃의 온도에서도 번성하는 것으로 밝혀졌다. 이들 생물체가 누적된 질량은 우리의 지구를 이루고 있는 모든 무기 물질을 넘어설지 모른다. 지각 수km 아래 깊은 곳에 살고 있는 미생물들이 바다와 기체뿐만 아니라, 암석과 토양, 금속, 미네랄을 생성하고 배열하는 데 중요한 역할을 한다는 사실이 점점 더 분명해지고 있다."

다시 말해서, 우리는 지구의 기원과 활동에 대해 아직도 모르는 것이 많다는 것이다.

### 대단원

*

켈빈의 주장은 틀렸어도, 그의 명성은 조금도 퇴색되지 않았다. 새로운 연대측정법을 통해 켈빈의 수치가 틀렸다는 것이 분명히 밝혀졌고, 방사능의 실체를 인정하길 거부했음에도 불구하고 그는 여전히 과학계에서 존경받는 권위자로 남아 있었다. 1904년, 그는 80세의 나이로 글래스고 대학의 총장이 되었다.

그해에 어니스트 러더퍼드가 영국왕립과학연구소의 회의에 초청받았을 때, 러더퍼드는 켈빈의 명성 때문에 난처한 입장에 빠졌다. 러더퍼드는 그때 원자 속에서 일어나는 일을 이해하는 데 아주 중요한 연구를 하고 있었으며, 이미 방사성 원자가, 그리고 필시 모든 원자가 엄청난 양의 잠재 에너지를 저장하고 있다는 사실을 밝힌 바 있었다. 그는 이 새로운 사실이 지구의 나이에 관한 켈빈의 견해와 상충된다는 것을 잘 알고 있었다. 그런데 켈빈은 그때 청중 속에 앉아 있었다.

러더퍼드는 그때의 사건을 훗날 이렇게 기록했다.

“다행히도, 켈빈은 금방 잠이 들었다. 그러나 내가 중요한 결론을 말하려고 할 때, 켈빈이 정신을 차리고 한쪽 눈을 떠서 나를 날카롭게 쏘아보는 것이 아닌가! 그때 순간적으로 반짝 하고 영감이 떠올라서 나는 이렇게 말했다. ‘켈빈 경은 지구의 나이에 제한을 가했습니다. 단, 새로운 열원이 전혀 발견되지 않는다면이라는 조건을 달았지요. 그 예언적인 말은 바로 오늘 밤 우리가 지금 다루고 있는 것을 가리킨 것이었습니다. 바로 라듐 말입니다! 그랬더니 켈빈은 나를 보면서 미소를 지었다!”

켈빈은 러더퍼드에게 미소를 지었을 수도 있다. 심지어는 앞에서 언급했듯이, 지구의 나이에 대한 자신의 계산에 약간의 의심을 가졌을 수도 있다. 그러나 그렇다고 해서 그가 실제로 마음을 바꾼 것은 아니었다. 1906년에 이르러서도 그는 여전히 방사능은 지구의 열을 설명할 수 없다고 주장했다. 많은 지질학자들 역시 자신들의 생각을 새로운 변화에 적응시킬 수 없었다. 그로부터 10년이 지난 후에야 새로운 세대의 과학자들이 켈빈의 영향력에서 자유롭게 벗어날 수 있었다.

비록 켈빈의 시간 계산은 틀렸지만, 그의 기본적인 논지(태양계의 에너지가 줄어들고 있다는)는 근본적으로 옳다. 다행히도 종말은 그가 생각한 것보다는 훨씬 오랜 시간이 지난 후에야 도래할 것이다.

1907년, 켈빈은 사망 후에 웨스트민스터 성당의 뉴턴 바로 옆자리에 묻혔다. 가까운 곳에는 그의 숙적이었던 다윈이 묻혀 있었다. ✶

# ROUND 7

# 코프 VS 마시

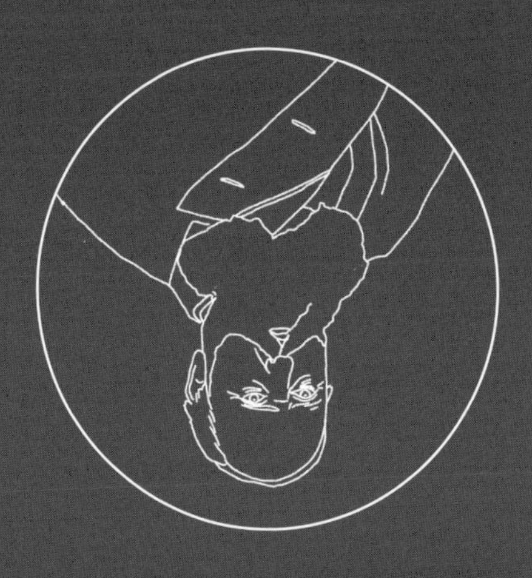

코프 VS 마시

# 공룡 화석을 둘러싼 싸움

1890년 1월 12일 아침, 과학계는 사상 최대의 충격적인 소식에 발칵 뒤집혔다. 오랫동안 많은 과학계 인사들 사이에만 알려져 있던 분쟁이 갑자기 뉴욕 시의 주요 일간지인 〈헤럴드〉지의 1면을 장식했던 것이다. 굵은 글씨로 다음과 같은 제목이 붙어 있었다.

*'과학자들 사이에 격렬한 전쟁이 일어나다'*

그리고 그 다음에 9단에 걸쳐 펜실베이니아 대학의 에드워드 드링커 코프Edward Drinker Cope가 예일 대학의 고생물학 교수이자 미국과학아카데미 회장 겸 미국지질탐사협회의 주요 회원인 오스니얼 찰스 마시Othniel Charles Marsh에게 심한 비난을 퍼붓는 흥미진진한 이야기가 상세하게 실려 있었다. 비난 내용 중에는 표절 · 무능, 심지어는 다른 사람들이 접근할 수 없도록 화석을 부숴버린 행위까지 포함돼 있었는데, 그것뿐만이 아니었다.

20년 동안 들끓어오던 분쟁이 어느 날 갑자기 대중 앞에 공개된 것이다. 그것은 여러 가지 결과를 낳았다.

- 〈헤럴드〉지의 판매 부수가 대폭 늘어났다. 그 다음 2주 동안 〈헤럴드〉지에는 비난과 그에 대한 반론 기사가 계속 실렸다. 마시는 많은 사실을 들어 반격을 가했는데, 그중에서도 특히 코프가 자신의 화석을 훔쳤고, 자신의 개인 작업실에 몰래 침입했으며, 심지어는 정신적으로 불안정하다고 공격했다. 코프와 마시는 오랫동안 상대방을 공격할 정보를 축적해온 것이 분명하며, 양측은 〈헤럴드〉지에 충분한 정보를 제공했다.
- 마시를 포함해 일부 과학자들은 이 모든 일이 마침내 대중에게 공개된 것이 차라리 잘됐다고 주장했다.
- 그러나 대다수의 과학자들, 그중에서도 특히 고생물학과 지질학에 종사하는 과학자들은 이 일에 대해 최소한 창피스럽다고 느꼈다. 이 기사를 쓰고 있던 〈헤럴드〉지 기자가 접촉한 대부분의 과학자들은 이 사건에 관련되는 것을 피했다.

비록 코프와 마시는 육체적으로 주먹다짐을 하지는 않았으나, 기회가 있을 때마다 상대방의 우선권과 결론을 논박하는 것을 포함해 상대방을 파멸시키기 위해 온갖 수단을 동원했다. 두 사람은 모두 최고의 화석 채집가이자 미국 최고의 전문가가 되길 열망했지만, 그들의 경쟁은 척추동물 고생물학을 발전시키기보다는 상대방을 깎아내리는 데 더 치중하는 것처럼 보였다. 대부분의 발굴이 이루어진 광활한 미국 서부에는 두 사람이 각자 활동할 만한 공간이 충분히 있는 것으로 보인다. 그러나 나중에 보게 되겠지만, 실제로는 그렇지 못했다.

## 사건의 배경

*

코프와 마시는 어떤 측면에서 보더라도 최초로 공룡을 발굴한 사람들은 아니다. 1820년대 말부터 유럽 여기저기에 흩어져 있던 공룡 뼈 파편들에서 과학자들은 뭔가 흥미로운 동물이 걸어다녔다는 사실을 깨닫게 됐다. 영국의 비교해부학자이자 초기 고생물학자인 리처드 오언(5장에서 헉슬리와 다윈의 적으로 등장한 바 있는)은 1842년에 영국 남부에서 발견된 많은 대형 파충류의 뼈들이 지금은 멸종하고 존재하지 않는 파충류 집단의 것이라고 주장하고 나섰다. 그는 그리스어 deimos(공포스러운)와 sauros(도마뱀)를 결합하여 그 동물 집단의 이름을 dinosaur(공룡)라고 붙였다. 오언은 세부적인 것에서 약간 실수를 저질렀으나, 이들 동물이 현재 살고 있는 어떤 종류의 파충류와도 다른 대형 육상 파충류라고 밝혔다.

1855년의 한 문학 잡지에 오언이 복원한 동물을 언급한 표현이 실려 있다. "오, 하느님!" 하고 저자는 외쳤다. "쩍 벌어진 턱, 어떤 사색도 머물지 않는 눈을 가진 이 무시무시한 비늘투성이의 괴물들—거대한 파충류—은 도대체 무엇이란 말입니까?

물론 공룡은 비늘이 없었다.

그 무렵에는 진화론이 이미 서서히 알려지고 있었다. 그러나 다윈이 1859년에 「종의 기원」을 출판하자, 마침내 그것은 불에 기름을 끼얹은 격이 되었다. 다윈의 지지자들은 진화를 뒷받침해주는 화석 기록을 찾기 시작했다. 8년 후, 헉슬리는 멸종한 특정 종류의 공룡과 오늘날의 조류 사이에 강한 유사성이 있음을 지적하는 논문을 발표했다. 그 당시에는 이 생각은 큰 호응을 얻지 못했지만, 그것은 나중에 다시 사람들의 주목을 끌어 일부 연구자들은 공룡이 완전히 멸종한 것이 아니라 계속 진화하여 오늘날 조류로 살아가고 있다고 주장하기까지 했다.

다른 사람들은 그 반대쪽을 보려고 했다. 예컨대 오언은 공룡은 진화론을 부정한다고 믿었다. 그 당시에는 화석 기록은 실제로 새로운 동물 집단이 이전에 존재하던 계통으로부터 진화한 것이 아니라 새로이 출현하며, 더 발전된 후손을 남기지 않고 사라져간 것처럼 보였다. 오언은 평생 동안 진화론의 완강한 반대자로 남았다.

대서양 건너편인 미국에서도 두 논쟁 당사자는 서로 반대 입장을 지지하고 나섰다. 마시는 진화를 지지하는 쪽이었고, 코프는 반대하는 쪽이었다. 두 사람은 모두 그 논쟁 결과에 커다란 영향을 미치게 된다. 헉슬리의 논문이 발표되기 2년 전이자 남북 전쟁이 끝난 해인 1865년, 미국인들은 이제 다른 문제에 관심을 돌리고 싶어했다. 그러한 다른 문제들에는 중서부의 광활한 지역을 통과하는 대륙횡단 철도의 건설도 포함돼 있었다. 철도 건설을 위해 수많은 폭파와 채굴작업이 이루어짐에 따라 괴상한 모양의 뼈들이 많이 발굴되었다.

그러나 그 당시에는 공룡은 말할 것도 없고 어떤 동물도 그 초기 역사에 대해 알려진 것이 거의 없었다. 공룡은 2억 년도 더 전인 트라이아스기 말기에 출현했다고 오늘날 알려져 있다. 공룡은 놀랍게도 무려 1억 4000만 년이나 지구상에서 번성하다가 약 6500만 년 전에 절멸했다.

그러나 지난 6500만 년 동안에 지표면에는 수많은 일이 벌어졌을 수 있다. 따라서 공룡 뼈가 보편적으로 잘 발견되지 않는 것은 결코 놀랄만한 일은 아니다. 그렇지만 공룡 뼈가 널려 있는 장소들이 있었다. 문제는, 어떤 것(예컨대 공룡)이 존재한다는 사실을 모른다면, 발견한 것이 어떤 중요성을 지니는지 알아채기 힘들다는 데 있다. 공룡 뼈를 최초로 발견한 것으로 알려진 양치기는 그 뼈를 오두막집을 짓는 데 사용했다.

와이오밍 주 남부에 산등성이가 동서로 길게 뻗어 있는 코모 절벽이란 곳이 있는데, 바로 이곳에서 그러한 일이 일어났다. 이곳은 세상에서 공룡 표본이 가장 많이 묻혀 있는 장소 중 하나로 밝혀진다. 그런데 그 밖에도 비슷한 장소가 여럿 있었고, 완전한 뼈들뿐만 아니라 뼈 파편들이 다양한 장소에서 발굴되고 있었다.

그러한 장소 중 한 군데는 놀랍게도 뉴저지 주의 해던필드였다. 이 곳에서는 1858년에 비교적 완전한 형태의 공룡 골격이 최초로 발견되었다. 미국의 저명한 고생물학자인 조지프 레이디가 그것을 확인하고 기술했다. 그로부터 15년 뒤, 레이디는 자기 나름대로 마시와 코프 두 사람과 싸움을 벌이게 된다. 그런데 이 두 사람은 도대체 어떤 사람들이었을까?

### 마시

*

마시는 1831년 뉴욕 주 록포트의 농가에서 태어났다. 어머니는 마시가 두 살 때 세상을 떠났다. 아버지는 재혼을 했지만, 마시의 어린 시절의 생활은 아주 어려웠던 것 같다. 그러나 그는 낚시와 사냥에 큰 관심을 가졌으며, 어린 시절의 야외 생활은 평생 동안 그에게 남다른 건강을 선물해주었다. 그는 또한 근처에서 확장되고 있던 이리 운하의 건설 현장에서 종종 드러나곤 하던 화석에도 관심을 가지게 되었다.

1852년, 상인이자 자선가인 부유한 삼촌 조지 피바디는 마시의 관심 분야를 듣고는 그의 교육비를 대주기 시작했다. 마시는 공부를 늦게 시작했기 때문에 다른 대학 동료보다 나이가 많았다. 학교에서 따돌림을 당하지는 않았으나 다른 사람들과 잘 어울려 지내는 편은 아니었다. 그와 방을 같이 썼던 사람의 딸은 훗날 그에 대해 이렇게 썼다.

"어머니는 그가 언제나 아주 괴상했으며, 그와 사귀는 것은 대부분의 사람들에게는 '갈퀴에 달려드는 것과 같다'고 하셨다."

그러나 화석 채집 능력만큼은 이미 장래성이 엿보이기 시작했다. 그는 한 습자책에 이렇게 써놓았다.

"더 좋은 광물을 손에 넣기 전에는 현재 가지고 있는 훌륭한 광물을 내놓지 마라."

그는 광물과 화석을 채집하는 야외 탐사를 하면서 여름을 보냈다.

그는 자기 방에다 채집품을 보관하는 공간을 만들기 시작했다. 노바스코티아의 금광 지대에 대해 쓴 그의 최초의 과학 논문은 1861년에 발표되었다(그때 그의 나이는 30세였고, 아직 학생이었다). 그는 1862년에 셰필드 과학대학(예일 대학의 일부)을 파이 베타 카파Phi Beta Kappa(성적이 우수한 미국 대학생 및 졸업생으로 조직된 모임)의 일원으로 졸업했다.

마시의 이러한 성취는 훌륭한 뜻을 위해 상당한 지원을 아끼지 않던 삼촌 피바디에게 깊은 인상을 주었다. 마시의 경력도 그러한 지원 대상 중 하나가 되었다. 예일 대학을 졸업한 후, 마시는 유럽으로 건너 갔다. 이는 젊은 미국 과학자들이 보편적으로 밟던 과정이었다. 그는 런던에 살고 있던 피바디에게도 방문했으며, 예일 대학에 새로운 박물관을 짓는데 상당한 기부를 하도록 설득했다. 그것은 결국 세계적으로 유명한 예일피바디 박물관으로 건립되었으며, 마시의 본부가 되었다.

1865년 유럽에서 돌아온 마시는 여전히 피바디의 재정 지원을 받으며 예일 대학에서 무급직인 고생물학 교수의 지위를 얻을 수 있었다. 이것은 아주 현명한 선택으로 드러났다. 예일 대학에 적을 두고 있는 것은 귀중한 자산이었다. 게다가 그는 강의를 해야 하는 부담이 없었으므로 자유롭게 채집 및 연구활동에 종사할 수 있었다.

마시가 초기에 한 탐사활동은 대부분 동부에서 이루어졌으나, 중서부에서 화석이 많이 발견되었다는 소문을 듣게 되었다. 그는 1868년에 아직 미개척지인 그 지역으로 첫 탐사를 떠났다. 그것은 로키 산맥의 동쪽 측면을 따라 다양한 지역에서 이루어진 10여 차례의 탐사활동 중 최초의 것이었다. 그중 처음 몇 차례 탐사는 순전히 자신(곧 피바디)의 돈을 들여서 한 것이었다.

탐사활동에는 상당한 위험과 역경이 따랐지만, 어린 시절에 야외 생활을 하면서 단련된 것이 큰 도움이 되었다. 자신이 구축한 일부 연줄을 이용하여 그는 인디언 영토로 들어갈 때에는 군사적 보호를 얻을 수 있었다. 거기

미국 유타 주의 공룡기념관에 있는 디플로다쿠스의 뼈 화석.

에는 유명한 버팔로 빌 코디의 지원도 포함되었는데, 그는 척후병으로서도 활동했다. 많은 경우, 그의 보호자들은 화석 사냥꾼으로서도 활동했다.

그때만 해도 화석 사냥은 소풍을 나가 삐죽 돌출해 있는 흥미로운 것을 찾기만 하면 되는 일이 아니었다. 정확한 지역을 선택하기 위해서는 최소한 어떤 지질 시대가 노출돼 있는지, 그리고 왜 노출돼 있는지 대강이나마 알아야 했다. 특정 화석 표본은 정말로 오래 된 것인지, 그리고 바로 그 장소와 그 지층과 같은 시대의 것인지, 아니면 후에 일어난 홍수나 다른 자연적 사건으로 흘러온 것인지 판단할 수 있어야 했고, 화석 사냥꾼이 작업하고 있는 지역이 편평한지 아니면 노출된 표면이 융기하여 기울어졌는지도 알아야 했다. 이들 각각의 상황에 따라 발굴 기술에는 큰 차이가 났다.

탐사 현장과 뉴헤이븐에 남아서 그를 도와주던 조수들도 그의 경력을 쌓아주는 데 중요한 역할을 했는데, 그와 동시에 끊임없는 좌절을 안겨주는 원인이 되기도 했다. 그중 여러 사람은 기회가 닿을 때마다 그를 공격했으며, 신문지상을 통해 벌어진 전쟁에서 코프의 편을 들었다. 그들이 배신하게 된 한 가지 이유는 마시가 거만하게 대했기 때문이었다. 어떤 경우, 그는 그들의 급료를 주지 않거나 한두 달 체불하기도 했다. 그리고 새 작업자를 현장에 투입할 때, 지휘 체계를 명확히 하지 않는 경향이 있었다. 이러한 경향이 자신의 프리랜스 기질에서 비롯된 것인지, 관리 능력의 미숙에서 비롯된 것인지(가능성이 희박함), 혹은 최소한 부분적으로는 피고용인들 사이에 경쟁을 자극하기 위해 일부러 그런 것인지는 판단하기 어렵다.

그 결과는 성공에서 파국 직전 상태까지 다양하게 나타났다. 한번은 그러한 불화가 권총을 빼들게 하는 사태로까지 진전되었다. 다행히도 총이 없었던 상대방은 자기에게는 가족이 있다면서 물러서고 말았다.

마시 밑에서 일했던 윌리엄 할로 리드는 철로에서 1마일쯤 떨어진 장소에서 새로운 채석장을 발견했다. 그는 그곳에서 역까지 표본들을 나르기 위해 말을 살 돈을 요청했다. 그러나 마시는 대답조차 하려고 하지 않았기 때문에, 리드는 그 무거운 짐들을 등에 지고 위험할 정도로 불어난 시내를 건너며 날라야 했다.

마시는 또한 화석 발견에 관한 모든 발표는 오로지 자신의 이름으로만 해야 한다고 고집했다.

그런데 왜 사람들이 그와 함께 계속 일을 했던 것일까? 그 당시에 구하기가 어려웠던 일자리였다는 것이 부분적인 이유가 될 수 있다. 그러나 그 밖에도 다른 이유들이 있었던 것이 틀림없다. 아마도 역사적인 작업이 이루어지는 최초의 현장에 참여한다는 흥분도 있었을 것이다. 코모 지역에서 작업을 하는 동안에 리드는 마시의 조수이던 새뮤얼 웬델 윌리스턴에게 편지 답장을 보내면서 이렇게 썼다.

"나는 네가 이곳에서 뼈들이 굴러다니는 것을 보았으면 얼마나 좋을까 하는 생각이 들어. 그것들은 정말 아름다워… 우리가 파놓은 구멍들을 보면 아마 놀라 자빠질 거야."

마시의 자기 중심적 생활태도에 대해 그가 결혼을 하지 않아 나눔의 기술을 배우지 못했기 때문이라는 설명도 있다. 셰필드 과학대학 학장인 조지 브러시는 마시가 평생 독신으로 지낸 것은 마누라들을 수많이 수집해 놓는 것이 아니라면 결코 만족하지 못할 사람이기 때문이라고 주장했다.

마시의 그 모든 활동, 최초이자 최고가 되고 싶어했던 그의 열망, 그 분야에 축적된 원시적인 상태의 지식 등을 감안할 때, 그가 코프와 마찬가지로 몇 가지 실수를 저지른 것은 놀랄 만한 일이 아니다. 한번은 그의 채집가들이 아주 큰 동물의 거의 완전한 골격을 가지고 왔다. 불행하게도, 가장 중요한 두개골이 없었다. 마시의 첫 번째 실수는 성급하게도 새로운 종을 발견했다는 결론을 내려 그것에 브론토사우루스Brontosaurus(뇌룡)라는 이름을 붙인 것이었다. 그 골격은 나중에 이미 존재하고 있던 아파토사우루스Apatosaurus의 것으로 판명되었다. 이제는 아파토사우루스가 적절한 이름이지만, 마시가 붙여준 이름이 여전히 널리 사용되고 있으며, 자주 혼동을 일으키는 원인이 되고 있다.

그러나 그것보다 더 큰 실수는 사라진 두개골 문제를 해결하는 방식에 있었다. 그것이 어떻게 생겼는지 아무도 몰랐고, 자신이 다른 두개골과 두개골 파편들을 많이 가지고 있었기 때문에, 이 문제를 빨리 매듭짓고자 하는 의욕에서 마시는 완전히 다른 종의 두개골을 그 공룡의 골격에 붙여버렸다. 그 결과 약 1백 년 동안 이 거대한 표본은 엉뚱한 머리를 달고 진열되었다(그리고 그것을 기초로 하여 다른 곳에서도 같은 표본들이 엉터리 머리를 달게 되었다). 20세기 초에 일부 연구자들은 거기에 어떤 문제가 있지 않나 의심했다. 그러나 켈빈의 경우처럼 마시의 명성이 하도 높았기 때문에, 그 잘못은 1979년에 가서야 완전히 바로잡혔다.

반면에 비록 자기 중심적이고, 다른 사람의 희생 위에 자신의 공적을 쌓으려고 하긴 했지만, 마시는 관대했고 다른 사람에게 도움을 준 적도 있었다. 1870년대 중반에 그는 수족 인디언과 접촉하게 되었다. 그들의 땅을 지나가는 허락을 받는 대가로 그는 그들의 주장을 정부의 인디언 문제담당국에 청원해주기로 약속했다. 놀랍게도, 마시는 그 일을 제대로 해내어 수족 인디언이 원했던 목표의 일부를 이루게 해주었다. 수족과 다른 부족들 사이에서도 그의 명성이 높아져 그는 '뼈 마법사', '큰 뼈 추장'으로 알려졌다.

그러나 뉴헤이븐의 본부에 쏟아져 들어오는 화석들이 산더미처럼 쌓이기 시작했기 때문에, 마시는 1874년 탐사 이후에는 아주 가끔씩, 그것도 잠깐 동안만 발굴 현장에 나가 자기가 고용한 여러 탐사작업팀의 진척 상황을 체크했다.

1874년부터 1885년까지 마시 밑에서 일했던 윌리스턴은 훗날 이렇게 썼다.

"1882년 이후에 마시의 생산성이 떨어진 진짜 이유는 엄청나게 많은 화석과, 실험실과 현장에 있는 엄청난 요원들을 지휘하는 데 필요한 업무에 짓눌려 혼란을 일으켰기 때문이다. 가끔 그의 조수들은 하루 또는 그 이상 아무 할 일도 없이 앉아서 불평이나 늘어놓곤 했다. 그동안에 마시는 뉴욕의 대학 클럽이나 센추리 클럽에서 빈둥거렸는데, 거기서 그는 분명히 자기 자신에 대해서 허풍을 늘어놓는 걸 즐겼을 것이다."

## 코프

*

코프의 어린 시절은 마시와 비슷한 면이 많다. 마시는 1840년 필라델피아 근처에 있는 8에이커 면적의 농장에서 태어났는데, 세 살 때 어머니는 셋째 아이를 낳다가 세상을 떠났다. 아버지는 재혼했지만, 여전히 코프에게 큰 영향력을 미쳤던 것 같다. 코프는 어린 시절에 퀘이커 교도의 관심이 많이 배어 있는 학교 생활과 가정 생활을 보냈다. 그는 농장 일을 하지는 않았지만, 농장 생활은 그에게 자연의 세계를 열어주었다. 그는 동식물 표본을 채집했으며, 그것들에 대해 자세한 메모를 남겼다.

에드워드D.코프(1840~1897).

고등학교를 졸업한 후에 코프는 펜실베이니아 대학에서 레이디의 비교해부학 과정을 공부할 수 있도록 아버지를 설득하는 데 성공했다. 그는 필라델피아의 자연과학 아카데미의 파충류 수집에도 기여했다. 1863년, 그 역시 유럽으로 건너갔다. 표면상의 이유는 공부를 계속하기 위해서였다. 그렇지만 아버지가 남북 전쟁의 징집에서 빼주기 위해(퀘이커 교도들은 노예 제도와 전쟁 모두에 격렬하게 반대했다) 유럽으로 보냈을 가능성도 있으며, 귀찮은 여자 문제를 해결하기 위해 보냈을 가능성도 있다. 어쨌든, 유럽에서 코프는 박물관들을 잘 활용했으며, 유럽의 저명한 박물학자들을 많이 만났다.

1864년에 미국으로 돌아온 그는 아버지가 자신을 위해 사준 농장을 경영하면서 필라델피아의 헤이버퍼드 대학에서 학생들을 가르치는 일을 시작했다. 그는 1865년에 결혼했으며, 1867년에 농장과 헤이버퍼드의 교수직을 모두 버리고 화석 지층에 더 가까운 장소에 있기 위해 뉴저지 주의 해던필드 지역으로 옮겨갔다.

아버지에게서 물려받은 농장을 판 돈으로 코프는 프리랜스 과학자가 되기로 결심했다. 그는 1876년까지 해던필드에 머물면서 기술을 갈고 닦은 다음, 필라델피아로 돌아가 서로 붙어 있는 집 두 채를 샀다. 그는 한 채는 가족과 함께 사는 가정으로 사용하고, 다른 한 채는 개인 박물관 겸 점점 늘어나는 채집된 화석을 보관하는 창고로 사용했다. 코프는 아주 열심히 일했으며, 생산성도 높았다. 마시보다 9년이나 뒤에 태어났지만, 그는 훨씬 젊은 나이에 고생물학자의 경력을 시작했다. 그는 18세 때 첫 번째 논문을 발표했으며, 20대에는 파충류학자 및 어류학자로서 이미 국제적인 명성을 얻었다. 그는 북아메리카의 뱀에 대해 최초의 광범위한 기술을 했다. 미국의 파충류학 및 어류학 학술지인 〈코페이아Copeia〉지는 그의 이름을 딴 것이다. 코프가 얻은 과학적 명성 중 일부는, 그가 죽은 후에 분쟁의 먼지가 약간 가라앉고, 그가 외로운 탐사자로서 성취한 업적이 과학계에 알려졌을 때 생겨났다.

코프는 종종 독창적인 다음절 그리스어 이름을 사용해가면서 새로운 종을 기술할 때 최대의 기쁨을 느꼈다. 그러나 불행하게도, 아주 급하게 처리해달라고 그에게 재촉을 받으면서 교육받지 못한 전신 기사나 식자공이 그의 용어를 다루는 과정에서 철자가 틀릴 때가 종종 있었고, 그 결과는 그를 당혹스럽게 만들곤 했다.

코프에게는 다른 문제점도 있었다. 정치적 수완이 뛰어났던 마시는 자신의 탐사작업을 지원하도록 정부에 접근하는 방법을 알고 있었고, 일부 공공 채집 지역을 자신의 개인 보호 구역으로 만들려고 시도했다. 코프는 이런 측면에서 마시와 경쟁이 되지 않는다는 사실을 깨닫고는 채집 노력을 배로 늘려야겠다는 생각에서 더 많은 조수들을 고용했다. 1881년, 필요한 자금을 얻기 위해 그는 광산 개발에 도박을 걸었다. 1885년에 이르러 그는 재산과 튼튼하던 건강을 상당 부분 잃었고, 화석 발견 전쟁에서 마시가 승리를 거두고 있다는 사실은 그를 더욱 초조하게 만들었다.

그럼에도 불구하고, 1886년까지 계속된 광산 개발 기간에도 그는 과학적 생산성을 배가했다. 이미 채집한 화석들을 가지고 연구하면서 그는 1년에 10여 편의 논문을 발표했다. 그중 일부는 주요 동물 집단을 광범위하게 조사한 것이었다. 그는 평생 동안 살아 있는 동물뿐만 아니라 온갖 종류의 화석에 관한 과학적 논문과 모노그래프monograph(한정된 단일 분야를 테마로 삼는 특수 연구서)를 1400편 이상 발표했다. 이 연구가 얼마나 어려운 것인가는, 1세기가 지난 후에도 그가 코엘로피시스Coelophsis속으로 명명한 한 공룡 집단이 여전히 논쟁의 초점이 되고 있다는 사실에서 알 수 있다.

재정적 어려움을 해결하기 위해 그는 자신의 채집품을 팔려고 시도했으나, 그것마저 별 성공을 거두지 못했다. 그러다가 나중에 친구인 헨리 페이필드 오스본의 도움으로 마침내 1885년에 뉴욕의 미국자연사박물관에서 그중 상당 부분을 사들였다. 비록 인상적이고, 박물관(나중에 오스본이 관장을 맡게 됨)측으로서는 훌륭한 출발이었지만, 그것은 마시의 소장품(그 당시 금액으로 무려 100만 달러가 넘는 가격이 매겨진)에 비해 훨씬 적은 것이었다.

머리가 뛰어난 많은 사람들처럼 코프 역시 복잡한 사람이었다. 일부 사람들은 그를 좋아했지만, 다른 사람들과는 처음부터 충돌을 일으키곤 했다. 처음부터 그는 헤이버퍼드 대학의 행정 관료들과 충돌한 것을 비롯해 관료들과 충돌을 일으켰다. 그는 서부에서 실시되고 있던 한 지질 탐사에서 명령을 따르지 않았다는 이유로 견책을 받았다. 그는 그때까지 가끔 방문하던 필라델피아 자연과학 아카데미의 위원들과 싸움을 벌였으며, 결국 아카데미에서 탈퇴하고 말았다(혹은 쫓겨났는지도 모른다).

사람들은 그를 '친절하다', '이해심이 깊다', '이타적이다', '관대하다', '존경스럽다', '사내답다', '가족에 헌신적이다' 등의 말로 표현했다. 그러나 그와 함께 '직설적이다', '금욕적이다', '투쟁적으로 독립적이다', '지나치게 솔직하다', '성실하다' 등의 표현도 있는데, 이것들은 그가 접촉하는 일부 사람들을 자극할 수 있는 속성이기도 하다.

마시가 〈헤럴드〉지에서 주장한 것처럼 그는 정신적으로 불안정한 사람이었을까? 그가 겪은 일련의 경험은 그러한 주장이 옳을 수도 있음을 시사한다. 예를 들면 엄격한 퀘이커 교도의 관습에 따라 자라난 것이라든가, 아버지가 지나치게 엄격하게 그의 교육을 감독한 것 등은 훗날의 삶에 부정적인 영향을 미쳤을 수 있다. 그는 어려운 시기도 몇 차례 경험했다. 예컨대 그는 설명할 수 없는 질병을 몇 차례 앓았고, 유럽으로 건너간 이유 중에는 일종의 정신적 문제를 극복하기 위한 것도 일부 포함돼 있었다. 또 유럽에서 그는 자신의 정신 건강에 대한 불안과, 메모와 그림을 일부 없애버린 것을 포함해 힘든 내성적인 시간을 보냈다. 그는 또한 최소한 한때는 종교적 광신도였으며, 땅을 파는 사람들에게 작업이 끝난 다음에는 성경 낭독에 귀를 기울이라고 요구했다. 그리고 최소한 한 번의 탐사에서는 끔찍하게 심한 악몽에 시달렸다.

코프와 잠깐 동안 알고 지냈던 작가인 케이스는 훨씬 나중(1940년)에 〈코페이아〉지에서 이렇게 썼다.

"코프의 생애를 이해하는 단서는 그가 육체적 어려움보다는 정신적 어려움과 맞서는 데 자신의 에너지를 쏟아부은 투사였다는 사실을 인식하는 데 있다… 그는 솔직한 반대에 대해서는 상대를 적극 존중하면서 싸웠고, 싸움이 끝난 후에는 아주 친해졌다."

그러한 태도는 마시와의 관계에서도 드러났다(처음에는).

## 충돌

*

코프와 마시는 모두 독자적인 삶을 살아간 사람들이었다. 현대 고생물학계의 주요 인물인 에드윈 콜버트는 "그 결과로 대다수의 사람들이 매일 살아가면서 행하는 그러한 조정을 할 필요가 없었던 두 사람은 대인관계 문제에서만큼은 어느 정도 시야가 어두웠다고 할 수 있다. 두 사람은 모두 과도할 정도로 소유욕과 야심이 강했다"고 주장한다. 게다가 "두 사람은 모두 주저하는 법이 없었다"고 콜버트는 덧붙인다.

따라서 두 사람 사이에 문제가 발생한 것은 어쩌면 불가피했는지도 모른다. 문제가 즉시 발생했던 것은 아니다. 두 사람은 처음에는 아주 친한 것처럼 보였다. 그들은 서로를 방문했으며, 한두 차례는 발굴 현장에도 함께 나갔으며, 상대방을 위해 종의 이름도 지어주고, 우호적인 편지도 주고받았다.

그런데 어디서 일이 틀어졌던 것일까? 그러한 우정이 언제부터 증오로 변하기 시작했을까? 그 답은 누구에게 묻는가에 따라 제각각 다르다. 〈헤럴드〉지의 기사에서 코프는, 두 사람이 관계를 맺었던 초기(1868년)에 자기가 마시를 미국에서 백악기 시대의 공룡이 처음으로 발견된 장소이자 코프가 거기에 대해 논문을 쓴 바 있는 "뉴저지 주의 현장으로 데려가 보여주었다"고 주장했다. 그러나 "얼마 후에 그 장소들에서 화석을 발굴하려고 노력하다가 나는 모든 것이 나에게는 막혀 있으며, 마시에게는 재정 지원이 약속돼 있다는 사실을 알게 되었다"고 그는 계속 주장했다.

두 사람 사이에 악감정이 생겨난 것은 그것보다 더 이른 1866년으로 거슬러 올라갈 가능성도 있다. 그때 코프는 마시에게 자신이 캔사스 주에서 발견한 수장룡(Plesiosaurus)의 골격에 대해 연구한 것을 보여주었다. 마시는 코프가 이 수생 파충류를 그린 그림에서 심각한 잘못을 발견했다. 간단하게 설명하자면, 머리가 골격의 반대쪽 끝에 붙어있었다. 마시는 이 사실을 발표했다. 그 발표가 코프에게 직접 알려주고 난 후에 이루어졌는지, 아무런 아무 통보 없이 이루어졌는지는 중요하지 않다. 코프는 몹시 기분이 상하여 그 보고서를 손에 닿는 대로 입수하여 없애버렸다.

지질학자인 월터 휠러는 두 사람간의 불화는 실제로는 1872년에 일어났다는 주장을 강하게 제기했다. 1960년, 〈사이언스〉지에 그 분쟁에 대한 글을 쓰면서 그는, 마시와 코프는 1872년 여름에 와이오밍 주의 브리저 분지에서 신생대 에오세 지층을 발굴하고 있었으며, 그때의 경쟁이 결국 그러한 분쟁을 낳았다고 주장했다.

다음해 1월에 두 사람 간에 오간 두어 통의 편지는 휠러의 주장에 신빙성을 약간 더해준다. 마시는 코프에게 보낸 편지에서 정당하게 자신의 것이라고 생각되는 일부 화석을 코프가 소유하고 있다고 비난했다.

"이 문제에 관한 정보를 듣고 나는 몹시 화가 났소. 그리고 그 일은 당신이 스미스(원래는 마시와 함께 일했던 화석 채집가)를 데리고 간 것에 내가 분노하고 있을 때 일어났소. 나는 응당 총이나 주먹이 아닌 글을 통해 '당신을 공격'해야 마땅할 것이오…. 나는 평생 동안 이렇게 화를 내본 적이 없었소."

그리고 이상하게도 그는 이렇게 덧붙였다.

"그렇지만 이것에 대해 나한테 화를 내지는 말고, 만약 내가 당신에게 불쾌한 짓을 했다면, 똑같은 솔직함을 가지고 나를 공격하시오."

그는 아직도 화해가 가능하다고 생각했던 것일까? 그 대답으로 그는 화해가 아니라, 자신이 요청한 솔직한 공격을 받았다. 2~3일 후, 코프는 "1872년 8월에 당신이 얻은 모든 표본은 나에게 빚진 것이오"와 같은 말을 포함해 온갖 불평으로 응수했다.

과학계는 1877년에 결국 코프가 사들인 〈아메리칸 내추럴리스트〉지뿐만 아니라, 마시가 쉽게 접근할 수 있었던 〈미국과학잡지(American Journal of Science)〉지를 통해 두 사람 간에 증폭되고 있는 적개심에 대해 알기 시작했다. 이 잡지들에 실린 비난의 글들은 주로 발표 날짜와 해석의 정확성에 집중돼 있었다. 발표 날짜는 대개 우선권의 근거로 인정되지만, 출판에는 시간이 걸릴 수 있기 때문에 두 사람은 표본을 선적한 날짜를 사용하려고 노력했다. 예를 들어, 〈아메리칸 내추럴리스트〉지에서는 그 결과가 모순되는 날짜들과 속성으로 가득 차 있는 것으로 나타났는데, 일부 원인은 코프가 일을 처리하는 속도에 있었고, 또 그가 현장에서 너무 바빠서 출판을 감독하지 못한 데에도 일부 원인이 있다. 그러나 마시는 코프가 우선권을 쟁취하려는 목적에서 출판 날짜를 고의로 조작했다고 믿는 쪽을 택했다.

그럼에도 불구하고 두 사람은 공공장소에서는 정중한 태도를 유지했다.

1877년까지도 마시는 글에서 "코프의 정력은 이상한 형체들을 많이 발견하게 하고, 우리의 목록을 대폭 확대시켰다"고 썼다. 그러나 사적인 자리에서는 코프는 자신의 잘못을 바로잡으려는 마시의 노력에 대해 언급하면서 마시를 '예일 대학의 코프학 교수'라고 불렀다.

## 야외 현장에서

*

1877년 봄, 마시는 콜로라도 주 모리슨에 사는 한 교수로부터 거대한 척추동물을 받았다. 거의 동시에 코프는 콜로라도 주 카논시티의 한 교사로부터 역시 인상적인 뼈 조각들을 받았다. 코프와 마시는 즉시 아직까지 발견된 적이 없는 최대의 육상 동물을 발견했다고 발표했다. 두 사람은 각각 표본을 보낸 사람들을 고용했다.

이 일은 코모 절벽에서 일어날 야외 탐사 사건의 전주곡이었다. 마시의 일꾼들이 그곳에 먼저 도착했다. 그중 한 사람인 윌리스턴은 마시에게 그 뼈들은 "7마일이나 뻗어 있으며, 그 양은 수 톤이나 된다"고 편지를 보냈다. 1877년은 북아메리카에서 전무후무한 대대적인 규모로 공룡 발굴이 시작된 해이며, 동시에 비교적 훌륭한 장비와 물자를 갖추고 잘 훈련된 사람들로 이루어진 탐사대를 동원해 외진 황야에서 아주 성공적인 발굴작업이 이루어진 해이기도 하다.

현장에 도착한 사람들은 코모 절벽에서 경쟁자를 속여야 할 필요성을 즉각 느꼈다. 윌리스턴은 고향인 캔사스 주에서 마시에게 편지를 보냈다.

"저의 움직임을 이곳에서 모르게 하기란 거의 불가능합니다. 그래서 저는 여기서 오리건 주로 갈 것이라는 소문을 낼까 합니다. 그러면 아무도 제가 어디 있는지 모르겠지요."

그는 또한 뉴헤이븐으로 전보를 보낼 때 비밀을 유지하기 위해 특정 화석들과 심지어는 코프가 고용한 사람들(발굴 장소를 찾아내려고 애쓰고 있던)의 이름을 나타내는 암호 단어 명단을 가지고 다니기까지 했다. 코프는 1879년에야 마침내 그곳에 나타났는데, 이번에도 겉으로는 공손을 가장하면서 마시의 팀은 코프를 잘못된 길로 유도하기 위해 온갖 방법을 다 썼다.

코프는 훗날 마시가 다른 사람들이 그곳에 들어오는 것을 막기 위해 서부 점유법의 아주 관대한 조항을 이용해 토지의 사용권을 구속했다고 비난했다. 그러나 처음에 두 사람이 각자 거대한 육상동물에 대한 주장을 할 때부터 이미 문제가 싹트고 있었다. 1877년 코프는 새로운 공룡에 디스트로파에우스 비아에말라에Dystrophaeus viaemalae라는 이름을 붙였다. 그는 또한 이것은 북아메리카에서 발견된 최초의 완전한 공룡화석이라고 주장했다. 그는 1858년에 퍼디낸드 헤이든이 뉴저지 주의 해던필드에 앞서 발견한 공룡을 이미 레이디가 기술했다는 사실을 무시했다. 훗날 헤이든은 코프를 위해 보고서를 제공하는데, 코프는 큰 영향을 미친 자신의 저서 「서부의 제3기 지층의 척추동물」(1885)을 쓰는데 그것을 유용하게 이용했다.

앞에서 지적했듯이 마시는 사실상 1874년 현장 연구에서는 손을 떼고 있었다(야외 탐사를 계속한 코프보다 훨씬 일찍). 그래서 마시는 수집품의 연구에 전념할 수 있는 시간을 더 많이 가졌을 뿐만 아니라, 자신의 장기인 정치력을 발휘할 시간도 얻게 되었다. 미국과학아카데미의 회장으로 선출된 그는 자신의 영향력을 이용하여 코프를 미국지질탐사협회로부터 축출했다. 이 기구는 마시의 탐사 발굴작업에 아주 유용했다. 그것은 코프에게도 유용한 도움을 제공할 수 있었을 것이다.

## 분쟁을 만천하에 공개하다

*

이러한 사실을 비롯해 미국지질탐사협회의 다른 행동으로 말미암아 코프는 〈헤럴드〉지를 통해 전개한 공격의 표적에 미국지질탐사협회 회장인 존 웨슬리 파웰도 포함시켰다. 마시와 파웰은 14년 동안 서로 긴밀하게 협조해왔으며, 그중 10년간은 파웰이 협회를 이끌고 있을 때였다. 코프는 신랄한 단어들을 써가며 자신이 다음에 낼 주요 연구서인 「서부의 제3기 지층의 척추동물」(이 책은 미국지질탐사협회의 지원을 받았으며, 전세계적으로 찬사를 받았다)의 후속편의 출판에 자금을 지원해주기로 한 약속을 파웰이 취소했다고 비난했다(후속편은 복잡한 일러스트레이션이 많이 들어 있어 사실 출판하려면 제법 많은 비용이 들었을 것이다).

파웰은 또한 협회가 출판에 필요한 자금을 지원하기 전에 코프가 발굴 화석들을 정부에 넘겨주었다고 주장하고 있었다(마시의 교사를 받아?). 이에 대해 코프는 자기 돈을 들여 그 화석들을 수집했다고 주장했다. 그는 또한 파웰이 개인적인 이익을 위해 지위를 이용하고 있다고(친척들을 급여 지불 명단에 올려놓는 등) 비난했다.

파웰에 대한 코프의 불만은 기본적으로 돈과 관련된 문제였다. 그러나 마시에게서는 피를 원했다. 그가 퍼부은 가장 심한 비난 중 하나는 표절에 관한 것이었으며, 전에 마시에게 고용됐다가 불만을 품은 사람들의 서면 증언을 제시했다. 그들은 마시가 한 것으로 알려져 있는 과학적 업적은 전부 다는 아니더라도 대부분은 그에게 고용되었던 다른 사람들의 것이라고 주장했다. 이것은 명백히 과장된 것이었지만, 코프는 이 주장을 뒷받침하는 서면 증언을 여럿 확보할 수 있었다. 1885년에 마시에게서 떠난 윌리스턴은 자신의 불만을 글로 나타냈으며, 그중에는 코프에게 보낸 편지도 있었다. 그 편지에서 윌리스턴은 마시가 발표한 많은 논문들은 "그의 조수들의 작품이거나 그들의 글을 빌린 것"이라고 주장했다.

그 편지는 코프의 반反 마시 보물창고에 들어갔으며, 곧 〈헤럴드〉지에 전달되었다. 그러나 이 무렵에 불만을 너무 공공연히 털어놓은 것에 후회가 든 윌리스턴은 그 다음 호의 신문에서 코프에게 보낸 편지는 사적인 것이며, 공개하기 위한 것이 아니었다고 말하면서 불쾌감을 드러냈다. 코프는 훗날 그를 스스로 명백하다고 생각하는 것을 지키지 못하는 겁쟁이라고 불렸다.

음모와 무대 뒤에서 벌어지는 활동은 그 자체만으로 볼 만한 구경거리였다. 자신의 입장을 지지해주는 사람으로 코프가 내세운 사람 중에 조지바우어가 있었다. 바우어는 실제로는 마시에게서 다른 사람들에 비해 비교적 좋은 대접을 받았지만, 그는 교수직을 포함해 더 나은 대접을 받을 자격이 있다고 생각했다. 그러나 그는 마시에게서 아무런 지원도 얻지 못했고, 그것에 대해 불만을 가졌다는 사실은 잘 알려져 있었다.

그러나 바우어는 〈헤럴드〉의 기사가 나갈 무렵 여전히 마시에게 고용된 상태에 있었을 뿐만 아니라, 그에게 빌린 돈을 아직 갚지 못하고 있었다. 그래서 그는 마시에게 사신을 보냈고, 마시는 그 복사본을 〈헤럴드〉지에 보냈다. 그 사신에는 다음과 같이 적혀 있었다.

"저는 당신(마시) 또는 당신의 연구에 대해 가해지는 어떤 공격에도 제 이름을 사용하도록 절대로 허락한 적이 없습니다."

코프는 신문의 글을 통해 바우어는 마시에게서 그 메모를 보내달라는 압력을 받았다고 반격했으며, 바우어는 일련의 신문 기사가 나온 직후에 하던 일을 그만두었다.

물론 마시도 지지자들을 확보하고 있었다. 예를 들면 나중에 고용한 자신의 제자 조지 버드 그리넬은 굳건한 지지자로 남았다. 그러나 그리넬이 마시와 주로 접촉한 시기는 마시가 현장 탐사에 몰두할 때, 그러니까 마시가 최선을 다해 일하던 전성기였다는 사실에 유념할 필요가 있다.

사건은 그런 식으로 전개되었다. 마시가 공격에 대응하는 데 몰두하여 자신을 비난하는 일부 사람들을 "머리만 큰 소인배들(little men with big heads)"이라고 부른 것은 오히려 큰 점수를 잃는 결과를 초래했다.

1890년 1월 26일자에 그 시리즈의 마지막을 장식하는 기사에는 1884년에서 1886년까지 마시를 위해 일했던 독일인 오토 마이어가 보내온 긴 편지가 소개되었다. 마이어는 마시의 방법들에 대해 일련의 비판을 전개했다.

그리고 편지 말미에서 〈헤럴드〉지 시리즈에 적절한 클라이맥스를 장식하는 결론을 내렸다.

"나는 진정한 과학자라면 누구나 작은 머리에 덩치만 큰 사람(a big man with a little head)보다는, 덩치는 작지만 머리가 큰 사람(a little man with a big head)을 더 존중해야 한다고 생각한다."

물론 이것으로 이야기가 끝난 것은 아니다. 큰 폭풍은 지나갔지만, 작은 바람은 계속되었다. 큰 폭풍이 불 때 링에 올라오기를 거부했던 사람 중에 존 벨 해처가 있었다. 그는 코프가 마시에게 불만을 가진 피고용인으로 인용한 사람이었다. 그는 괴상하게 생긴 트리케라톱스Triceratops를 비롯해 마시를 위해 몇 가지 놀라운 발견을 했으며, 그 무렵 마시를 위해 발굴작업을 하고 있었다. 해처는 발굴 현장에서 일할 때 자금 지불이 느린 것과 언론 매체와의 접촉 금지에 대해 불만을 가졌지만, 그래도 계속 마시의 편을 들었으며, 결국에는 마시의 이름으로 1891년에 고생물학 분야의 논문을 발표하는 것을 허락했다(〈헤럴드〉지의 시리즈가 끝난 후에!). 그는 마시가 미국지질탐사협의회로부터 받던 자금이 마침내 차단된 후인 1892년에야 마시에게서 떠났으며, 독자적으로 훌륭한 경력을 쌓았다.

훗날 그는 자신이 발표한 논문 중 하나(1903년)를 놓고 마시가 권리를 주장하는 것에 대해 약간 빈정대면서 이렇게 썼다.

"총 3일 반이 걸린 야외 탐사 기간에 그는 케라톱스가 있던 지층들의 지질학적 퇴적물들을 '세심하게 조사'하고, '로키 산맥의 동쪽 측면을 따라 800마일'이나 그것들을 추적하고, 또한 과학적으로 흥미로운 그 밖의 많은 관찰들을 할 시간이 충분히 있었던 것처럼 보인다."

## 뜻밖의 결과들

*

이 분쟁의 결과로 마시는 아주 많은 일을 처리하지 않으면 안되게 되었는데, 그는 모든 것을 처리할 만한 시간이 없었고, 그래서 일찍부터 내려고 계획했던 여러 권의 포괄적인 모노그래프의 원고(자신이 직접 작성했건 다른 사람의 노력으로 이루어졌건 간에)를 완성하는 데 실패했다. 또한 그것은 1899년 그의 사망 후, 그가 잘 알고 있던 화석 기록 중 많은 것들을 다른 사람들이 재조사해야 하는 결과를 낳았다.

코프는 마시와 분쟁에 휘말리지 않았더라면, 아무 성과도 없는 광산 개발에 자신의 재산을 쏟아붓는 모험을 할 필요가 없었을 것이다. 그는 1897년에 사망했다. 마시와 비교할 때, 그의 최후는 슬픈 것이었다. 재정적으로 어려운 시기에 집도 팔아넘겨야 했고, 결국 박물관에서 기거했다. 전기 작가인 얼 란햄은 이렇게 기록하고 있다.

"코프는 뼈들이 쌓여 있는 오두막집에서 (최후의)병을 앓았다… 퀘이커 교도의 관습에 따라 치러진 그의 장례식에는 화석 뼈들 사이에 놓인 그의 관 주위에 여섯 사람만이 조용히 둘러앉아 있었다. 방 한쪽 구석에는 애완용 거북과 아메리카독도마뱀이 느릿느릿 움직이고 있었다."

두 사람의 증오는 또 다른 불행한 결과를 낳았다. 이 폭발적인 현장에서 초기에 중요한 역할을 했던 연구자인 조지프 레이디도 1872년에 마시의 발굴 장소 중 한 군데를 방문했다. 소심한 교수의 전형인 그는 마시와 그의 작업팀에게 아무런 위협이 될 것 같아 보이지 않았으므로, 그들은 그의 방문에 별로 두려워하지 않았다. 그러나 레이디는 이 방문 직후에 벌어진 온갖 사기와 분쟁에 환멸을 느껴 고생물학계를 완전히 떠나 다른 분야로 가버렸다.

1월 14일자 〈헤럴드〉지의 작은 표제는 "킬케니Kilkenny의 싸움고양이들(서로가 꼬리만 남을 때까지 싸웠다고 하는 두 마리 고양이)처럼 만약 이 싸움이 더 오래 계속된다면, 어떤 싸움 당사자도 남아나지 않을 것이다"라고 표현했다. 다행히도 그 분쟁에서 아무도 죽은 사람은 없었다. 마시에 대한 비난은 명백하게 과장된 것이었다. 그가 제안한 학명은 오늘날 인정되고 있는 여섯 종의 공룡 아목亞目 중 네 종에서 사용되고 있다. 그는 아마도 아메리카 대륙에서 영향력 있는 사람 중 최초로 진화를 지지했고, 진화가 일어난 것을 생생하게 보여주는 일련의 말 화석들을 제시했다(나중에 약간의 결함이 있는 것으로 밝혀지긴 했지만). 마시는 자신이 관여한 부분을 과장하는 경향이 있다고 노골적으로 지적하는 해처조차도 다른 글에서는 그를 한 인간으로서 그리고 이론가로서 칭찬했다.

그 밖에 좋은 결과들도 있었다. 그들의 경쟁 관계는 코프와 마시의 뒤를 이어 고생물학계에 들어간 사람들에게 교훈을 주었다. 이 분야에 종사한 다음 세대의 연구자들은 싸우지 않고도 연구하는 것이 가능하다는 사실을 발견했다. 훨씬 나중에 카네기 박물관이 후원한 탐사에서는 유타 주의 한 대형 채석장에서 한 팀이 작업을 중단하기로 결정한 다음에야 다른 팀이 들어와 작업을 시작했다. 이 놀라운 지역은 오늘날 공룡화석 국립기념지로 알려져 있으며, 전시된 공룡화석들은 원래 장소에 있던 모습 그대로를 보여준다. 오늘날에는 만약 한 발굴팀이 유망한 장소를 발견하여 작업을 하면, 다른 팀은 그곳에 들어가려고 하지 않는다. 그보다 더 좋은 일은, 합동 연구가 잘 이루어지게 된 것이다. 유니언퍼시픽 철도회사가 후원한 한 탐사에서는 여러 집단으로 이루어진 대형 탐사대가 조화를 이루며 함께 작업했다.

그러나 무엇보다도 행복한 결과는, 두 사람의 선구적인 노력이 후 세대의 연구를 위한 튼튼한 기초를 제공했다는 것이다. 경쟁의 결과는, 특히 원시적인 탐색 및 발굴 방법을 사용한 것을 감안한다면 실로 놀라운 것이 아닐 수 없다. 10년 동안 마시의 발굴팀은 매주 평균 1톤의 화석을 뉴헤이븐으로 실어날랐다! 코프 역시 훌륭한 성과를 낳은 다른 지역들을 발견했으며, 필라델피아의 개인 수집 창고로 많은 양의 표본을 실어보냈다.

화석의 발견과 그것에 대한 뉴스 그리고 박물관과 전시관에서 완전히 복원된 형태로 전시된 뼈 등은 공룡에 대한 대중의 사랑을 폭발시키는 계기가 되었다. 콜버트의 표현대로 "공룡들은 19세기의 마지막 20년 동안에 다시 살아났다." 콜버트의 발언을 1855년 〈Blackwood's Edinburgh

Magazine(블랙우드의 에든버러 잡지)〉지에 실린 글과 비교해보라. 그 글에서 익명의 필자는 우리가 얼마나 "박물관의 이름을 싫어하는지, 그리고 표본들을 진열해 놓은 것을 보고 몸서리치는지" 지적했다. 새로운 발견들은 다양한 재력가들의 관심을 끌어 점점 얻기 힘든 표본들을 찾는 데 필요한 고비용의 탐사작업을 후원하게 했다.

그러나 고생물학계의 흥분을 불러일으킨 것은 단지 공룡뿐만이 아니었다. 코모 절벽의 채석장에서는 자그마한 포유류의 뼈가 발견되었는데, 그것은 북아메리카에서 발견된 최초의 쥐라기 시대 포유류로 판명되었다. 이것이 발견됨으로써 공룡들이 살던 이 지방에서 작은 화석들도 큰 화석들 못지않게 중요하다는 것이 밝혀졌다. 포유류의 역사 또한 분명히 공룡의 역사만큼이나 중요한 것이다.

오늘날 과학이 광범위한 지지를 받게 된 것은 코프와 마시의 분쟁에서 시작되었다는 주장도 지나친 것은 아니다. 세계적으로 유명한 과학 대중화 작가인 고故 칼 세이건은 한 인터뷰에서 이렇게 말한 적이 있다.

"과학을 위한 기금 중 상당 부분은 대중에게서 나옵니다… 만약 과학자들이 과학에 대한 대중의 흥미를 증대시킨다면, 그것만큼 더 많은 대중 지지자를 얻을 수 있는 기회는 없을 것입니다."

흥분의 순간에 대해 이야기해보자. 1877년에서 1890년대 말까지 코프와 마시 그리고 그들과 함께 일했던 발굴팀은 무시무시한 티라노사우루스, 엄청나게 거대한 브라키오사우루스, 괴상하게 생긴 트리케라톱스를 비롯해 약 130종의 새로운 공룡을 발굴 · 연구하고, 특성을 기술하고 명명했다.

1세기가 지난 지금 또다시 그러한 흥분이 끓어오르고 있다. 오늘날의 화석 사냥꾼들은 새로운 화석을 발견하고 있을 뿐만 아니라, 이미 발굴된 방대한 화석들도 동물의 진화, 특히 공룡의 진화에 관한 새로운 전망과 수정된 이론의 관점에서 다시 조사되고 있다.

예를 들면 '공룡'이라는 단어는 오랫동안 엄청나게 큰 태고의 화석이라는 이미지를 지녀왔다. 그러나 그러한 이미지는 이제 변해야 할지도 모르겠다. 왜냐하면 하나의 집단으로서 공룡은 오늘날의 광범위한 서식지를 차지하고 있는 포유류 집단만큼이나 뛰어난 능력과 높은 지능을 갖추고, 그리고 아마도 상당히 빨리 움직였을 가능성이 높기 때문이다.

그러나 만약 그들이 그렇게 뛰어난 능력을 갖추고 있었다면, 왜 멸망한 것일까? 공룡 절멸의 원인을 알아내는 것은 그 자체로 하나의 거대한 산업이 되었으며, 수많은 분야들에서 그 원인을 찾아내기 위해 노력하고 있다.

화석 표본을 찾는 더 나은 방법들도 개발되었다. 한 시범에서는 로스앨러모스의 과학자들이 음파와 레이더, 고감도 화학실험을 사용하는 것을 시범으로 보여주었다. 심지어는 자외선을 이용한 야간 탐색도 실시되었다. 오늘날의 고생물학자들은 더 효율적인 발굴 도구를 가지고 있으며, 헬리콥터와 그 밖의 첨단 교통 수단을 이용해 황량하고 불편한 장소로부터 표본들을 실어나른다.

그럼에도 불구하고 전세계에 많은 공룡 전시관들이 세워진 기원을 추적해보면, 코프와 마시를 초인적인 노력을 기울이도록 내몰았던 격렬한 분쟁과 어느 정도 연관이 있다는 사실을 발견하게 된다. 그들이 남긴 이론적 업적도 중요한 것들이 일부 있다. 그중 한 가지인 코프의 법칙은 나온 지 125년도 더 되었지만, 고생물학에서 하나의 표준적인 조직 원리로 자리잡았다. 이 법칙은 균류에서 고래에 이르기까지 모든 종은 시간이 지나면 몸집이 커지는 경향이 있다는 것이다. 그러나 최근의 광범위한 분석 결과에서는, 어떤 종들에서는 그 법칙이 분명히 성립하지만, 모든 경우에 대해 성립하지는 않는다는 사실이 밝혀졌다. 이 말을 들으면 마시가 아주 좋아하지 않을까? ✶

ROUND 8

# 베게너 VS 모든 사람

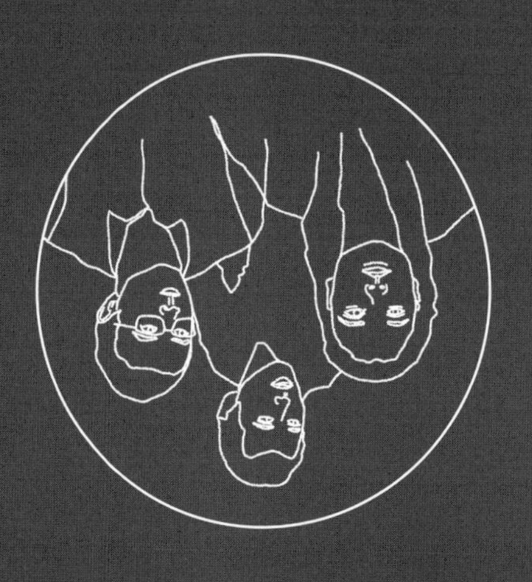

베 게 너 VS 모 든 사 람

# 대륙 이동설을 둘러싼 논쟁

20세기 초에 독일의 젊은 과학자 알프레드 베게너Alfred Wegener(1880~1930)는 대륙 이동설을 주장했다. 그 기본 개념은 다음과 같다. 지구의 모든 대륙들은 아주 먼 과거에 '판게아Pangaea'라고 부르는 하나의 거대한 덩어리로 결합돼 있었다. 그리고 오늘날 우리가 보는 여러 개의 대륙들은 약 2억 년 전에 판게아에서 떨어져나와 마치 거대한 빙산이 밀도가 더 높은 아래층 위로 흘러가듯 지표면을 가로질러갔다.

오늘날 우리는 이러한 대륙 이동설에서 아무런 문제점도 느끼지 않는다. 사실, 대륙 이동설은 오늘날 지구과학의 중요한 기초를 이루고 있다. 그러나 베게너가 그것을 처음 주장했을 때 학계의 반응은 단순히 부정적이었을 뿐만 아니라, 너무나도 격렬했기 때문에 그의 편에 설 수 있었던 많은 사람들조차 자신의 경력을 망칠까 봐 두려워하여 몸을 사렸다. 50년 동안이나 대륙 이동설을 계속 주장하던 극소수 사람들은 대서양 양쪽에서 과학자들에게 경멸을 받았으며, 특히 미국에서 심한 대접을 받았다. 비난의 목소리에는 '터무니 없는', '낡아빠진', '중대한 실수', '제멋대로인' 그리고 심지어는 '위험한'이라는 표현까지 있었다.

대륙 이동설과 그 주창자가 배척을 받은 이유는 다양하며, 교훈적이다. 비록 미약하긴 하지만 대륙 이동설이 그 당시에 인기가 없던 격변설(천변지이설)과 연결되는 데에도 일부 원인이 있었다. 오늘날 우리는 지구의 역사가 격변설과 동일 과정설의 결합으로 설명된다는 사실을 잘 알고 있다. 따라서 켈빈이 직관적으로 격변설을 지지한 것은 옳았으며, 헉슬리가 지질학자들의 편에 서서 동일 과정설을 지지한 것도 합리적이었다.

부정적인 반응을 받은 이유 중 일부는 님비NIMBY(not-in-my-back-yard)현상 탓도 있었다. 천문학자이자 기상학자였던 베게너는 지구과학자들의 눈에는 아웃사이더로 비쳤다. 실제로 대륙 이동은 베게너에게 부차적인 관심사였다. 존경받는 기상학자이던 그의 장인이 최초의 비판자 중 한 사람이었으며, 베게너에게 자기 전공 분야에서 다른 길로 벗어나지 말라고 설득했다.

세상의 반응이 얼마나 격렬했던지 그의 극소수 지지자들은 갈릴레이를 연상할 정도였다. 예를 들면 1926년에 하버드 대학의 레지널드 데일리는 「움직이는 지구(Our Mobile Earth)」라는 책을 출판했는데, 그 표지에는 E pur si Muove(대강 번역하면, "그러나 그것은 움직인다"는 뜻)라는 글이 씌어 있었다. 이 말은 바로 갈릴레이가 종교 재판소에서 자신의 주장을 철회하는 맹세를 하고 나오면서 중얼거렸다고 전하는 말이다.

문헌상 갈릴레이에 비유하는 것도 일리가 있지만, 베게너의 경우는 다윈과 공통점이 더 많다. 실제로 두 상황 사이에는 흥미롭게도 일치하는 부분들이 많다.

## 강한 유사점

*

베게너는 다윈과 마찬가지로 유복한 환경에서 자라났다. 그린란드 북부를 탐험하겠다는 꿈을 키우며 그는 며칠간 계속되는 행군, 스케이팅, 등반, 스키 등으로 지구력을 키웠다. 활동적이고 건강하고 용감했던 그는 일부 대담한 모험에 참여하기도 하여 52시간 이상 기구 비행을 한 적도 있었다(동생인 쿠르트와 함께). 그 기구 비행은 세계 신기록을 작성했는데, 그 당시의 원시적인 장비들을 감안하면 아주 대담한 모험이었다.

베게너와 다윈은 모두 젊은 시절에 길고도 어려운 탐험을 경험했으며, 광범위한 자료수집 활동을 했다. 다윈은 5년간에 걸친 비글 호 항해를 통해, 그리고 베게너는 그린란드에 여러 차례 오랫동안 머물면서 그러한 경험을 했다. 1913년, 베게너는 탐험 도중 큰 위험에 처했다. 빙하가 크게 갈라지며 내륙 쪽의 빙하가 바로 캠프 오른쪽까지 솟아올랐던 것이다. 탐험대는 그린란드를 두 달 동안 횡단해 왔는데, 이제 최대의 고비를 맞이하여 그만 중단하지 않을 수 없었다.

다윈처럼 베게너도 자기가 전공한 분야와는 상관 없는 분야에 빠져 들었다. 다윈은 의학과 신학을 공부했으며, 지질학 분야에서 첫 과학 연구를 했다. 베게너는 천문학 박사 학위를 받았으며, 활동적인 기상 학자가 되었다. 그린란드에서 첫 번째로 체류(1906~1908)하다가 돌아온 뒤, 그는 독일의 마르부르크 대학에서 천문학과 기상학을 가르치는 교수가 되었다. 그는 인기 있는 훌륭한 교수였다고 한다.

용감하고 튼튼했던 젊은 시절의 그는 평화를 사랑했다. 그래서 제 1차 세계 대전에 군인으로 복무하는 것은 그에게 힘든 일이었다. 그는 또한 다윈과 마찬가지로 건강에 문제가 있을 때 중요한 연구를 했다. 두 차례나 총탄을 맞은 그는 더 이상 현역으로 적합하지 않아 군에서 기상학 연구 업무에 종사하게 되었다. 게다가, 비록 그는 대륙 이동에 관한 자신의 생각을 1912년(제1차 세계대전이 일어나기 전)에 처음으로 논문과 강의를 통해 제시했음에도 불구하고, 전쟁 동안에 쓴 책(1915년에 독일어로 출판된)을 통해 명성을 얻었다. 즉, 그는 병가를 얻어 일선에서 떠나 있는 동안에 세상을 뒤흔드는 저술을 했고, 군의 야전 기상학자로 일하다가 종전을 맞이했다.

그의 책 제목은 의미심장하게 「대륙과 대양의 기원」이라고 달았다. 다윈처럼 그도 책 제목에 '기원'이라는 용어를 사용했으며, 본질적으로 진화의 개념을 사용했다.

알프레드 베게너(1880~1930).

그리고 두 경우 모두 기본 개념이 여러 분야에 적용된다. 그는 서문에서 이렇게 썼다. "이 책은 측지학자 · 지구물리학자 · 지질학자 · 고생물학자 · 동물지리학자 · 식물지리학자 · 고기후학자 모두에게 바친다. 이 책의 목적은 이들 분야에 종사하는 연구자들에게 자기 분야에 적용되는 대륙 이동설의 중요성과 유용성의 개요를 제공하기 위한 것일 뿐만 아니라, 주로 자기 분야 이외의 다른 분야들에서 이 이론이 적용되고 보강되는 것을 살펴볼 수 있도록 하기 위함이다."

다시 말해서, 베게너도 다윈처럼 광범위한 분야에서 증거를 수집했던 것이다. 그래서 베게너와 그의 극소수 지지자들은 자신들을 외부의 침입자로 여기는 전 분야의 반대자들과 대결을 벌이는 상황에 처하게 된다. 예를 들면, 그 당시에는 대부분의 지질학자들은 지구가 냉각하고 수축한다는 개념을 여전히 믿고 있었는데, 그러한 냉각과 수축이야말로 산맥 생성을 포함해 다양한 관찰 사실을 설명할 수 있는 유일한 이론이라고 그들은 믿었다. 썩으면서 쭈글쭈글해지는 토마토처럼 지구가 수축하면서 표면에 봉우리와 계곡이 만들어진다고 그들은 생각했다. 베게너는 라듐의 발견을 지적하면서 지구 냉각설은 더 이상 옳지 않다고 주장했다. 그리고 과거에 대륙 지괴가

서서히 움직이다가 어느 지점에서 서로 충돌했다는 자신의 생각이 산맥 생성을 더 잘 설명할 수 있다고 주장했다.

그럼에도 불구하고 그는 다윈과 마찬가지로 자신의 이론의 약점을 인식하고 있었으며, 그래서 여러 차례 개정판을 내면서 그때마다 새로운 정보와 비판을 토대로 하여 대폭적인 수정을 했다. 네 번째 개정판(1929년)에서도 그는 여전히 이렇게 적고 있다.

"나의 모든 노력에도 불구하고, 많은 빈틈들, 심지어는 중요한 틈들이 이 책에서 발견될 것이다."

다윈과 마찬가지로, 그 역시 대륙 이동설을 처음으로 제기한 사람은 아니었다. 대륙 이동설의 경우에는 대략적인 내용이 시험적으로 여러 차례 제기된 바 있었다. 베게너는 "나의 견해와 이전 저자들의 견해 사이에 많은 일치점을 발견할 수 있었다"고 썼다. 그가 언급한 이전의 견해 중 하나는 베트슈타인의 견해였다.

"그는 1880년에 (많은 어리석은 이야기 외에도)대륙들이 평행 방향으로 서로에 대해 크게 이동했다는 개념이 담겨 있는 책을 썼다… 그러나 베트슈타인은… 대양을 가라앉은 대륙으로 간주했으며, 환상적인 견해를 펼쳤는데, 그러한 견해는 이 책에서 다루지 않기로 한다."

조각그림처럼 대륙들의 경계선이 딱 들어맞는 현상은 비교적 정확한 신대륙 지도가 그려지기 시작한 16세기부터 알려졌다. 흔히 프랜시스 베이컨이 그 사실을 최초로 발견한 것으로 일컬어지고 있는데, 그는 1620년에 출판된 「새로운 기관(Novum Organum)」에서 그것에 대해 언급했다. 그렇지만 실제로는 그는 남아메리카와 아프리카 대륙의 모양이 유사하다는 사실을 언급했을 뿐이다. 1994년, 바트 대학의 고전학 교수인 제임스 롬은 대륙 이동설의 유래를 네덜란드의 지도 제작자 아브라함 오르텔리우스에게까지 거슬러올라가는 것으로 추적했다. 롬의 의견에 따르면, 오르텔리우스는 1596년에 그러한 주장을 제기했다.

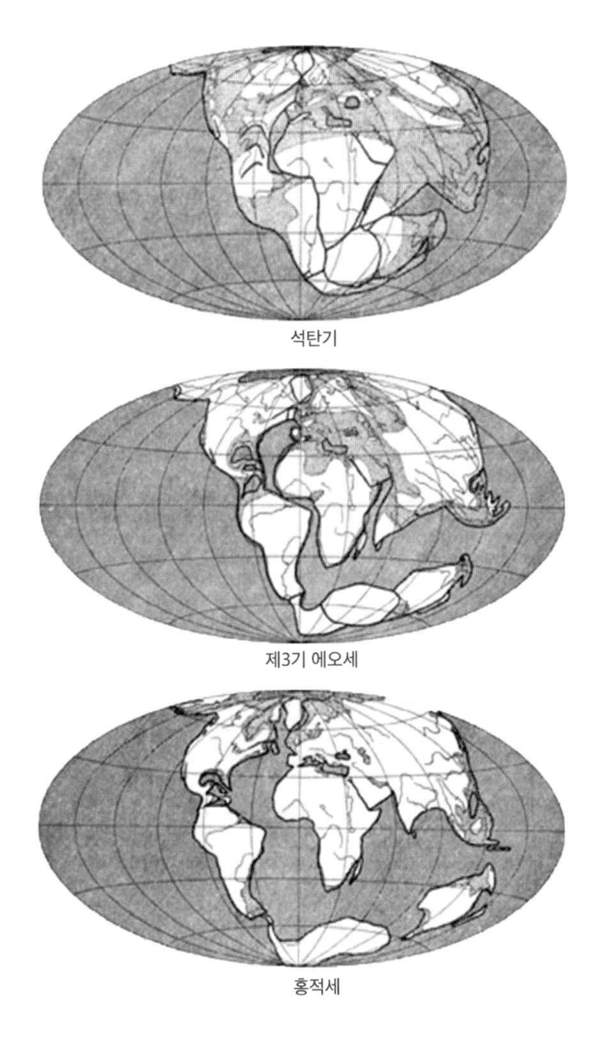


1922년, 베게너는 이 그림들과 함께 자신의 대륙 이동설을 발표했다. 이 그림들은 베게너가 판게아라고 부른 하나의 원시대륙이 큰 육지 조각들로 나누어져 흘러가 결국 오늘날 우리가 보는 것과 같은 대륙들을 이루게 되었음을 보여준다.

그러나 대략적인 추측의 뼈대에 살을 붙이고, 무시할 수 없는 이론으로 발전시킨 사람은 베게너였다. 다윈의 경우와 마찬가지로 베게너의 「대륙과 대양의 기원」은 문제를 근본적으로 다룬 것이었다. 그 결과는 극적일 뿐만 아니라 모든 것을 포괄하는 이론으로 나타나, 그 이론 전체를 공격할 수 있다고 느낀 반대자는 거의 없었다. 그래서 그들은 각자의 관심 부분과 전공 분야에 따라 그것을 조각조각 내 부분적으로 공격했다.

## 세세한 것을 물고 늘어지다

*

실제로 그 당시에는 오늘날에 비해 지구에 대해 알려진 것이 거의 없었기 때문에 세부적인 내용들은 공격의 대상이 될 만했다. 지표면의 70%를 덮고 있는 바닷속은 아주 깊고 캄캄한 비밀로 남아 있었다. 수중 음파 탐지기, 지하 굴착 등과 같은 현대 기술은 아직 미래의 기술로 남아있었기 때문에, 대륙 지각의 깊은 곳도 해양 지각의 깊은 곳과 마찬가지로 신비의 대상으로 남아 있었다. 그 결과, 베게너는 그러한 세부 사항 중 상당 부분을 추측에 의존하지 않을 수 없었다. 그렇지만 그는 진짜 중요한 것은 자신의 이론 중 큰 줄기라고 생각했다.

오늘날 우리는 단지 산맥과 대양의 기원뿐만 아니라, 베게너가 서문에서 언급했던 다양한 분야의 전문가들이 고민하고 있던 많은 수수께끼들을 단 하나의 가설로 설명할 수 있다는 그 대담성에 큰 감명을 받는다. 그러한 수수께끼들 중에 넓은 바다의 양쪽에서 나타나는 놀라운 유사성(과거와 현재의 생물뿐만 아니라 암석 생성의 유사성)이 있었다. 또 하나는 오늘날과는 아주 다른 과거의 기후 분포였다. 예를 들면 아프리카에 빙하의 잔해가 남아 있다든가, 고위도 지방에서 열대 지역에서 사는 종이 살았다는 증거 등이 발견되었다.

그러나 베게너의 시대에는 아프리카와 남아메리카에 사는 생물들 사이에서 유사성을 발견한 동물지리학자는 지질학자들이 궁금하게 생각하고 있던 암석 생성의 놀라운 일치에 대해 전혀 모르고 있었다. 아웃사이더였던 베게너는 넓은 시야를 가질 수 있었고, 전문가들이 나무만을 보고 있을 때, 그는 숲을 보았던 것이다. 그렇지만 역시 진화론의 경우처럼 대륙 이동설은 처음에 소동을 일으키고는 오랜 기간에 걸쳐 서서히 무대에서 사라져가다가, 20세기 중반에 이르러 새로운 증거가 나타나면서 갑자기 큰 관심을 끌게 되었다.

## 대륙 이동의 메커니즘

✴

또 하나의 유사성은 베게너가 다윈처럼 자신의 이론에 대한 만족할 만한 메커니즘을 제시하지 못했다는 것이다. 다윈의 경우에는 자연 선택의 유전적 측면을 설명할 수 없었으며, 그것은 훗날에 가서야 발견되었다.

비록 베게너는 자신이 옳다는 것과 모든 정황과 증거로 볼 때 자기가 올바른 방향으로 가고 있다는 것을 알고 있었지만, 적절한 메커니즘(대륙들의 대이동에 대한)을 제시할 수 없었다. 암석질의 하층 위로 대륙만한 규모의 거대한 덩어리를 움직일 수 있는 엔진은 도대체 어떤 것일까?

그가 최선의 후보로 생각한 것은 두 가지가 있다. 하나는 그가 '폴플뤼히트Polflücht'라고 부른, 극에서 달아나는 힘이었다. 지구의 자전 때문에 생겨나는 이 힘은 대륙들을 지구의 적도 쪽으로 모이게 한다고 생각했다. 둘째는 측면 방향의 이동과 관련된 힘으로, 그는 태양과 달의 중력에 의한 일종의 조력과 관계가 있는 것으로 생각했다.

그는 이러한 힘들은 대륙을 움직이고, 산맥을 주름지게 하기에 충분하지 못한 것이 아닌가 의심이 들었지만, 아주 오랜 시간에 걸쳐 작용한다면 충분할지도 모른다고 생각했다. 그로서는 그보다 더 나은 설명을 제시할 수 없었다. 겸손하고도 분별 있게 그는 "대륙 이동설의 뉴턴은 아직 나타나지 않았다"라고 인정했다.

이러한 약점은 반대자들에게 좋은 공격거리를 제공했다. 「지구, 그 기원과 역사와 물리적 구성」(1924)이라는 영향력 높은 책에서 지구물리학의 수학적 기초를 확립한 바 있는 해럴드 제프리스는 계산을 통해 폴플뤼히트와 조력은 대륙을 이동시키고 산맥을 만들어내는 데 필요한 힘의 100만 분의 1에 지나지 않음을 보였다. 그는 또한 그러한 힘을 제공한다고 자신이 주장한 냉각 및 차등 수축에 관한 복잡한 정량적 이론을 만들어냈다. 그의 논리는 켈빈의 경우처럼 감히 비판할 수 없는 것이었고, 대륙 이동설을 수십 년 동안 사실상 질식시키는 효과를 발휘했다.

마지막으로 베게너는 다윈과 마찬가지로 자신의 이론을 증명할 수 없었다. 진화론이나 대륙 이동설과 같이 방대한 이론은 본질적으로 증명하기가 매우 어렵다. 특히 지질학 이론은 실험실의 실험이나 현장의 관찰을 통해 확인하기가 매우 어렵다. 엄청난 시간과 공간이 필요하기 때문이다. 그 결과 베게너는 겨우 간접적인 증거만을 제시할 수 있을 뿐이었다.

베게너는 그린란드의 경도에 대한 역사적 기록과 그 당시에 측정한 값을 비교하여 직접적인 증거를 일부 발견했다고 생각했다. 불행하게도 그러한 측정 결과들은 반대론자들이 쉽게 증명한 것처럼 완전한 것이 못되었다.

## 차이점

*

완전하게 일치하는 비유는 있을 수 없으며, 다윈과 베게너가 처한 상황에도 일부 큰 차이점들이 있다. 한 가지 중요한 차이는 시간 및 준비와 관련된 것이다. 두 대륙의 해안선이 딱 들어맞는다는 사실을 베게너가 처음으로 인식한 것은 1903년으로, 그는 그 사실을 동료이던 천문학도에게 이야기 했다. 그 다음에 일어난 일은 훗날 베게너가 직접 쓴 글이 가장 잘 설명해준다.

> 대륙 이동에 대한 최초의 개념이… 떠오른 것은 대서양 양쪽의 해안선이 일치한다는 사실에 깊은 인상을 받고서 세계 지도를 살펴보던 1910년이었다. 처음에 나는 그것을 불가능한 일이라 생각하여 별로 관심을 두지 않았

남아프리카 카루 사막에서 발견된 작은 메소사우르스의 화석 골격. 자신의 전문 분야에서 벗어나 20세기 초에 지질학자들을 깜짝 놀라게 한 기상학자 알프레드 베게너는 이 화석에서 중요한 단서를 찾았다. 이 작은 동물이 어떻게 선사 시대에 아프리카와 남아메리카 모두에 존재할 수 있었을까 하고 베게너는 의문을 품었다. 메소사우르스가 바다를 건너 그 먼 거리를 여행하기에는 너무 연약한 동물이기 때문에 베게너는 동물이 아니라 대륙이 이동했다고 생각했다.

> 다. 1911년 가을 아주 우연히 한 보고서를 읽게 되었는데, 거기서 나는 브라질과 아프리카 사이에 이전에 육교가 연결돼 있었다는 고생물학적 증거를 처음으로 접하게 되었다. 그 결과, 나는 지질학과 고생물학 분야에서 관련 연구를 대충 찾아보는 데 착수했는데, 거기서 즉시 상당한 확증을 얻어 대륙 이동설의 정당성에 대해 확신을 가지게 되었다.

베게너는 그 보고서를 보고 나서 넉 달 후인 1912년 1월에 두 차례의 강연에서 대륙 이동설에 대한 자신의 생각을 이야기했다. 베게너가 처음 깨달음을 얻은 순간부터 「대륙과 대양의 기원」이 출간되기까지 걸린 시간은 불과 5년으로, 다윈이 자신의 생각을 「종의 기원」으로 발표하기까지 걸린 20년에 비하면 아주 짧다. 게다가 비록 베게너가 다양한 관련 분야들을 잘 몰랐기 때문에 오히려 관련 분야들의 취약점을 잘 볼 수 있었다 하더라도, 그것은 앞으로 자신에게 닥쳐올 폭풍의 징조를 전혀 모르고 있었다는 이야기도 된다. 다윈이 진화론을 발표하기 전에 오랫동안 염려하고 망설였던 것과는 아주 대조적이다.

또 한 가지 차이점은, 베게너에 대한 공격은 종교적인 것이 아니라는 사실이다. 종교적 열정이 개입되지 않은 것은, 오늘날 대륙 이동설이 불완전한 측면이 있음에도 불구하고 지구의 진화를 설명하는 유력한 이론으로 자리잡게 된 이유를 설명해 준다. 반면에 다윈의 진화론은 최소한 근본주의자 집단으로부터 여전히 심한 공격을 받고 있다.

## 구미에 맞는 이론들

*

베게너가 1912년에 논문을 발표할 무렵, 과학계는 지구 나이를 제한한 켈빈의 속박에서 이제 막 벗어나고 있었다. 이것은 지구의 선사시대의 조건에 대해 많은 추측을 할 수 있는 여지를 제공했으며, 그 이전보다 많은 관심이 쏟아지고 있었다. 그러나 지구가 냉각하고 수축하고 있다는 개념은 여전히 유력한 가설로 남아 있었다.

20세기 초는 지구과학의 광범위한 분야들이 확고한 과학적 기초 위에 수립돼 있다고 생각되던 시대였다. 그러니 지구과학에서 믿어지고 있던 모든 것을 뒤집어 놓을 수 있는 개념을 환영할 사람은 거의 없었다. 1928년에만 하더라도 미국의 지질학자 체임벌린은 여전히 다음과 같은 글을 쓸 수 있었다.

"만약 우리가 베게너의 가설을 믿는다면, 지난 70년 동안 쌓아온 모든 지식을 버리고 처음부터 완전히 다시 시작해야 할 것이다."

그동안에 알게 된 사실 중 한 가지는, 대서양 양쪽에서 발견되는 유사성을 지적하는 보고서가 점점 증가하는 것을 설명하기 위해 넓은 대서양을 연결해주는 무엇이 있어야 한다는 것이었다. 이들 보고서에서 제기된 한 가지 중요한 예는 글로소프테리스Glossopteris라는 식물이었다. 고생대 말(약 2억 5000만 년 전)의 석탄층에서 발견된 이 양치류는 인도 · 남아프리카 · 오스트레일리아 · 남아메리카의 광범위한 지역에서 양호한 보존 상태로 발견돼왔다. 똑같은 종의 식물이 이렇게 다양한 지역에서 각자 독자적으로 출현했다고 보기는 어렵다. 따라서 서로간의 연결 관계를 설명할 수 있는 것이 필요했다.

만약 북아메리카와 남아메리카가 육교로 연결될 수 있다면, 남아메리카와 아프리카도 그런 식으로 연결될 수 있지 않을까? 유일한 차이점은 북아메리카와 남아메리카를 잇는 육교는 그 자리에 남아 있지만, 남아메리카와 아프리카를 잇는 육교는 오랜 시간이 흐르면서 가라앉아 버렸다는 것이다. 또 하나의 유력한 가설은 대륙만한 크기의 땅 덩어리가 양대륙 사이에 존재하다가 땅 아래로 파묻히거나 가라앉았다는 것이다. 두 가지 가설 중에서 육교설이 좀더 유력해 보였다.

다른 과학 분야에서는 다른 생각들이 제기되었다. 19세기 말에 광범위한 중력 탐사 결과 '지각 평형설(isostasy)'이 부상했다. 지각 평형설에서는 산맥과 산맥 아래의 지각은 해양지각보다 밀도가 낮은 물질로 이루어져 있다고 설명했다. 만약 대륙 지각과 해양 지각이 밀도가 높은 하층 위에 떠 있다고 가정한다면, 더 가벼운 대륙이 해양 지각보다 하층 물질 위에서 더 높이 떠오를 것이다. 그리고 만약 산맥의 기반이 밀도가 가장 낮다면, 산맥이 나머지 육지 부분보다 왜 더 높이 솟아있는지 설명할 수 있다. 수직 방향의 움직임이 일어난다는 사실은 이미 알려져 있었다. 자세한 관찰을 통해 스칸디나비아가 홍적세 동안에 빙하의 무게 때문에 가라앉았다가 빙하기가 지난 후 날씨가 따뜻해지자 다시 솟아올랐다는 사실이 밝혀졌다. 지각 평형설로 산맥 생성이 설명된다면, 그것은 또한 그 당시 제기된 다른 강력한 가설을 지지해주는 셈이었다. 다른 가설이란, 세상의 대륙 및 해양의 분포가 영구히 불변하다는 생각이었다. 이것을 바탕으로 지구 수축설에 대한 반론이 나오게 되었다.

이러한 사실들에 대해 베게너는 자신의 책에서 이렇게 주장했다.

"따라서 우리는 여기서 지구의 선사 시대의 구조에 대해 상호 모순되는 두 이론이 동시에 양립하고 있는 이상한 현상을 보게 된다. 유럽에서는 이전에 육교가 존재했다는 이론을 거의 보편적으로 받아들이고 있으며, 미국에서는 해양 분지와 대륙 지괴의 영속성이라는 이론에 집착하고 있다."

"과연 진실은 무엇인가?"하고 그는 논의를 계속한다. "어느 한 시점에 지구는 단 한 가지 구조밖에 가질 수 없었다. 그렇다면 그때에 육교가 존재했을까? 아니면 오늘날처럼 광대한 바다에 의해 대륙들이 서로 분리돼 있었을까?… 명백하게 오로지 한 가지 가능성만이 남는다. 명백하다고 주장되는 가정들에 뭔가 잘못이 숨어 있음이 틀림없다."

지구의 큰 부분이 수직 운동이 가능하다면, 수평 운동은 왜 불가능하겠는가? 베게너는 이렇게 도전을 던졌는데, 그것은 과학자들의 분노를 불러 일으켰다. 단지 다양한 분야의 과학자들뿐만 아니라, 대서양 양쪽의 과학자들로부터.

## 격렬한 반대

*

독일어로 출판된 「대륙과 대양의 기원」초판은 겨우 94페이지밖에 안 되고, 색인도 붙어 있지 않아 별다른 관심을 끌지 못했다. 4년 뒤인 1919년에 또다시 독일어판이 출판되었는데, 이번에는 보다 나은 짜임새와 더 많은 증거와 함께 색인까지 갖추어 유럽 대륙에서 과학자들의 관심을 끌었다. 미국 과학자들은 3판(1922년)이 영어를 비롯해 여러 언어로 번역 출판될 때까지 유럽 대륙에 들끓고 있던 폭풍에 대해 전혀 알지 못하고 있었다.

그러자 중요한 위치에 있던 두 지질학자인 영국의 필립 레이크와 미국의 해리 필딩 레이드가 비판적인 평을 썼으며, 이 시점에서 공격의 합창은 비명처럼 울려퍼졌다. 어떤 사람들은 베게너의 과학자로서의 자질에 의문을 던지기도 했다. 레이크는 "그는 진리를 추구하는 것이 아니다. 그는 어떤 주의를 옹호하고 있으며, 그것에 반대되는 모든 사실과 주장에 눈을 감고 있다"고 불만을 표시했다.

"그 모양을 왜곡시킨다면, 퍼즐 조각들을 맞추는 것은 아주 쉬운 일이다. 그러나 그렇게 해서 퍼즐 조각들을 맞추었다고 해도, 그것은 조각들을 원래의 위치에 그대로 맞추었다는 증명은 되지 못한다. 또 그 조각들이 똑같은 퍼즐에 속한다는 증명도 되지 못하며, 모든 조각들이 존재한다는 증명도 되지 못한다."

미국인들 역시 베게너를 신랄하게 공격했다. 고생물학자 베리는 베게너의 이론에 대해, "문헌 속에서 자신의 생각을 지지해주는 증거만을 선별적으로 선택하고, 반대되는 대부분의 사실들은 무시하고, 주관적인 생각이 객관적인 사실처럼 간주되는 자아 도취 상태로 끝난" 이론이라고 표현했다. 미국의 지질학자 토머스 체임벌린은 "그러한 이론이 이처럼 버젓이 활개를 치고 다닌다면" 지질학이 과학으로 대접받을 수 있을지 의문이 든다고 말했다. 존경받던 또 다른 미국의 지질학자 베일리 윌리스는 "그것을 더 이상 논의하는 것은 문헌을 어지럽히고, 학생들의 마음을 미혹케 할 뿐이다. (그것은) 퀴리 이전의 물리학만큼 낡아빠진 것이다"라고 주장했다. 그는 베게너의 이론을 "동화"라고 부르기까지 했다.

가장 강한 반론은 지구물리학자들이 제기했다. 베게너는 대륙이 '시알sial'이라는 암석질로 이루어져 있으며, 이 물질들은 밀도는 더 높지만 부드러운 하층인 '시마sima'층을 따라 미끄러지고 있다고 주장했다. 그는 시마가 시알보다 더 낮은 온도에서 녹기(다시 말해서 유체 상태가 되기) 때문에 시마가 부드러운 상태라고 가정했다. 불행하게도 물리적인 실험 결과들은 시마의 녹는점에 관해 그가 추측한 것과 모순되는 것으로 나타났다. 게다가 지진파를 관측한 결과 대양저는 부드러운 것이 아니라 딱딱한 것으로 드러났으며, 따라서 그의 이론은 비과학적인 것으로 간주되었다.

그러나 우리는 오늘날 베게너의 기본 개념이 옳다는 것을 알고 있다. 잠시 후에 보게 되겠지만, 기묘하게도 그는 크게 생각하지 못하고, 너무 작게 생각하고 있었다. 폴플뤼히트와 중력이 오랜 기간에 걸쳐 작용하면 대륙 이동을 일으킬 수 있다는 그의 가설을 다시 생각해보자. 베게너는 이들 힘이 자기 이론에서 큰 문제점이며, 그래서 대륙 이동의 메커니즘을 밝히지 못하는 것이 약점임을 알고 있을 만큼 뛰어난 과학자였다.

이 점을 지적하고 나선 사람 중에 해럴드 제프리스도 있었다. 제프리스는 대륙 이동설을 "아주 위험하며, 심각한 잘못으로 연결될 수 있는 개념"이라고 불렀다.

격렬한 공격에 무방비 상태가 된 베게너는 불평만 늘어놓을 뿐이었다. 장인에게 보낸 편지에서 그는 이렇게 썼다.

"P교수의 편지가 전형적인 것은 아닙니다! 그는 무엇을 배우려고 하지 않습니다. 사실만을 다루기를 고집하고, 가설은 쳐다보려고도 하지 않는 그 사람들은 그 자신들이야말로 틀린 가설을 이해하지도 못한 채 사용하고 있습니다!… 그의 편지에는 사물의 본질을 이해하겠다는 노력 같은 것은 전혀 없으며, 오로지 다른 사람들의 한계를 드러내는 것을 즐기는 내용뿐입니다."

베게너는 대륙 이동 가설을 겨냥한 개인적인 공격으로는 그것을 결코 끌어내릴 수 없다고 믿었다. 그 생각은 틀린 것이었다. 반면에 그는 또한 모든 증거들을 결합함으로써 그 이론의 정당성이 확립될 수 있다고 믿었다. 그는 그렇게 할 수 있는 극소수의 과학자 중 한 사람이었다.

## 지지자들

*

비록 집중 포화를 받긴 했지만 베게너가 완전히 혼자였던 것은 아니다. 베게너가 사망하기 2년 전인 1928년, 에든버러 대학의 지질학 교수 아서 홈스는 계산을 통해 방사능에서 발생하는 열만으로는 화산 활동을 완전히 설명할 수 없다는 것을 밝혔다. 그래서 그는 지구 내부에 열 대류에 의한 흐름이 있다는 가설을 제기했다. 그 과정은 물이 끓고 있는 커다란 주전자 속에서 일어나는 것과 비슷하다. 주전자 아래의 불에 의해 발생한 열은 아랫부분의 물을 위로 올라가게 하는 대류를 발생시킨다. 이것은 대륙 이동의 잠재적인 원동력이 될 수 있었으며, 베게너는 「대륙과 대양의 기원」 1928년도판에 이 내용을 즉각 포함시켰다. 불행하게도 그러한 대류의 흐름은 원동력이 될 수 있겠지만, 그러한 일이 어떻게 일어나는지는 아직 명쾌하게 밝혀지지 않고 있었다. 또한 풀리지 않은 다른 주제들도 많이 남아 있었으며, 따라서 기본적으로 옳은 그 개념도 아주 큰 도움을 주지는 못했다.

거의 같은 시기에 그 당시 가장 권위 있던 형장 지질학자이던 남아프리카의 알렉스 뒤투아는 자기 조국의 고생대와 중생대 지질과 남아메리카 동부의 그것이 놀라울 정도로 비슷하다는 사실을 발견했다. 그는 다른 증거들도 수집했으며, 대륙 이동설의 열렬한 지지자가 되었다. 베게너는 1929년도판의 저서에 그러한 증거 중 일부를 포함시켰다.

그러나 아직도 논쟁의 수렁에 깊이 빠져 있던 베게너의 이론을 건져줄 만한 결정적인 증거는 아무것도 없었다. 메커니즘에 관한 중요한 의문에 대해서는 아직도 만족할 만한 답이 나오지 않고 있었다. 대륙 이동설을 받아들이기로 마음을 바꾼 사람들도 추가적인 사태 진전이 있기까지는 침묵을 지키는 것이 좋겠다고 생각했다. 실제로 과학자들의 태도는 대륙 이동설에 대해 반대하는 쪽으로 굳어지는 것처럼 보였다.

1943년(베게너가 사망한 지 13년 후)만 해도 미국의 고생물학자 조지 게일로드 심슨은 동료 과학자들 사이에서 대륙 이동설을 거의 만장일치에 가깝게 반대하는 분위기를 언급한 바 있다. 그 자신이 직접 이렇게 주장하기까지 했다.

"알려져 있는 과거와 현재의 육상 포유류의 분포는 대륙 이동 가설로 설명할 수 없다… 포유류의 분포는 포유류의 역사에 관련된 전 시간 동안 대륙들이 본질적으로 안정했다는 가설을 분명하게 뒷받침해준다."

1950년 뒤에는 뒤투아의 제자인 게버스가 “대륙 이동설의 현저한 후퇴”를 언급했다.

## 선회

*

1800년대 중반에 대서양 횡단 케이블을 부설하던 도중에 신세계와 구세계의 해안에서 각각 중간쯤 되는 해저 바닥에서 흥미로운 지질 구조가 발견되었다. 대서양 중앙 해령이라 이름 붙여진 그 지질 구조는 양 해안선의 모양을 거의 그대로 나란히 따라가며 길게 뻗어 있는 해저 산맥이었다.

베게너는 이 해저 산맥에 대해 알고 있었으나, 대륙 이동설과 어떤 관계가 있으리라고는 전혀 생각지 못했다. 대륙들의 움직임을 설명하면서 베게너는 움직임의 중심이 어디에 위치하는지는 중요하지 않고, 상대적인 움직임만이 중요하다고 기술했다. 그는 세 가지 가능성을 열거했는데, 아프리카, 중앙 대서양 해령, 남아메리카를 나머지 땅 덩어리들이 거기서 멀어져 가는 움직임의 중심으로 꼽았다.

상대적인 움직임만 놓고 볼 때에는 그의 생각이 옳았다. 만약 고무밴드 위의 두 곳에 표시를 해놓고 고무밴드를 잡아늘인 다음, 두 지점 사이의 새로운 거리를 측정하고자 할 때, 두 지점 중 어느 쪽을 기준점으로 삼는가 하는 것은 중요하지 않다. 그러나 대륙 이동설의 경우에는 어떤 지괴를 움직임의 중심으로 선택하는가 하는 것은 중요하다. 그 답은 쉽게 나오지 않았다.

제 2차 세계대전의 발발과 함께 지도 제작을 위한 장비와 기술이 획기적으로 발전하면서 많은 발견이 이루어졌다. 이러한 발견들은 복잡한 지형의 의문에 답을 제공했을 뿐만 아니라, 결국에는 대륙 이동설의 운명까지도 바꾸어 놓았다. 이러한 계시는 아주 다른 두 분야에서 나왔다.

첫째는 심해 지도 제작 과정에서 나온 것으로, 중앙 대서양 해령이 수많은 해령 중 하나에 불과하다는 사실이 밝혀졌다. 해령들은 전세계에 분포하고

모리스 에윙의 동료인 마리 사프와 브루스 헤젠이 작성한 이 극적인 해저 지도는 지구에서 가장 높은 산맥이 대륙들 사이의 해저로 구불구불 기어가고 있음을 보여준다. 아래쪽 사각형 속의 그림은 자기력선이 해저의 레이캬네스 해령과 평행으로 놓여있다는 것을 보여주는데, 이것은 판구조론을 탄생시키는 데 필수적인 역할을 한 퍼즐 조각이었다.

있는 해저 산맥들이지만, 그 모양과 구성이 육지의 산맥과는 전혀 달랐다.

실제로 해령은 모든 대양에서 발견된다. 해령은 마치 야구공의 솔기와 같이 일종의 연속적인 솔기 모양을 하고 있다. 게다가, 솔기의 여기저기에는 해저 화산들이 점점이 분포하고 있으며, 화산섬들도 산재하고 있다. 그러한 화산섬에는 갈라파고스 제도, 어센션 섬, 아이슬란드도 포함된다. 해령 중에서 가장 뜨겁고 나이가 어린 지역은 해령의 중심선 근처에서 발견된다.

전세계의 바다 여기저기에서 이루어진 관찰은 마치 미스터리 살인 사건의 단서들처럼 계속 쌓여갔다. 또 한 가지 단서가 발견되었는데, 연대측정 기술이 정교해지면서 해저 바닥의 어떤 부분도 그 나이가 2억년을 넘지 않는 사실이 밝혀졌다. 이것은 대륙의 암석과 비교할 때 아주 젊은 것이다. 이것은 정말 충격적인 발견이었다. 전통적인 견해에서는 대양저와 대륙은 동시에 형성되었다고 생각하고 있었기 때문이다. 또 계속되는 연구에서 (1)대륙 지각은 해양 지각과는 다른 물질로 이루어져 있고, (2)해양 지각은 대륙 아래에 있는 지각보다 훨씬 얇으며, (3)해양 지각과 대륙 지각 아래에는 모두 밀도가 더 높은 물질이 있다는 사실이 밝혀졌다.

대륙 이동설의 운명을 바꾸어놓은 두 번째 연구 분야는 지구의 암석 속에 그 오랜 역사와 함께 숨겨져 있는 자기磁氣 정보와 관련된 것이다. 1950년대 말에 배 뒤에 자력계를 달고 수년 이상 자기를 측정한 결과, 여러 가지 놀라운 현상이 드러났다. 하나는 대양저를 따라 늘어선 자기 줄무늬의 이상한 패턴이었다. 그것들은 해령의 양쪽을 따라 대칭적으로, 그리고 다소 해령과 평행하게 분포하고 있었으며, 자북극이 서로 교대로 배치돼 있었다. 이러한 줄무늬는 특히 수수께기로 생각되었는데, 그 답이 풀리기까지는 오랜 시간이 걸리지 않았다.

## 해저 확장

*

1960년, 프린스턴 대학의 해리 헤스Harry H. Hess는 다양한 자료원으로부터 얻은 정보를 통합하여 베게너의 이론과 비슷한 생각을 발표했다. 그것은 간단하면서도 놀라운 것이었다. 대양 한가운데의 해령에서 지구 내부로부터 뜨겁고 동적인 용암(또는 마그마)이 솟아오르면서 해저가 생겨난다는 생각이었다. 지구 내부에서 새롭고 길다란 화산이 솟아오르는 것처럼 그 물질은 솟아오르면서 쌓여서 해저 바닥에서 수km나 솟아오른 거대한 산맥을 생성한다. 마그마는 또한 해령에서 서로 반대 방향으로 퍼져 나가면서 새로운 대양저를 만든다. 알려진 모든 사례에서 이들 대양저의 나이는 2억 년을 넘지 않았다.

이 생각은 처음에는 베게너의 가설이 그랬던 것처럼 별다른 영향력을 발휘하지 못했다. 그러나 곧 여기저기서 원군이 나타나기 시작했다. 여러 과학자들의 연구 덕분에 자기 줄무늬의 교차 현상은 일종의 화석화된 자기 테이프라는 것이 밝혀졌다. 용융된 암석이 솟아올라 냉각될 때, 지구 자기장의 방향이 그 속에서 굳어지게 된 것이다.

전세계의 자기장은 지구의 오랜 역사 동안 아주 많이 그 방향이 역전된 것으로 알려져 있다. 교차되면서 나타나는 자기 줄무늬는 그 암석이 솟아올라 냉각될 당시의 자기장의 방향을 나타낸다. 그 암석이 중심부에서 밀려날 때에는 이 자기장 방향을 그대로 간직하게 되고, 자기 역전이 일어난 후에 솟아오른 새로운 암석은 반대의 자극 방향을 지니게 된 것이다. 명백히, 지표면의 많은 부분은 움직이고 있었다. 이것은 대륙 이동설을 뒷받침하는 훌륭한 증거였다.

헤스의 이론은 해저 확장설이라 불리게 되었다. 해저 확장설은 여러 가지 수수께기 중에서도 산꼭대기 부분에 있는 용암이 왜 항상 중심 부분에서 멀리 떨어져 있는 용암보다 나이가 더 어린지 그 수수께끼를 풀어주었다. 그러나 우리의 이야기에서 가장 중요한 것은, 헤스의 이론이 베게너의 대륙 이동에 대해 만족할 만한 원동력을 제공했다는 점이다. 대륙들은 맨틀(지각과 핵 사이의 두꺼운 층) 내부의 대류에 의해 일어나는 전체 과정을 통해 운반되는 것이다. 헤스는 이렇게 설명했다.

"대륙들은 미지의 힘에 의해 해양 지각 사이로 움직여가지 않는다. 그보다는 맨틀 물질이 해령의 꼭대기 표면으로 올라와 거기서 측면 방향으로 옮겨갈 때, 그 위에 수동적으로 올라탄 채 움직인다."

이렇게 하여 대륙 이동설은 다시 부활했다. 대륙 이동설은 그 자체로 완전한 답을 제시하지는 못했지만, 새로이 등장한 '판구조론(platetectonics)'이라는 이론의 일부로 포함되었다. 지구과학에서 판구조론이 차지하는 위치는 진화론에서 현대적인 종합이 차지하는 위치에 비유할 수 있다.

## 판구조론

*

이 새로운 시나리오에 따르면, 대륙들은 바다 위에 떠다니는 배처럼 지각 위로 미끄러져 다니는 것이 아니다. 지구의 가장 바깥 부분은 다양한 두께를 지닌 단단하고 딱딱한 일련의 판들로 나누어져 있다. 최근의 이론에 따르면, 판들은 지각만으로 이루어진 것이 아니라 상부맨틀의 일부까지 포함하고 있다. 해양 판의 두께는 겨우 7km에서부터 해저에서 가장 오래 된 부분인 130km에 이르기까지 다양하다. 대륙판은 일반적으로 해양 판보다 더 두꺼운데, 약 32km에서부터 290km까지 분포하고 있다.

이렇게 판들로 이루어진 지구의 가장 바깥층을 암석권(lithosphere)이라 부른다. 판들은 연약권(asthenosphere)이라는 유동적인 상부 맨틀층 위에 떠 있다. 이 거대한 판들은 대륙의 가장자리와 일치하는 수도 있고 일치하지 않는 수도 있으며, 느리지만 강한 용융 암석의 대류에 의해 지표면 위를 움직여 다닌다.

판들의 가장자리끼리 맞닿는 곳에서는 여러 가지 흥미로운 일이 일어난다. 두 개의 판 중 하나가 맨틀 아래로 침강해 내려갈 수도 있고, 다른 쪽 판 위로 올라갈 수도 있으며, 다른 판과 충돌하면서 산맥을 생성할 수도 있다. 미국의 서쪽 가장자리와 아시아의 동쪽 가장자리는 움직이는 판들의 경계선인 것으로 믿어진다. 이 판들이 움직임에 따라 가장자리를 따라 균열이나 붕괴가 발생하는데, 이 지역에 지진이나 젊은 산맥들이 많이 몰려 있는 사실은 이것으로 설명할 수 있다. 게다가 두 판이 만나는 곳에서는 마찰이 일어나 엄청난 열이 발생하는데, 이것은 아래층의 암석을 녹일 수 있을 정도이다. 지구 내부의 큰 압력이 이 마그마를 위로 분출시켜 화산이 분화하고, 그곳으로부터 용암이 흘러나오게 된다.

## 오늘날의 이론과 연구

*

지질학자들에게는 다행스럽게도, 점점 팽창해가는 이 분야에는 아직도 해결되지 않은 의문들이 많이 남아 있다. 사실 베게너가 고민하던 메커니즘 문제는 오늘날까지도 아직 완전히 해결되지 않았다. 판구조론은 해양 지각의 움직임에 대해서는 만족할 만한 답을 제시한다. 그러나 해양 지각보다 더 두껍고, 지구의 맨틀 속으로 깊이 박혀 있는 대륙들의 움직임을 설명하는 데에는 다소 미흡하다. 1995년에 나온 한 가설에서는 대부분의 판의 움직임에 동력을 공급하는 것은 오래 된 해저가 지구 내부로 끌려들어가는 데서 나온다고 주장하고 있다.

많은 분야에서 조사와 연구가 진행되고 있다. 그중 하나는 인도와 나머지 아시아 대륙 아래에 있는 대륙 판들 사이에 현재 진행되고 있는 힘겨루기와 관련된 것이다. 5000만 년 동안 인도는 매년 약 5cm의 속도로 북쪽으로 밀고 올라가면서 아시아 대륙과 충돌해왔다. 시러큐스 대학의 지질학자 더글러스 넬슨은 지금까지 그것은 "히말라야 산맥과 티벳 고원을 솟아오르게 했고, 중앙 아시아의 일부를 태평양 쪽으로 멜론 씨처럼 돌출해나가게 만들었다"고 말한다.

다시 말해서, 인도판은 아시아판 아래로 미끄러져 들어가고 있으며, 그 결과로 위에서 말한 그러한 일들이 일어나는 것이다. 최근의 연구에서는 또 새로운 사실이 추가로 발견되어 상황을 좀 복잡하게 만드는데, 이 지역 아래에 일종의 용광로가 존재한다는 것이다. 이것은 전혀 예상치 못한 결과이

창조적인 사고에서뿐만 아니라 행동에서도 용감했던 베게너(왼쪽)는 1930년, 때이른 초겨울의 눈보라 때문에 야외 기지에 고립된 연구원들에게 구호 물자를 전달하기 위해 이누이트 족 가이드이자 친구였던 라스무스 빌룸센과 함께 그린란드 빙원을 횡단하는 위험한 여행을 감행하기로 결정했다. 두 사람은 여행 도중에 사망하고 말았다. 신문들의 부고 기사들에서는 베게너의 영웅적인 행동을 찬양했다.

지만, 오랫동안 제기돼 온 의문에 답을 제시할지도 모른다. 그 의문이란 산맥들로 둘러싸여 있는 티벳 고원이 왜 그렇게 편평한가 하는 것이다. 연구자들은 지하가 부드러운 물질로 이루어진 것이 그 이유가 될 수 있다고 주장한다. 땅콩 버터와 같이 점성이 큰 유체가 충분히 오랜 시간이 지나면 편평해지듯이 말이다. 이 연구에서 얻은 새로운 지식들은 이전에 일어난 충돌을 제대로 이해하는 데에도 이용될 수 있을 것이다.

판 자체에 관한 의문들도 남아 있다. 판의 크기를 결정하는 것은 무엇인가? 이론에 따르면, 판은 그 폭이 3000km를 넘을 수 없다고 한다. 그러나 태평양 아래에 있는 판이 그것보다 무려 네 배나 큰 것은 어떻게 된 일인가? 새로운 연구에서는 이곳의 깊은 맨틀이 아주 큰 점성을 지니고 있음을 시사하는데, 이것이 판의 크기에 큰 변수가 될지도 모른다.

판들의 수도 논란의 대상이 된다. 가장 최근에 판의 수를 세어 본 결과, 12개의 주요 판과 그 밖에 여러 개의 작은 판들이 있는 것으로 밝혀졌다. 그러나 최근의 연구에서 인도와 오스트레일리아가 올라타고 있는 판이 분열되고 있다는 가능성이 밝혀졌는데, 그렇다면 주요 판의 수는 13개로 늘어나게 될 것이다.

아직도 많은 것이 의문에 싸여 있다는 것을 감안할 때, 베게너가 모든 것을 다 알지 못했던 것은 전혀 놀라운 일이 아니다. 그래서 그의 근본적인 추측—판게아가 약 2억 년 전에 분열하기 시작했다는 것—은 더욱 대단해 보인다. 이 사실은 모든 사람들의 의견이 일치하는 극소수의 사실 중 하나이기 때문이다.

베게너는 많은 시련을 겪었지만, 계속 자기 경력을 쌓아갈 수 있었다. 1919년, 그는 함부르크에 있는 독일해양기상대의 기상연구실장에 임명되었으며, 거기서 그는 민간 부문과 학문적인 기능을 결합해 연구할 수 있었다. 5년 뒤인 1924년에는 오스트리아 그라츠 대학에 신설된 기상학 및 지구

물리학과의 학과장에 임명되었다.

아직 육체적으로 활동적인 50세의 나이에 그는 1930년에서 1931년까지의 일정으로 네 번째 그린란드 탐사 계획을 세웠다. 그러나 이 계획은 비극으로 끝나고 말았다. 그는 중앙의 만년빙에 설치된 캠프에서 서쪽 해안으로 횡단하려고 시도하다가 목숨을 잃었다. 그가 사망한 1930년까지도 그의 이론은 여전히 과학계에서 일종의 지옥 변방에 머물고 있었다. 그러나 그의 유산은 살아남았다. 자신이 상상한 것보다도 훨씬 더 크고, 웅대하고, 포괄적이고, 거대한 것으로…. ✶

ROUND 9

# 조핸슨 VS 리키 가족

조 햏슨 VS 리키 가족

# 잃어버린 고리

과학 분쟁에 관한 뉴스가 〈뉴욕타임즈〉지의 1면을 장식하는 경우는 흔치 않다. 그러나 1979년 2월 18일 아침, 〈뉴욕타임스〉지 하단에 3단짜리 그림과 함께 기사가 실렸다. 그림 바로 아래에는 다음과 같은 제목 기사가 실려 있었다.

*'경쟁 관계에 있는 인류학자들이 선행 인류의 발견을 놓고 대립하다'*

거기에는 무슨 극적인 이야기 같은 것은 없었다. 사람들은 왜 그 기사가 1면을 장식했는지 의아하게 생각했다. 본문 기사는 다음과 같이 시작되었다.

> 오늘 두 유명한 인류학자가 지난 달에 발견된 화석이 정말로 현재 알려진 모든 인류 형태와 인류 비슷한 존재의 조상격인 새로운 종의 선행 인류인지 아닌지를 놓고 대대적인 싸움으로 비화될 수도 있는 논쟁에 돌입했다.

> 케냐의 인류학자인 리처드 리키Richard Leakey는 지난 달에 두 미국인 과학자가 그러한 종을 발견했다고 발표한 데 대해 반론을 제기하고 있다. 두 미국인 중 한 사람인 도널드 조핸슨Donald C. Johanson박사는 이곳에서 개최된 인간의 진화에 관한 심포지움에 리키 씨와 함께 출석하여 자신의 해석을 격렬하게 변호했다.

'격렬하게'라고? 어떤 모욕적인 일이라도 일어났던가? 주먹다짐이나 칼이라도 휘둘렀는가? 전혀 그런 일은 없었다. 그런데 왜 신문 편집자들은 이 뉴스를 그렇게 중요하게 취급했을까? 한 가지 시각은 유망한 시골뜨기 미국인과 성실한 영국 학계의 톱스타 사이의 대결로 보는 것이었다. 그것은 골리앗과 다윗의 싸움이었고, 미국인인 조핸슨 박사가 다윗의 역이었다. 아니 그가 골리앗이었던가? 리키의 호칭을 단지 '씨(Mr.)'라고만 표기한 데에도 유의할 필요가 있다.

어쨌든 그 기사에는 약 1세기 전에 코프가 마시를 상대로 전개한 것과 같은 폭발적인 수준의 비난은 담겨 있지 않았다. 또한 리키는 전형적인 냉담한 영국인의 자세를 견지하며 피츠버그 회의에서 노골적으로 덤벼들지도 않았다. 따라서 그 이야기는 세세한 사실에 관한 것이었다. 그리고 그 기사를 쓴 기자인 보이스 렌스버거는 그러한 세부적인 사실을 아주 깊이 파고들었다. 그렇지만 그 기사가 1면에 실린 데에는 또 다른 중요한 이유가 있다.

20세기 초반에 인간의 진화까지도 포함하는 진화론이 과학계에 널리 받아들여지고 있었다. 그러나 우리가 '유인원으로부터' 유래했다는 생각은 여전히 논란의 대상이었다. 그래서 대안으로 나온 더 그럴듯한 이론은, 우리가 인간과 유인원 모두의 조상인 미지의 다른 동물로부터 진화해나왔다는 것이었다.

그러나 이 생각에는 문제점이 하나 있었다. 인간이 진화해온 계통 선상에서 화석의 증거라는 큰 구멍이 뚫려 있었던 것이다. 우리는 자의 한쪽 끝에 위치해 있고, 우리의 사촌인 현대 유인원은 반대쪽 끝에 위치해 있다. 우리는 또한 약 1000만 년 이전에 존재했던 것으로 생각되는 먼 옛날의 유인원에 대한 화석 증거도 일부 가지고 있다.

루시의 뼈를 들고 있는 조핸슨.

그러나 그 중간 단계는 어디 있는가? 즉, '잃어버린 고리(missing link)'는 어디에 있는가? 잃어버린 고리는 아마도 인류 역사상 성배聖杯 다음으로 사람들이 찾으려고 가장 많이 애써온 대상일 것이다. 어떤 문명, 기록이 남아 있는 어떤 사회에서도 우리가 어디서 유래했는가를 설명하려는 신화와 전설이 있다. 리키와 조핸슨이 논쟁을 벌인 것은 기본적으로 바로 잃어버린 고리에 관한 문제였다.

## 잃어버린 고리

*

이 책에서 여러 차례 등장한 바 있는 찰스 다윈이 다시 무대에 등장한다. 1871년, 그는 인류의 기원은 아프리카에서 발견될 것이라고 예언했다. 백색인종 우월 논리에 젖어온 20세기 초의 서구인들에게 이 말은 다윈과 진화론에 대해 거부감을 느끼게 하기에 충분했다.

그러나 1979년에 〈뉴욕타임스〉지의 기사가 나올 무렵에는 이미 놀라운 발견들과 새로운 해석들이 많이 이루어져 대중 사이에 잃어버린 고리에 관한 관심이 높아져 있었다. 예를 들면 그 유명한 필트다운인(Piltdown Man)은 언론을 통해 큰 센세이션을 일으켰다. 1912년에 '발견된' 필트다운인은 큰 두뇌와 작은 턱을 가지고 있어, 두뇌가 커진 것을 우리의 조상이 인간으로 변해가게 한 중요한 변화로 생각하고 있던 대중들을 흡족하게 해주었다.

10여 년 후 오스트레일리아 출신의 인류학자 레이먼드 아서 다트는 자신이 귀화한 남아프리카공화국의 칼라하리 사막 근처의 타웅에서 화석 두개골을 발견했다. 새로운 화석을 발견한 사람은 그것을 고생물학의 문헌에서 어느 지점에 놓을지 선택할 권리와 이름을 붙일 권리가 있었다. 다트는 새로운 범주를 만들어 그것을 오스트랄로피테쿠스Australopithecus('남부 유인원'이라는 뜻)라 이름 붙였다. 그렇지만 그것은 일반적으로 타웅 두개골로 알려지게 되었다.

1년 뒤에 다트가 연구 결과를 발표했을 때(스코프스가 원숭이 재판을 받던 바로 그해!) 세상의 반응은 가히 폭발적이었지만, 다트가 기대했던 것과는 거리가 멀었다. 첫 번째 문제는 대후두공大後頭孔(두개골에 나 있는 구멍으로, 몸에서 오는 신경 다발이 두뇌로 지나가는 통로)이 두개골 밑 부분에서 발견된 것이었다. 네발동물의 경우에는 대후두공이 두개골 뒤쪽에 위치하고 있다. 그래서 다트는 이 화석의 주인공은 직립보행을 했다고 결론지었다.

두 번째 문제는 다트의 오스트랄로피테쿠스 두개골은 인간의 턱과 유인원의 두뇌를 가지고 있었는데, 이것은 필트다운인의 두개골과는 정반대 되는 것이었다. 누구나 큰 두뇌가 우리를 인간으로 만들어준 것이라고 믿고 있었기 때문에, 필트다운인이야말로 더 신뢰할 수 있는 증거로 받아들여졌다.

세 번째 문제는 오스트랄로피테쿠스의 두개골은 어린아이의 것이었는데, 일부 비판가들은 인간처럼 보이는 특징들이 잘못된 결론을 유도할 수 있다고 지적했다. 즉, 완전히 자라면 유인원의 특징이 두드러지게 나타날 것이라는 주장이었다. 다시 말해서 다트는 특이한 유인원 새끼의 두개골을 발견했으며, 거기서 잘못된 결론을 얻었다는 것이다.

게다가 인류의 기원은 많은 고대 문명의 발생지인 아시아에서 발견 되리라고 기대되고 있었다. 같은 시기에 베이징에서 발견된 화석 이빨은 그러한 생각을 지지해주는 것처럼 보였으며, 다트가 발견한 타웅 두개골은 이러한 전체 구도에 맞지 않는 것으로 보였다. 타웅 아이가 센세이션을 일으킨 것은 사실이지만, 주로 만화나 뮤직홀 공연에서 농담의 대상이 되었다.

크게 낙심한 다트는 그 분야를 영원히 등지고 말았다. 30년 후, 타웅 아이는 마침내 중요한 발견으로 인정되었다. 타웅 아이가 인정받게 된 이유 중 하나는 1953년에 필트다운인의 두개골이 사기극으로 드러났기 때문이다.

## 불굴의 루이스 리키

*

다트는 당시의 지배적인 견해에 밀려 분루를 삼켜야 했다. 다트 못지 않게 대담한 생각을 가진 한 젊은이가 있었는데, 그는 다트와는 달리 결코 호락호락 물러서지 않았다. 사실, 〈뉴욕타임스〉의 기사에 시작부분이 있었더라면, 그것은 필시 리처드 리키의 아버지인 루이스 리키의 삶부터 다루었을 것이다. 어린시절을 대부분 케냐에서 보낸 루이스 리키는 13세 때 고고학자가 되기로 결심했다. 그는 21세 때인 1924년에 오늘날의 탄자니아에서 행해진 공룡 화석 발굴작업에 이미 참여했으며, 그 탐사에 대한 강의를 하면서 학비를 벌었다.

그 탐사작업은 사실상 그의 경력을 시작하게 하는 계기가 되었다. 이 대담한 젊은이는 인류의 아프리카 기원에 대한 다윈의 생각이 옳다고 주장했을 뿐만 아니라, 자기가 그것을 증명할 것이라고 공언했다. 키가 크고 잘생긴데다가 자신감이 넘쳐 흐르던 그는 점점 유명해지면서 학계에 충격을 주는 행동을 즐겼다.

그는 케임브리지 대학에서 학위를 땄지만, 책상머리에 앉아 연구하는 학자들에게는 넌더리를 냈다. 그는 또한 우리의 인류 조상은 그 당시 보편적

인류의 기원에 관한 중요한 단서들이 발견된 탄자니아의 올두바이 협곡과 오스트랄로피테쿠스 보이세이(사각형 속의 두개골).

인 믿음처럼 약 50만 년 전에 출현한 것이 아니라, 그보다 훨씬 더 먼 과거에 출현했다고 주장함으로써 학계의 주목을 받았다. 비록 대학 시절에는 이기적이고 완고하다는 평을 받았지만('돼지 머리'라는 말도 들었다), 그는 친구를 쉽게 사귀었다. 그러한 친구 중에는 지질학자이자 인류학자이며, 훗날 마거릿 미드(10장에 등장함)의 남편이 되는 그레고리 베이트슨도 포함돼 있었다.

23세 때인 1926년, 루이스 리키는 인류의 화석을 찾기 위한 최초의 탐사 작업에 들어갔다. 그가 선택한 장소는 에티오피아 · 케냐 · 탄자니아를 남북으로 가르며 지나가는 그레이트 리프트 밸리Great Rift Valley(대열곡)였다. 그 당시에는 어느 누구도 그곳을 관심을 기울일 만한 지역으로 생각하지 않았다. 그렇지만 오늘날 이곳은 호미니드 hominid(人科) 화석이 가장 풍부하게 발굴된 4대 지역 중 하나로 알려져 있다.

이 지역은 판구조론의 활동 때문에 특이한 형태를 지니게 되었다. 이곳에서는 3개의 판이 서로 경계를 이루고 있는데, 판들이 움직이면서 지표면이 구부러지고, 화산이 솟아나고, 함몰 지역이 생기면서 호수와 강이 만들어졌다. 비록 느리긴 하지만 끊임없이 진행되는 이 활동은 계속해서 화산재층과 퇴적층을 만들고, 그 지층들을 지표면에 노출시키는 결과를 낳았다. 아주 오랜 시간이 지나면서 종들이 출현했다가 사라져갔으며, 화석으로 그러한 사실들이 남겨졌다.

루이스 리키는 탄자니아 북단에 위치한 올두바이 협곡을 최적의 장소로 선택했다. 주협곡과 측면 협곡을 합쳐 길이 약 50km의 올두바이 협곡은 뚜렷한 지질학적 층위를 보여준다. 어떤 경우에는 화석 퇴적층이 모래질의 밑바닥에서 약 90m나 위에 솟아 있다. 그러나 그곳은 타는 듯이 뜨겁고, 먼지처럼 바싹 마른 금단의 장소였다. 여러 차례 그러한 탐사작업에 끌려다닌 리처드 리키는 훗날 이렇게 회상했다.

"나는 결코 고인류학자가 되지 않겠노라고 생각한 이유를 분명하게 기억하고 있다… 항상 뜨겁고 끈적끈적하고, 늘 그늘을 그리워하며 파리를 찰싹 때려잡아야 하는 생활이 지긋지긋했기 때문이다."

조핸슨은 뜨겁다는 부분에 대해 동의하면서 이렇게 덧붙였다.

"나는 거의 언제나 어떤 병에 걸려 돌아오곤 했다. 1970년대에는 아주 심한 열병에 걸렸는데, 진단조차 받지 못했다."

작열하는 태양 아래에서 오랜 시간 작업하는 것 외에도, 수백 km나 떨어진 곳으로부터 장기간 탐사팀에 음식과 물을 공급하는 보급 문제라든가, 돌과 뼈를 구별하기 어려운 문제, 때로는 아주 작은 성과를 얻기 위해 광대한 지역을 샅샅이 훑어야 하는 문제 등등 다른 문제들도 많았다. 게다가 뭔가 가치있는 것이 발견되면 그것이 발견된 위치뿐만 아니라 그 방향, 어떤 물질 속에서 발견되었는지, 그리고 지층을 팔 때 정확하게 어느 깊이에 그것이 묻혀 있었는지 등을 포함해 모든 것을 정확하게 기록해야만 한다.

루이스 리키는 어디를 찾아야 하는지에 대해서는 놀라운 직감을 발휘했지만, 아주 세심한 전문 발굴인은 못 되었다. 이 점은 나중에 자신이 발견했다고 발표한 한 화석을 문서로 제대로 작성하지 못해 문제를 일으키는 원인

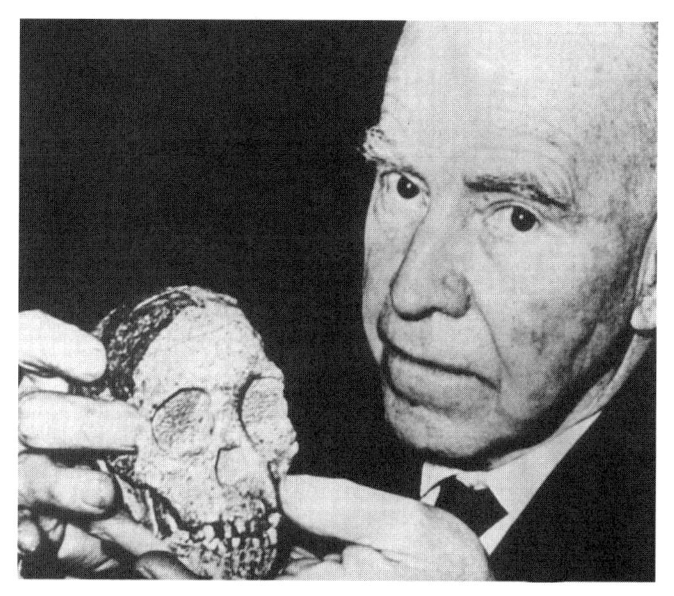

1924년에 남아프리카에서 발견된 이 유명한 타웅 두개골은
맹금류에게 잡아먹힌 어린 호미니드의 잔해로 생각된다.

이 되기도 했다. 부주의에서 비롯된 실수는 그의 긴 경력 내내 그를 괴롭히게 되는데, 웬만한 사람이라면 그것만으로도 끝장나고 말았을지 모른다.

자신의 발견을 보고하기 위해 자주 신문을 사용한 것도 그에겐 도움이 되지 않았다. 그는 '혐오스러운 쇼맨'이라는 소리를 듣게 되었다. 〈펀치Punch〉지는 그의 발견 중 하나를 소개하면서 다른 데 선수를 뺏기지 않기 위해 '오보요보이 협곡'이라는 지명을 사용했다. 이러한 언론의 발표는 학계를 화나게 한 동시에 감질나게 만들었다.

아프리카에서 이러한 소란스러운 소리가 계속 들려오자, 학계에서는 그것을 어떻게 다루어야 할지 갈피를 잡지 못했다. 1947년에 열린 학술 회의에서 해당 분야의 다양한 연구자들은 저명한 화석 전문가인 로버트 브룸의 주장을 듣고서 마침내 인류의 아프리카 기원을 확신하게 되었다. 브룸은 다트의 타웅 아이(100만 년 전에서 200만 년 전에 존재했던)를 포함해 오스트랄로피테신(모든 종의 오스트랄로피테쿠스의 총칭)은 실제로 인류의 계통이라는 것을 밝혔다. 그 무렵에 학자들은 루이스 리키의 이름과 올두바이 협곡에 대해 많이 알고 있었다.

## 올두바이 협곡

*

루이스 리키는 그 당시 자신의 아내였던 메리와 함께 올두바이 협곡을 자신의 영토로 만들어버렸다. 루이스 리키로부터 고인류학을 배운 메리는 아주 뛰어난 재능이 있었던 것 같다. 종종 루이스가 발견한 것으로 알려져 있는 많은 화석들은 실상은 그녀가 발견한 것이다. 사실, 현장 발굴자 중에서 필요한 자료를 정확하게 결정하고 기록하는 방법을 적용하면서 발굴을 한 최초의 사람이 바로 메리이다.

1959년 여름, 30년 동안이나 아주 힘든 환경에서도 굴하지 않고 집요하게 작업을 해온 끝에 그들은 마침내 노다지를 발견했다. 메리는 놀라운 두개골을 발굴했을 뿐만 아니라, 그것과 함께 있던 도구들도 발견했다. 이것은 정말 놀라운 발견이었는데, 도구 제작은 인간성의 진보를 나타내는 또 다른 표지로 간주되었기 때문이다. 그녀가 그냥 두개골을 발견했다고 하면 설명은 아주 간단해지겠지만, 실은 그녀가 발견한 것은 400여 개의 파편이었다. 그녀는 그것을 마치 거대한 3차원 조각그림맞추기 퍼즐처럼 하나하나 일일이 꿰어 맞추어야 했다.

그 결과, 커다란 턱과 고릴라처럼 꼭대기에 돌출부가 있지만, 인간의 특징을 약간 지니고 있는 두개골이 만들어졌다. 루이스 리키는 그 화석이 독자적인 종으로 분류될 가치가 있다고 생각하고, 진잔트로푸스 보이세이 Zinjanthropus boisei라고 명명했다(Zinj는 '동아프리카'의 옛날 이름이고, anthro는 '사람', Boise는 루이스에게 재정적인 도움을 준 사람의 이름이다). 그것을 최초의 인류 조상이라고 기술하면서 사실상 잃어버린 고리로 내세움으로써 루이스는 센세이션을 불러일으켰다. 나중에 그 두개골은 175만 년 전의 것으로 연대가 측정됨에 따라 루이스가 주장해온 것을 뒷받침해주는 증거가 되었다. 이 두개골은 결국에는 오스트랄로피테쿠스 집단으로 분류되어 오늘날에는 오스트랄로피테쿠스 보이세이Australopithecus boisei로 알려지게 되었다. 이 발견 하나로 리키 가족의 운명은 확 바뀌었다. 그들은 하루아침에 유명해져서 사방에서 돈이 쏟아져 들어왔으며, 이로써 훌륭한 장비와 충분한 보급품을 갖추고 인원을 동원하여 제대로 된 탐사를 할 수 있게 되었다.

## 리처드 리키

*

그러는 한편, 메리와 루이스의 아들인 리처드 리키가 무럭무럭 자라고 있었다. 아버지처럼 독립적인 기질이 강한 리처드는 아버지의 후광을 입을 생각이 전혀 없었으며, 처음에는 다른 길로 나아갔다. 얼마동안 그는 박물학자의 기술을 사파리 회사를 운영하는 데 사용했다.

그런데 이리저리 돌아다니던 중에 그의 눈에 들어온 지역이 있었다. 그곳은 올두바이 협곡에서 멀리 북쪽에 위치했지만, 그레이트 리프트 밸리 지역 안에 있는 쿠비포라였다. 아버지보다 자격을 덜 갖추었지만(그는 대학에 간 적도 없었다), 그는 탐사팀을 만들어 여러 가지 발견을 이루었다. 그러나 그렇게 대단한 것은 발견하지 못했다.

그러다가 1972년에 리처드는 굉장한 것을 발견해 황혼기에 있던 아버지에게 보여주었다. 그것은 거대한 두개골이었는데, 그때까지 발굴된 것 중에서 가장 완전한 것이었다. 두뇌가 들어 있던 공간은 앞서 발견된 화석들보다 더 컸으며, 앞서 발견된 화석들이 지닌 돌출된 안와상융기도 없었다. 루이스는 크게 기뻐했다. 자기 가족 중에 호미니드 갱이 또 한 사람 탄생했기 때문이다. 또한 이것은 큰 두뇌를 가진 인류 계통의 진정한 조상은 약 200만 년 전에 아프리카에 살았다는 루이스의 믿음을 강하게 뒷받침해주는 증거이기도 했다. 처음에 그 나이에 대해 약간 혼선이 있었으나, 지금은 190만 년 전의 것으로 연대가 매겨졌다. 리처드는 이제 우리와 같은 호모 계통 중에서 가장 오래 된 구성원을 발견했다는 명성을 얻게 되었다. 1973년, 그는 자신의 발견을 발표하면서 그 화석을 '도구를 만드는 사람'이라는 뜻의 '호모 하빌리스Homo habilis'라고 명명했다.

리처드 리키는 비록 호미니드 갱의 일원이고, 리키 가문에 따라다니는 행운도 일부 물려받았지만, 많은 점에서 아버지와는 아주 달랐다. 작은 예를 한 가지 든다면, 자신이 발견한 화석을 애칭으로 부르기 보다는(그의 부모는 종종 진지를 커다란 턱 때문에 '호두 깨는 사람'이라고 친근하게 부르곤 했으며, 충분히 이해가 가지만 '사랑스런 소년'이라고도 불렀다) 단순히 '1470'이라고 불렀다(1470은 그 화석이 발굴 현장에서 발견된 위치를 나타내는 숫자이다). 실제로 그는 자신이 발견한 모든 화석을 현장의 숫자로 불렀는데, 그렇게 함으로써 불가피하게 발생할 논의와 의견 대립을 덜 감정적인 차원에서 다룰 수 있을 것이라고 생각했다. 이것은 앞으로 겪게 될 논쟁에서도 그가 견지하려고 한 경향이었지만, 항상 성공하지는 못했다.

그는 훗날 "1470은 진지가 아버지에게 가져다준 것을 내게 가져다 주었다. 그것은 나를 유명하게 만들었으며, 세계 무대에 소개했다"라고 썼다. 이것은 부정적인 측면도 약간 가져다주었다. 런던의 〈이코노미스트〉지는 리처드가 쓴 책 한 권을 평하면서 이렇게 표현했다.

"당신이 대서양의 양쪽 중 어느 쪽 출신인가에 따라 리키는 뛰어난 자기 선전 재능을 지닌, 소유욕이 강하고 완고한 무식쟁이로 보이거나, 잘 훈련받은 경쟁자들보다 화석을 추측하고 해석하는 데 옳을 때가 더 많은 위대한 마지막 아마추어 과학자로 보일 것이다."

그가 풍부한 경험을 가졌다는 데 대해서는 아무도 의문을 제기하지 않았다. 어린 시절에 리처드와 그의 두 형제는 시간만 나면 부모와 함께 야외 현장으로 나갔으며, 학자들이 평생 동안 경험하는 것보다 훨씬 많은 야외 탐

골통뼈를 보고 있는 리처드 리키.

사 경험을 쌓았다.

1970년대 초에 이루어진 세 차례의 연속적인 탐사에서도 훌륭한 성과가 나왔다. 자기가 선택한 장소에서 행한 4년간의 탐사에서 그는 아버지와 어머니가 30년 동안 힘든 작업을 통해 이룬 것에 못지않은 많은 중요한 발견을 이루었다. 1979년에 이르러 35세의 리처드 리키(여전히 아마추어인)는 이미 과학계의 슈퍼스타가 되어 있었다. 이미 명사가 되어 있던 그의 어머니조차도 경쟁 상대가 되지 못했다. 루이스와 마찬가지로 리처드는 메리보다 홍보에 더 뛰어났는데, 그것은 비단 자기 자신만을 위한 것이 아니라, 고인류학이라는 더 넓은 분야를 위해서도 그러했다.

아버지처럼 리처드도 고생물학을 열띤 화제가 끊이지 않는 분야로 띄어야 할 필요성을 느꼈는데, 그것은 후원금을 더 많이 끌어들이는데 큰 도움이 되었다. 1세기 전의 코프와 마시의 경우처럼 탐사작업에는 많은 돈이 들며, 필요한 기금을 끌어내는 것은 화석을 파내는 것만큼이나 어렵고도 중요한 일이었다. 기금을 모으는 것은 항상 귀찮은 일이었으며, 리처드는 기금을 분배하는 사람들뿐만 아니라 대중에게 호소하여 그들의 지원을 얻어내야 했다.

그렇게 하기 위해서는 부단히 대중 앞에 나서서 전시회를 개최하고 여기저기서 강연을 해야 했다. 그는 종종 자기가 대학을 다니는 것은 강연을 할 때뿐이라고 농담을 하곤 했다. 그렇지만 그가 강연을 할 때면 강연장은 항상 만원이 되곤 했다.

리처드는 이제 부와 명성을 실컷 누리고 있었다. 그는 아버지의 재단을 떠나 자신의 재단을 설립하기까지 했다. 이렇게 함으로써 그는 연구에 필요한 기부금을 많이 거둘 수 있었을 뿐만 아니라, 연구 기금이 누구에게 가고, 어디에 사용되어야 하는지에 대해서도 확실한 발언권을 가지게 되었다.

한편 리처드는 사생활도 아버지를 쏙 빼닮아 첫 번째 아내와 이혼하고, 젊은 고인류학자인 미브와 결혼했다. 메리 리키와 마찬가지로 미브 역시 야외 생활에 쉽게 잘 적응했다. 호미니드 갱은 번성했다. 그중에서도 리처드가 최고봉이었다.

### 루시가 불을 지르다

*

도널드 조핸슨은 훗날 젊은 시절에 리키 가족과 대면한 일을 이렇게 묘사했다.

"나는 고등학생 시절에 〈내셔널 지오그래픽〉지에서 진지에 대한 이야기를 읽었다. 올두바이라는 이름은 공허하면서도 이국적인 발음으로 내 머릿속을 울렸다. 졸업이 앞으로 다가왔을 때, 스승인 폴 레서 선생님은 화학을 전공으로 택하는 것이 유망하다고 말씀하셨지만, 나는 인류학에 대해 계속 깊이 생각하기 시작했다. 리키의 경험은 화석을 발굴함으로써 일약 성공할 수 있다는 것을 보여주었다."

“나는 대학에 진학했다.”

그는 이야기를 계속했다.

“리키는 나에게 자극을 주었다. 1962년, 그가 올두바이에서 또 다른 호미니드 화석을 발견했다는 소식을 들었는데, 이번에는 오스트랄로피테신이 아니라 진짜 인류(호모 하빌리스)를 발견했다는 것이었다. 더욱 충격적인 사실은 새로 발견된 호모의 나이였다. 약 175만 년 전의 것으로 진지의 나이와 거의 비슷했다. 이 한 번의 발견으로 리키와 그의 동료들은 알려져 있던 인류의 나이를 세 배나 확대시켰다.”

조핸슨은 그때에 이미 잃어버린 고리에 강한 매력을 느끼고 있었던 것이 틀림없다. 1970년, 그가 박사 학위 논문을 준비하고 있던 중에 사건들이 아이로니컬하게 돌아가기 시작했다. 리처드 리키와 잘 알고 지내던 지질학도 모리스 타이에브는 에티오피아의 외진 사막 지역의 지질 역사를 조사하고 있었다. 타이에브는 그레이트 리프트 밸리 북단에 위치한 아파르 삼각 지대에 특히 관심이 끌렸다. 타이에브는 훗날 그때를 이렇게 회상했다.

“사람들은 그때 막 판구조론을 이해하기 시작했지요. 그래서 나는 이 지역을 학위 논문의 주제로 삼아야겠다고 작정했습니다.”

리처드 리키는 타이에브를 전부터 알고 있었는데, 타이에브가 발견한 화석 표본 몇 개를 본 후, 다음 번 야외 탐사 때 고인류학자와 동행하는 것이 어떻겠느냐고 제안했다. 그러면서 리처드는 조핸슨을 추천했다. 조핸슨은 아직 박사 학위 논문을 마치지도 않았고, 아파르에서는 시간만 낭비하게 될 것이라는 충고를 주위에서 들었으나, 그곳에 가기로 결정했다. 타이에브와 조핸슨은 루이스가 사망하기 직전에 그에게서 추천장을 얻었는데, 그것은 기금을 지원받는 데 도움이 되었다. 1973년에 두 사람은 뜨거운 햇살이 내리쬐는 황량한 아파르 지역(하다르라고 불리는 곳)에 캠프를 설치했다.

하다르의 탐사팀에 합류했던 존 캘브는 그때를 이렇게 회상한다.

“조핸슨은 호미니드를 발견해야 한다는 강박관념에 사로잡혀 있었지요.

그는 호미니드의 발견을 유일한 목표로 삼기 위해 탐사대를 독점하길 원했어요."

리처드는 그들이 어떻게 하고 있나 둘러보기 위해 캠프를 방문했다. 그는 조핸슨에게 정말로 호미니드를 발견할 것 같냐고 물었다.

"당신이 발견한 것보다 더 오래 된 것을 발견할 겁니다."

그리고 조핸슨은 이렇게 덧붙였다.

"내기로 포도주 한 병을 걸지요."

"좋아"라고 리처드는 대답했다.

1년 후인 1974년 가을, 조핸슨은 개가를 올렸다. 그의 탐사팀은 전체 골격의 약 40%에 이르는 화석 뼈들을 발견했다. 연대는 300만 년 전 이상으로 추정되고 키는 겨우 105cm가량밖에 안 되었지만, 그것은 놀랍게도 우리와 유사했다. '루시'라는 별명이 붙은 이 화석의 발견으로 조핸슨은 리처드보다 더 빠른 속도로 고인류학계의 하늘로 치솟았다.

리처드를 자신의 코너에서 돌진해나오게 만든 것은 화석의 발견 때문이 아니라, 조핸슨과 그의 동료들, 특히 팀 화이트가 제시한 해석 때문이었다. 처음에 루이스를 존경했고, 리처드를 위해서 일한 바 있는 화이트는 결국에는 그와 갈라섰다. 화이트는 조핸슨에게 루시가 새로운 종이라는 사실을 확신시키는 데 큰 도움을 주었다. 두 사람은 루시에게 오스트랄로피테쿠스 아파렌시스Australopithecus afarensis라는 학명을 붙여주었다. 그들은 또한 루시의 골반, 대퇴골, 경골(정강이뼈)은 두발 보행을 했음을 보여준다고 주장했다.

조핸슨은 '가장 오래 된 인류'라는 용어가 마술적인 성질을 지니고 있다는 사실을 잘 알고 있었으며, 실제로 그가 주장한 본질은 바로 그것이었다. 특히 그 다음의 탐사 시즌에 '최초의 가족(First Family)'이라고 이름 붙인, 최소한 13명 이상의 화석을 발견한 이후에는 더욱 그러했다. 루시를 발견한 것에 대해 조핸슨의 개인적인 느낌은 어떠했을까? 그는 직업적으로 성공하는 것에 더 관심이 있었던가? 아니면 지식을 진전시키는 것에 더 관심이 있었

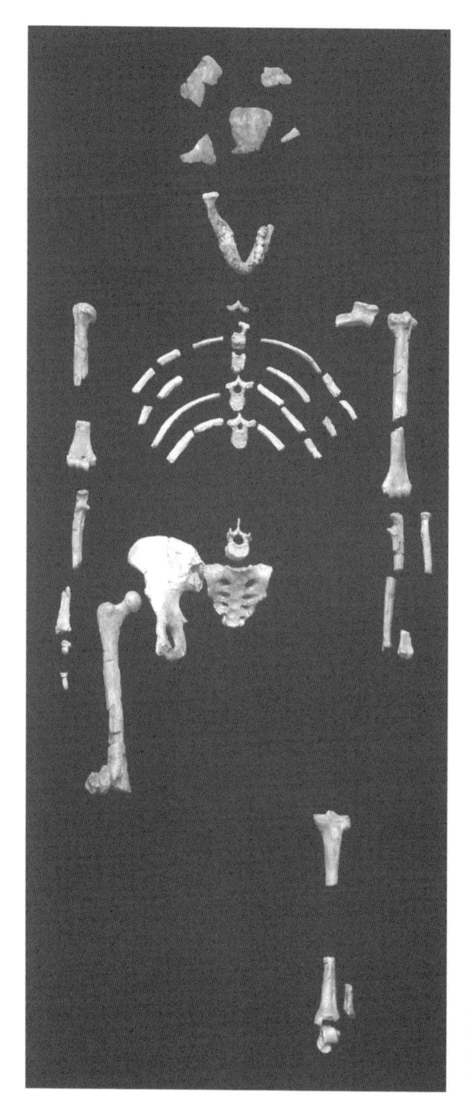

유명한 '루시'는 350만 년이나 되는 그 오래된 나이뿐만 아니라 전체 골격의 40%나 되는 완전한 뼈가 발견된 것 때문에 중요한 의미를 지닌다.

던가?

리키 가족에 대해 광범위한 전기를 쓴 바 있는 버지니아 모렐은 조핸슨이 리키 가족, 그 중에서도 특히 리처드에게 강박관념을 가지고 있었다고 주장한다. 발견이 이루어지던 극적인 순간을 묘사하면서 그녀는 이렇게 쓰고 있다.

"그는 다리뼈와 팔뼈와 손뼈를 높이 쳐들면서 이렇게 외쳤다. '헤이, 리키, 이걸 보라구요! 이건 정말 대단한 거라구요! 이제 내가 당신을 이겼어요, 리처드! 내가 당신을 이겼다구요!"

모렐은 또한 루시를 발견한 후에 타이에브가 한 말을 인용했다.

"조핸슨은 마치 자기가 리더인 것처럼 행동하기 시작했습니다. 그는 모든 것을 자기가 차지하길 원했죠. 그 모든 것은 리처드를 능가하길 원했기 때문이었습니다."

## 작용과 반작용

*

조핸슨의 발견에 대해 리처드가 보인 반응에 대해서는 이야기들이 엇갈리지만, 그 다음에 일어난 일에 그가 기분이 좋았을 리 없었다는 것은 의심의 여지가 없다. 자신들의 발견을 설명하기 위해 마련한 기자 회견에서 조핸슨의 탐사팀은 "인류 진화의 기원을 찾기 위한 노력에서 획기적인 돌파구이며…우리는 불과 이틀 만에 호모속屬 에 관한 우리의 지식을 약 150만 년이나 확대시켰다…현대 인류에 이르는 계통의 기원에 관한 이전의 모든 이론은 이제 완전히 새로 고쳐 써야 한다"고 떠들어댔다.

양가죽을 쓴 벼락 출세자 조핸슨은 고인류학계 전체를 뒤집어엎고 있었다. 비록 리처드 리키가 발견한 1470의 연대측정은 아직 약간의 의심을 받고 있긴 했지만, 자신의 팀이 인류의 기원을 150만 년이나 올려놓았다는 조핸슨의 주장은 고인류 찾기 경주에서 성급한 승리 주장이라고 리처드는 생각했다.

그러나 이러한 주장을 비롯해 그 밖의 다른 주장에도 불구하고 두 진영 간에 관계 단절은 없었으며, 서로 접촉을 유지했다. 사실 얼마 지나지 않아 이루어진 만남에서 리처드와 메리는 올두바이와 쿠비포라에서 발굴한 화석 일부를 가지고 와 연대측정 문제에 결말을 짓기를 기대했다. 조핸슨은 훗날 자신의 저서「루시」에서 리처드와 메리는 연대측정 문제를 거론하는 것을 피하기 위해 최선을 다하는 것처럼 보였다고 자신의 느낌을 털어놓았다. 그러나 리처드는 자신의 팀이 단지 일이 어떻게 진행되는지 짐작하기 위해 노력했을 뿐이라고 느꼈다. 그 만남의 장소에 동석했던 타이에브는 나중에 문제가 리처드뿐만 아니라 메리에게까지 번져가 과열되기 시작했다고 말했다.

새로운 종을 만들어내는 것은 언제나 외부에 충격을 주는 사건이다. 조핸슨이 오스트랄로피테쿠스 아파렌시스를 도입한 것은 여러 전선에서 폭풍을 일으켰다. 공식적인 발표는 1978년 노벨 심포지움에서 이루어졌다. 메리는 그 심포지움에 참석했다가 조핸슨이 그녀가 발견한 여러 화석을 자신의 분류 체계에 포함시켜 발표했을 때 격분했다. 그녀는 조핸슨의 의도를 미리 알고 있었던 것이 거의 분명하지만, 그 자리에서 공식적으로 발표한 것은 충분히 격분할 만한 일이었다. 조핸슨의 분류는 오랫동안 리키 가족이 주장해온 것과 정면으로 충돌하는 것이었기 때문이다.

나중에 조핸슨이 팀 화이트와 함께 공동으로 자신의 견해를 출판하자, 상황은 더욱 악화되었다. 그 책에서 조핸슨은 루시와 '최초의 가족'을 진정한 인류의 조상으로 간주할 수 있는 가장 앞선 집단으로 자리를 매겼다. 만약 그의 주장이 옳다면, 바로 그것이야말로(혹은 최소한 하나의) 잃어버린 고리인 셈이었다.

그의 분류에 따르면, 오스트랄로피테쿠스 아파렌시스가 Y자 모양의 나무의 맨 아래에 위치하고 있다. 인류의 어머니인 루시가 줄기를 이루고, 거기서 한 방향으로는 호모 하빌리스를 거쳐 결국에는 현대 인류인 호모 사피엔스로 이르는 가지가 뻗어나간다. Y자 모양의 또 다른 가지는 루이스 리키의 오스트랄로피테쿠스 보이세이로 뻗어나가다가 멸종한다. 이러한 분류는 인류의 계통이 그것보다 훨씬 더 일찍 시작되었다는 리키 가족의 믿음과는 어긋나는 것이었다. 여러 사람이 평생을 바쳐 해온 연구가 그 분류 체계의 선 위에 나타나 있었고, 리키의 화석들은 리키 가족의 입장을 부정하는 자료로 사용되었다. 또한 조핸슨은 그것을 통해 진짜 잃어버린 고리를 발견한 사람은 자기라고 주장하고 있었다.

리처드와 메리의 진짜 느낌이 어떠했는지는 판단하기 어렵다. 리처드는 평상시처럼 자신은 단지 진실을 찾고 있을 뿐이라고 말했다. 그는 결코 겉으로 드러내놓고 표현하지는 않았지만, 조핸슨이 잃어버린 고리를 발견했다는 명성을 얻고 싶은 욕심에서 너무 성급한 주장을 펼친다고 생각했음이 분명하다. 리키의 입장은, 조핸슨의 주장을 뒷받침하기에는 화석의 증거가 충분치 않고, 기존의 범주에도 루시를 집어넣을 공간이 있으며, 마지막으로 자신이 발견한 화석 중 하나를 그랬듯이, 루시 역시 가假 계정에 올려놓을 수 있다는 것이었다.

조핸슨이 메리의 화석을 자신의 분류에 포함시킨 것에 대해서는, 시간상으로 약 50만 년, 그리고 공간상으로는 약 1500km나 떨어져 있는 표본들을 한 덩이로 묶는 오류를 범했다고 반박했다. 동료에게 보낸 편지에서 메리는 조핸슨 팀이 한 연구는 '칠칠치 못하다(slovenly)'고 말하면서, 그들과 '논쟁을 벌여'달라고 부탁했다.

조핸슨이 루시에 관한 책을 출판하자, 상황은 더욱 가열되었다. 메리가 보인 반응에 대해서 조핸슨은 책에서 이렇게 표현했다.

"그녀는…명명법에 대한 미세한 혼동에 대해, 즉 우리가 새로운 종에 이름을 붙이는 데 실수를 저질렀다고 공격했다."

그럼에도 불구하고, 리키 가족과 조핸슨은 여전히 대화를 나누고 있었는데, 이것은 실은 조핸슨과 리처드 리키가 최후의 대결의 장을 준비하는 것이었다.

고인류학이 대중의 영역으로 들어왔다는 데 대해 의심을 가진 사람들도 월터 크롱카이트가 인기 있는 TV프로그램 '유니버스'에 조핸슨과 리처드를 초청했을 때, 그러한 의심을 떨치게 되었다. 조핸슨에 따르면, 리키는 그들 사이의 경쟁관계는 소문일 뿐이며, 주로 언론이 만들어낸 이야기라고 주장했다고 한다.

"그러한 말은 시청자를 잘못 유도하는 것이라고 생각하며, 나는 공식적인 자리에서 리처드를 만나는 기회를 환영했다."

반면에, 리처드는 비록 조핸슨이 만든 것은 아니라 하더라도, 자신이 함정에 빠졌다고 느꼈다. 왜냐하면 그 자리는 논쟁을 위한 자리가 아니고, 창조론과 인류의 진화에 대해 논의하는 자리라고 사전에 확약을 받았기 때문이었다.

리키가 논쟁을 두려워해서 그런 것은 아니었다. 다만, 논의의 대상인 화석이 조핸슨의 것이었기 때문에 자기가 명백하게 불리한 위치에 처했다고 느꼈다. 그리고 조핸슨은 오스트랄로피테쿠스 아파렌시스의 한 두개골을 포함하여 몇 가지 원군도 준비하고 나왔다. 조핸슨은 계속해서 이렇게 말했다.

"카메라가 작동하기 시작하자, 크롱카이트가 원하는 것은 바로 논쟁이라는 사실이 명백해졌다."

조핸슨은 자신의 인류 계통수를 그림으로 제시했으며, 리처드 리키를 바라보았다. 리처드는 이런 함정에 빠진 것에 화가 나 그 그림 위에 크게 X자를 그렸다. 그리고는 확실한 결론을 내리기에는 아직 충분한 화석의 증거가 확보되지 않았다는 종래의 주장을 펼치면서 다른 면에 커다란 물음표를 그렸다. 훗날, 리키는 그 쇼를 "불행한 것"이었다고 말했으며, 조핸슨은 여전히 "내가 이겼다!"고 주장했다.

그것은 1981년의 일이었다. 그 이후로 양자는 대화를 나누지 않았고, 서로에 대한 불편한 감정은 계속 남아 있었다. 1984년, 리키는 탐사 현장에서 철수하기 시작했다. 어떤 사람들은 그 분쟁이 그의 현장 철수와 관계가 있다고 생각한다. 리키는 다른 관심사가 있어 그 일을 하길 위해서라고 주장한다. 비록 그는 케냐 국립박물관과 아버지의 연구소가 확장되어 새로 설립된 영장류연구소에서 행정적인 일을 계속했지만, 야외 탐사활동에서는 철수했다. 그는 그의 경력 초기에 아주 중요한 부분을 차지했던 회의나 모임을 피했으며, 특히 도널드 조핸슨과 맞닥뜨릴 가능성이 있는 자리라면 더욱 그러했다.

그러나 리키의 이름은 여전히 고인류학계에서 명성이 높다. 예를 들면 1984년 미국자연사 박물관에서는 '조상들: 인류 400만 년'이라는 대규모 전람회 및 회의를 후원했는데, 대회 조직 위원회측에서는 다트의 타웅 아이, 루이스와 메리의 진지, 리처드의 1470, 조핸슨의 루시를 비롯해 주요 화석들을 진짜 그대로 전시하길 원했다. 조핸슨은 기조 연설을 하기로 돼 있었다. 리처드도 참석하여 연설을 하고, 자신이 발견한 일부 화석을 전시해달라고 요청받았다. 그러나 리처드는 참석을 거절했을 뿐만 아니라, 리키 가족이 발견한 진짜 화석을 대여하는 것도 안전상의 이유로 거절하였다.

메리도 초청을 받아 참석했다. 연설을 통해 그녀는 훌륭한 이벤트를 잘 운영한 데 대해 조직 관계자들을 칭찬했다. 그러나 리처드의 주장에 부응하여, 다시는 구할 수 없는 화석들이 단 하나의 방에 모여 있으면, 종교적 테러리스트(의심의 여지 없이 창조론자들을 지칭)의 공격으로 모든 유물이 파괴될 수도 있다고 지적했다. 그러나 그 발언만으로 끝난 것이 아니었다. 다른 박물관들도 화석을 대여하길 거부하고 나섰다. 과거에 종종 그랬던 것처럼, 대단한 영향력을 지니고 있는 것으로 소문나 있던 리처드에게 비난이 쏟아졌다. 그러나 실제로는 그의 영향력이 케냐의 국경 밖에까지 미치는 경우는 드물었으며, 따라서 그러한 비난 중 대부분은 근거가 없는 것이었다.

리처드의 다른 활동 중에는 1989년부터 1994년까지 케냐 야생동물국의 책임자로 일한 것도 있는데, 그는 강한 영향력을 행사하면서 대단히 인색하게 굴어 많은 사람의 불만을 샀다. 1993년, 고의적인 사보타주의 결과였는지 아니면 순수한 사고였는지 모르지만, 그가 탔던 비행기가 추락하는 바람에 그는 두 다리를 잃었다. 그는 많은 분야에서 대단한 용기를 보여주었고 일을 잘 처리해나갔지만, 야외 탐사작업을 하는 것은 이제 매우 어려워졌다. 그 결과 아내이자 협력자인 미브가 탐사작업에서 많은 역할을 떠맡게 되었다. 리처드는 또한 정치에도 진출했다.

## '인간'이란 무엇을 의미하는가?

*

고인류학자들이 안고 있는 어려운 문제 중 하나는 '인간'이 무엇을 의미하는지 일반적으로 받아들여지는 확고한 정의가 없다는 것이다. 사실, 고인류학 분야의 발견을 통해 그 정의는 계속 진화해왔다. 초기의 개념은 ⑴우리의 인간성은 우리의 조상이, 어떤 이유에선지, 나무에서 내려옴으로써 나무에 매달리던 기능만 하던 손이 도구를 만드는 기능을 하도록 진화할 때 시작되었다는 것과 ⑵그와 동시에 우리의 두뇌가 커지기 시작했다는 것이었다.

1980년대 초에 이르러 모든 증거를 종합할 때, 인간의 두뇌 팽창은 아무리 빨라도 2,3백만 년 전에 일어난 것으로 드러났다. 그러나 두발 보행은 최소한 400만 년 전으로 거슬러 올라간다. 여러 가지 증거 중에서 가장 놀라운 것은 1978년에 메리 리키가 탄자니아의 라에톨리에서 발견한 발자국 화석이다. 메리로서는 분통이 터질 노릇이었겠지만, 조핸슨은 이 발자국 화석을 자신의 오스트랄로피테쿠스 아파렌시스를 뒷받침하는 증거의 일부로 사용했다.

호미니드 계통에서 두 가지 주요 속屬인 오스트랄로피테쿠스와 호모는 그보다 더 앞선 조상에 수렴된다는 데에는 양측의 견해가 일치한다. 앞에서 이미 살펴본 바와 같이, 조핸슨은 루시와 그 혈족은 그러한 분리가 일어나는 밑바탕에 위치하고 있으며, 그러한 분리는 루시가 살던 시대 후인 400만 년 전에서 300만 년 전에 일어났다고 주장했다. 리처드 리키는 루시가 만약 앞서 존재했다면, 그것은 단지 또 하나의 오스트랄로피테신에 불과하며, 공통 조상은 그보다 훨씬 더 이른 시기인 7,8백만 년 전에 나타났을 것이라고 주장했다. 그는 또한 Y자 모양은 너무 단순하며, '계통수'는 덤불처럼 생각하는 것이 더 적절하다고 생각했다.

게다가 리키는 자신의 주장이 진화론적인 사고와 더 일치한다고 주장했다. 예를 들면, 1992년에 그는 블레스복, 하티비스트, 누를 포함하는 아프리카 영양의 한 '유類'인 하티비스트류(Alcelaphini)가 아주 효율적이고 성공적인 풀을 뜯어먹는 기계가 되었다고 지적했다. 이 동물들은 약 500만 년 전에 처음으로 한 종으로 출현했다. 거친 꼴을 뜯어먹으면서 이들은 사하라 이남지역 대부분으로 퍼져나가 지금은 그들의 진화 덤불에서 10개나 되는 가지가 뻗어나와 있다.

"모양상 하티비스트 류의 진화사는 꼭대기 부분이 편평한 아카시아 나무처럼 보인다"라고 그는 썼다. 그는 지금도 새로운 발견들은 인류가 훨씬 더 복잡한 진화 계통수를 가진다는 자신의 견해를 지지해줄 것이라고 믿고 있다.

진화생물학자들은 리키의 의견에 동의하는 경향을 보이지만, 인류학자들은 조핸슨 쪽으로 많이 기울었다. 그럼에도 불구하고, 논쟁의 강도는 얼마 동안 현저히 낮아졌다.

## 새로운 발견

*

종을 확인하고 분류하는 유전학 기술이 발달함에 따라 연구자들은 획기적인 진전이 이루어지지 않을까 기대하게 되었다. 리처드 리키가 세운 가설처럼, 인간 계통과 유인원 계통이 최소한 500만 년 전에, 어쩌면 최고 700만 년 전에 갈라져 나갔다는 것을 시사하는 일부 분자유전학적 증거가 나왔다. 그러나 화석의 기록은 그렇게 먼 과거까지 올라가지 않기 때문에, 분자유전학적 증거를 확인할 길이 없다.

그러나 최근에 나온 증거는 논쟁을 다시 한 번 가열시켰다. 큰 역할을 한 사람 중 한 명은 리키 가족 중 가장 새로운 멤버인 미브였다. 미브는 그레이트 리프트 밸리의 또 다른 지역에 관심을 가지고 있었는데, 그곳은 카나포이라고 하는 황량한 지역으로, 그곳의 퇴적층은 4,5백만 년 전의 것으로 알려져 있었다. 그녀의 직감은 들어맞았다. 1994년 미브는 호미니드의 표본을 발견했는데, 그것은 그 지역에서 발견된 다른 표본들과 함께 420만~390만 년 전의 것으로 연대가 측정되었다. 단지 화석의 나이가 그렇게 오래 되었다는 사실뿐만 아니라, 이전에 발견된 어떤 종과도 다른 종처럼 보인다는 사실은 흥분을 불러일으키기에 충분했다. 탐사팀은 그것에 오스트랄로피테쿠스 아나멘시스Australopithecus anamensis라고 이름붙였다(조핸슨의 아파렌시스와 혼동하지 않도록 하기 위해).

거의 같은 시기에 팀 화이트(그 무렵 조핸슨과 사이가 틀어진)와 그의 동료들은 에티오피아의 아라미스에서 그것보다 더 오래된 뼈를 발견했다. 440만 년 전의 것으로 측정된 그 뼈는 또 다른 종에 속하는 것으로 보였다. 그 이름은 논란의 대상이 되고 있지만, 중요한 사실은 이 다양한 종들이 거의 같은 시기에 함께 존재했다는 것이다.

이 사실은 한 종이 직선을 따라 다른 종으로 진화해간다는 단순한 직선적인 생각이 근거를 잃는다는 것을 의미한다. 따라서 상황은 이전보다 더 간단해진 것이 아니라 오히려 더 복잡해졌다. 그렇지만 한 가지만은 분명해 보이는데, 루이스와 리처드가 선호해온 덤불 모양의 계통수가 이전보다 더 타당해 보이게 된 것이다.

게다가, 문제를 더 복잡하게 만드는 일이 일어났는데, 루시를 연구해온 스위스의 두 인류학자가 루시가 '남자'일지 모른다고 주장한 것이다! 이들의 주장은 상당히 복잡한 것이지만, 골반의 모양과 크기에 초점을 두고 있다. 루시의 골반은 오스트랄로피테신 아이를 수용할 만큼 충분히 크지 않다는 것이 그들의 주장이다.

이것이 의미하는 것은(만약 그들의 주장이 옳다면), 루시가 아파렌시스 중에서 몸집이 작은 여자가 아니라 완전히 자란 다른 종의 남자라는 것이다. 두 연구자 중 한 사람인 마르틴 호이슬러는 이렇게 말했다.

"나는 루시가 남자라고 확실히 말할 수는 없다. 내가 말할 수 있는 것은 루시가 성별에 따라 신체 크기의 차이가 크게 나는 종에 속하지 않는다는 것이다."

어쨌든 논쟁의 장은 다시 한 번 활짝 열리게 됐다. 잃어버린 고리는 아직도 찾지 못했는가? 그럴 수도 있고, 그렇지 않을지도 모른다.

캘리포니아 주 버클리 대학의 인류기원연구소장인 조핸슨은 여전히 야외현장에서 열심히 활동하고 있다. 그는 다소 원숙해진 것처럼 보이지만 불길은 완전히 꺼지지 않았다. 1994년에 펴낸 책 「조상들: 인류의 기원을 찾아서」(리노라 조핸슨, 에드가 블레이크와 공저)에서 그는 시카고 대학의 비교해부학 전문가인 러셀 터틀이 제시한 것과 같은 증거를 무시하고서 여전히 자신의 접근 방법이 옳은 것처럼 썼다. 터틀은 하다르 지역에서 나온 발뼈는 메리 리키가 라에톨리에서 발견한 발자국과는 다르다고 주장했다.

더구나 1996년에 〈내셔널 지오그래픽〉지에 실린 글에서 조핸슨은 이전의 주장을 약간 비튼 표현을 집어넣었다.

"그녀(루시)는 가장 오래 된 우리의 조상이 아닐지도 모르지만, 그중에서 가장 유명한 존재이다."

리처드 리키는 더 이상 언급을 자제했다. 평상시처럼 냉정을 지키면서 다른 사람들이 잘 싸우는 것을 지켜보았다. ✶

ROUND 10

# 데릭 프리먼 VS 마거릿 미드

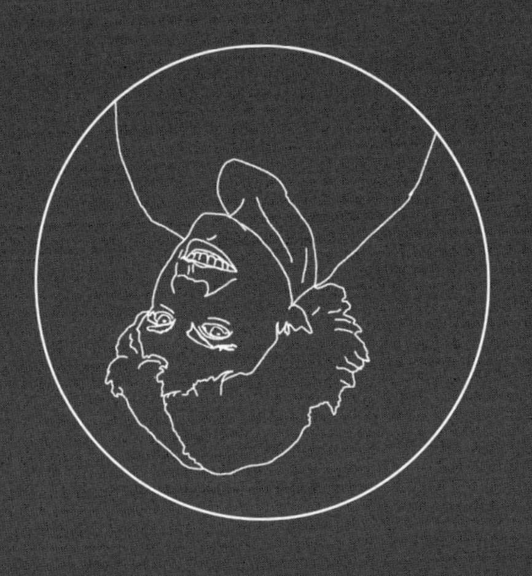

데릭 프리먼 VS 마거릿 미드

# 자연이냐 양육이냐

〈비즈니스 위크〉지의 한 기사에서는 사회학자 셰리 터클Sherry Turkle을 '사이버스페이스의 마거릿 미드Margaret Mead'로 묘사했다. 여러분은 설사 터클의 이름은 전혀 들어본 적이 없다 하더라도, 컴퓨터 분야에서 그녀가 뭔가 선구적인 일을 했고, 그녀의 생각은 자극적이고, 그녀의 글과 강의는 재미있고 쉽게 이해가 가는 것이고, 학계를 벗어나 많은 추종자를 만들어낸 사람이겠구나 하고 짐작할 것이다. 미드의 이름을 그렇게 존경스러운 의미로 쓴 것은 적절한 것이었다. 1978년 그녀가 사망했을 때, 카터 대통령은 그녀의 죽음을 애도하면서 그녀는 "수백만 대중에게 문화인류학이라는 고상한 직관을 가져다 주었다"고 말했다.

미드는 세계적으로 유명한 과학자로만 그치지 않고, 격동의 1960년대에 수많은 젊은이들의 정신적 지도자였으며, 강연과 〈레드북Redbook〉지의 칼럼과 같은 글을 통해 많은 부모들의 조언자였으며, 사회 정책에 대한 정부의 자문자였다. 자신의 연구 분야에서는 지칠 줄 모르는 연구자였으며, 남양 제도의 일곱 군데의 문화를 연구하고, 거기에 대한 글을 썼다. 평생 동안 그녀는 1천 편 이상의 논문과 24권의 책을 썼다. 〈뉴욕타임스〉의 한 기사에서는 "그녀는 연구 방법의 혁신을 통해 사회인류학을 과학으로 확립시킨 선구자로 간주해야 한다"고 표현했다.

그녀가 도입한 혁신적인 방법 중 하나는 대중이 이해할 수 있는 방식으로 글을 쓰는 것이었다. 통계학적으로 구성할 수 있는 전형적인 자세한 관찰 사실들로 문장을 가득 채우기보다는 그녀는 그러한 자료를 맨 끝의 부록으로 보냈다. 이해하기 쉽게 쓴 글은 그녀를 대중과 친숙하게 만들어주었지만, 고루한 많은 동료들을 화나게 했다. 더군다나 첫 번째 책 「사모아의 성년(Coming of Age in Samoa)」의 출판으로 미드가 놀라운 속도로 유명인사로 떠오르고, 무시할 수 없는 영향력을 지니게 된 것은 그들로서는 더더욱 참을 수 없는 일이었다.

## 자연 대 양육 논쟁

*

이 책이 출판될 무렵(1928년), 학계는 인간 행동의 기원을 놓고 오랫동안 계속돼온 논쟁에 여전히 몰두하고 있었다. 광범위한 분야의 과학자들, 학자들, 정부의 연구자들은 멘델의 유전법칙을 재발견하고, 그것을 바탕으로 인간 행동은 유전적으로 결정된다고 선언하는 의사과학적인 체계를 세웠다. 불행하게도, 이것은 인종차별주의자들과 우생학자들에게 좋은 재료를 제공했다. 우생학자들은 소위 '선택 육종'을 통해 인간이라는 종을 개선시키는 것을 추구했다.

반대편에는 인간의 행동은 대체로 또는 거의 전적으로 문화와 환경의 결과라고 주장하는 '양육론자', 즉 문화 결정론자들이 있었다. 그러므로 선택 육종은 동물에게서는 효과를 볼지 몰라도, 사람에게 적용한다는 것은 아무 소용도 없을뿐더러 위험한 생각이라고 주장했다.

두 집단 간에는 어떤 타협의 가능성도 없어 보였다. 여기에서 지적인 혼돈이 생겨난 것은 필연적인 결과였다. 일부 유전학자들은 심지어 자신들이 다윈을 대체했다고 주장하기까지 했다. 우생학적인 사고가 유해한 인종차별주의로 변하기 시작하면서 이러한 주장은 불행한 결과를 낳기 시작했다. 입법가들과 정치가들은 이제 마침내 사회의 문제들에 뭔가 할 수 있게 되었다는 생각에 솔깃하게 되었다. 해결책 중에는 '열등한' 사람들을 단종시키고, '저개발국' 으로부터의 이민을 제한하는 것이 포함되었다. 인종차별주의는 초기 인류학자들 사이에서도 발견되지만, 컬럼비아 대학에서 미드의 스승이었던 프란츠 보아스와 같은 일부 주요 인물들은 그것에 강하게 반대했다.

그런데 미드는 거의 혼자 힘으로 우생학 운동의 심장을 끄집어내버렸다. 그것도 도저히 무기 같아 보이지 않는 무기를 사용하여 그 일을 해냈다. 그 무기는 놀랍도록 낭만적인 미사여구로 씌어진 산문이 포함된 한 권의 책이었다. 그중 '사모아에서의 하루'라는 장에서 미드는 이렇게 쓰고 있다.

"부드러운 갈색 지붕 사이로 새벽의 여명이 쏟아지기 시작하고, 호리호리한 야자나무들이 아무 빛깔 없이 반짝이는 바다를 배경으로 드러날 때, 연인들은 야자나무 아래나 해변의 카누 그림자 속의 밀회 장소로부터 나와 집으로 살그머니 숨어 들어간다. 그리고 아침 햇살은 각자 정해진 장소에서 잠을 자고 있는 그들을 비춰준다."

또한 다음과 같은 표현도 있다.

"마침내 거기에는 오직 갈대가 부딪치는 감미로운 소리와 연인들의 속삭임만이 있을 뿐이다."

밀회 장소? 연인들? 이것들이 우생학이나 인종 차별주의와 무슨 관계가 있단 말인가?

## 부정적 사례

*

아인슈타인은 아무리 많은 실험을 한다 하더라도, 자신의 상대성 이론이 옳다는 것을 결코 증명할 수는 없겠지만, 재현 가능한 단 한 번의 실험만으로도 자신의 이론이 틀렸다는 것을 증명할 수 있다고 지적한 적이 있다. 마거릿 미드의 「사모아의 성년」은 아인슈타인이 자신의 상대성 이론을 끝장낼지도 모른다고 두려워한 그러한 단 한 번의 실험과 같은 폭탄을 인류학, 사회학 그리고 심리학에 던졌다. 그것은 우생학자와 자연론자가 세운 구조물을 산산조각냈다. 최소한 잠깐 동안은.

그 공로는 일반적으로 미드와 보아스(컬럼비아 대학에서 그녀의 박사 학위 논문을 지도한)의 공동 사고에서 나온 뛰어난 직관으로 돌려지고 있다. 그러나 그 생각은 실제로는 아직 어린 23세의 나이에도 불구하고 광범위한 관심을 가졌던 미드에게서 나온 것이었다. 미드가 관심을 기울였던 분야 중에는 심리학도 있었다(그녀는 인류학으로 바꾸기 전에 심리학 석사 학위를 따기 위해 공부하고 있었다). 실제로, 「사모아의 성년」에는 '서양 문명을 위한 원시적인 젊은이의 심리학적 연구'라는 부제가 붙어 있다. 미국에 입국하는 젊은 이민자들을 포함해 광범위한 젊은이들과 점점 친숙해진 것과 함께, 그녀의 인간적인 본능과 젊은이들과의 동질성도 일부 작용했을 것이다.

이러한 모든 요인들은 미드로 하여금 다양한 사회의 사춘기에 대해 생각하게 만들었다. 그녀가 보기에는 유사점보다는 차이점이 더 많은 것 같았다. 이러한 관찰로부터 '부정적 사례'라고 불리게 된, 유전론자의 입장에 도전하는 천재적인 아이디어가 나왔다.

만약 미국의 젊은이들이 겪는 것으로 보이는 격렬한 동요를 경험하지 않는 젊은이들이 존재하는 사회를 발견할 수만 있다면, 그 당시 강한 자연적 행동이라고 믿어지던, 서양인들이 '혼란(turmoil)'이라고 부르는 행동이 문화적으로 만들어졌음이 명백해질 것이다. 그녀는 또한 남양 제도의 어느 곳에서는 어린이가 어른으로 성장하면서 서양 세계에서 겪는 것과 같은 고통을 겪지 않는 문화를 발견할 수 있을 것이라고 생각했다. 그리고 실제로 그녀는 미국령 사모아의 여러 마을에서 그것을 발견했다. 간단히 말하자면, 사모아의 문화에서는 그녀가 조사한 50명의 젊은 여성 집단이 비교적 순탄하게 성년으로 이행했다.

책 한 권 분량의 원고는 즉시 상업적인 출판사를 찾을 수 있었다. 책이 좀 더 잘 팔리도록 하기 위해 편집자는 좀 더 대중적인 문체로 몇 개의 장을 더 추가할 것과 우리의 문화에 적용할 수 있도록 내용 중 일부를 좀 더 일반화 시키라고 제안했다.

미드는 즉시 그 아이디어를 받아들여 사모아와 미국 문화를 비교하는 과감한 글을 썼는데, 꼭 미국이 나은 것으로 쓰지는 않았다. 예를 들면 이런 말이 나온다.

"우리가 감정이 풍부한 생활을 망가뜨리고, 의식적으로 자신의 삶을 살아갈 수 있는 많은 개인들의 능력의 성장을 왜곡시키고 혼란스럽게 만드는 가족 조직을 발달시켰음을 깨닫는 것은 유쾌하지 않다."

학계의 비판론자들은 우리의 아이들을 어떻게 키우라고 이야기하는 이 여자는 도대체 누구인가 하고 궁금해했다. 마음에 들지 않는 많은 사실 중 또 하나는 사모아 인들이 비교적 쉽게 성년으로 이행하는 이유는 최소한 부분적으로는 훨씬 더 자유로운 환경에 있다는 그녀의 결론이었다. 그녀는 사모아 인을 친절하고, 평화롭고, 질투심이 없는 것으로 보았다. 그러나 가장 중요한 것은, 사회적으로 높은 지위에 있는 일부 예외적인 사람들을 제외하고는, 청소년의 자유 연애가 묵인된다는 사실이었다. 그 결과 젊은이들 사이의 섹스는 '자연스럽고 즐거운 것'이고, 이것은 어린이에서 어른으로 부드럽게 이행하는 데 도움을 주었다.

이와는 대조적으로, 미국 젊은이들 사이에서는 "실험의 유혹에다가 그 실험이 나쁜 것이라는 의심이 더해지고, 거기다가 비밀 유지의 필요성, 거짓말, 두려움까지 더해지면 그 고통은 너무나도 커서 흔히 낙오가 발생하는 것은 불가피하다."

이러한 주장은 분명히 많은 미국 독자들, 그중에서도 특히 미국의 대부분을 풍미하고 있던 엄격하고 권위적인 분위기에서 자란 사람들의 마음에 들지 않았다.

그럼에도 불구하고 그녀는 많은 사람들의 심금을 울렸으며, 그녀를 숭배하는 대중뿐만 아니라 인류학계 · 사회학계 · 심리학계에도 광범위한 추종자들을 얻게 되었다. 그 후 55년 동안 상황은 본질적으로 정체 상태에 머물면서 점점 그녀 쪽으로 더 많은 지지가 쏠렸다. 1972년, 존경받던 인류학자 애덤슨 호벨은 「사모아의 성년」을 현장 답사 연구를 실험실의 실험과 동등한 수준으로 활용한 "고전적인 예"라고 불렀다. '부정적 사례'는 엄청난 효과를 발휘했다.

미드가 1978년에 죽을 무렵, 그녀의 명성은 여전히 확고했다. 「사모아의 성년」은 아마도 지금까지 출판된 인류학 책 중에서 가장 널리 읽힌 책일 것이다. 16개국에서 수백만 부가 출판되었으며, 많은 대학생들은 인류학의 경험을 맛보기 위해 그 책을 읽었다.

결국에는 의심을 품은 자들이 나타나게 되었으며, 특히 1975년에 에드워드 윌슨이 「사회생물학: 새로운 종합」에서 친자연주의 개념을 도입한 이후부터 그러했다. 일부 인류학자들도 미드가 일부 결론과 일반화 과정에서 좀 지나친 경향이 있으며, 그녀는 과학자라기보다는 과학 대중화 작가로서 더 효과적이라고 느꼈다. 사실 롤라 로마누치-로스가 1983년에 표현한 것처럼, 비록 "마거릿 미드는 다재다능한 능력으로 여러 세대 동안 우뚝 솟았지만… 그녀는 가장 세심하고 끈덕진 언어학자, 역사가, 민족지학자로서 비난을 받은 적이 한 번도 없다."

미드는 또한 세계 곳곳을 여행하면서 많은 돈을 벌었는데, 이것은 또 다른 구설수를 낳았다.

그러나 이러한 불만의 목소리는 조용한 것이었다. 아마도 불만이 있는 사람들도 강한 어머니에게 도전하길 원치 않았을 것이다(또는 일부 사람들의 말처럼 감히 도전하고 싶은 마음이 들지 않았을 것이다). 미드는 자신이 좋아하는 사람들에게는 관대하고 도움을 주기도 했지만, 거만하고 성급한 면도 있었다. 그녀가 좋아하던 단어 중 하나인 '쓸데없는 소리(piffle)'는 통렬한 효과를 나타낼 수 있었다. 그녀는 또한 돈과 일자리를 주는 데에도 상당한 영향력을 행사했다. 그래서 불평과 불만은 아주 미약했다. 그러나….

## D데이

*

조핸슨과 리키의 논쟁에 관한 기사가 난 지 4년 후인 1983년 1월 31일 아침, 〈뉴욕타임스〉지의 독자들은 1면 하단 왼쪽 구석에서 눈에 잘 띄지 않는 제목 기사를 보았다.

"사모아에 관한 새 책이 마거릿 미드의 결론에 도전하다"라는 제하의 첫 문장은 "인류학자 마거릿 미드가 사모아의 문화와 성격을 심각하게 잘못 대변했다고 주장하는 책이 행동과학계 내에서 열띤 논쟁을 야기했다"고 씌어 있었다.

그 새 책의 제목은 「마거릿 미드와 사모아: 인류학의 신화 만들기(Margaret Mead and Samoa: The Making and Unmaking of an Anthropological Myth)」였고, 저자는 오스트레일리아 국립대학의 명예 교수인 데릭 프리먼이었다. 프리먼은 서사모아의 문화를 다년간 연구한 뒤에 이 책을 썼다. 독자들은 다시 궁금증을 느꼈다. 왜 이 기사가 1면에 실린 것일까 하고.

글쎄, 높은 권위를 자랑하는 하버드 대학 출판부에서 출판되었기 때문이 아닐까? 아니다, 그것은 정확한 이유가 될 수 없다. 하버드의 학술적인 저술이 신문 지면을 장식하는 경우는 드물다. 1면을 장식하게 된 진짜 이유는 기사의 뒷부분에 나오는데, 이 기사는 신문을 통한 코프와 마시의 격렬한 싸움을 연상시켰다. 프리먼은 사모아에 대한 미드의 주장 중 많은 것이 "근본적으로 잘못되었으며, 일부는 터무니없을 정도로 틀린 것"이라고 주장했기 때문이다. 사모아 인은 즉흥적인 연애에 쉽게 빠지는 경향이 있지도 않을뿐더러, 처녀성의 숭배는 아마도 인류학에 알려진 다른 어떤 문화에서보다 높은 수준이다"라고 그는 주장했다. 미드의 책에서 이야기하고 있는 모든 것이 잘못이라고 그는 주장하는 것처럼 보였다. 〈뉴욕타임스〉지 기자와 전화 통화에서 그는 "행동과학의 역사에서 그와 같은 완전한 자기 기만의 사례는 또다시 찾아볼 수 없다"고 주장했다.

안타깝게도, 미드는 이미 세상을 떠나 자신을 변론할 수가 없었다. 이것은 그녀가 아주 좋아했을 그런 종류의 싸움이었는데도 말이다. 다른 사람들이 그녀를 변호하기 위해 뛰어들었지만, 그들은 자신들의 입장이 아주 이상한 위험에 처했다는 것을 알게 됐다.

첫째, 〈뉴욕타임스〉의 기사는 책이 공식적으로 출판되기 두 달 전에 나왔다. 더 중요한 것은, 책이 출판되기 몇 달 전에 일련의 인터뷰를 위해서 세상을 반 바퀴나 돌아 프리먼을 모셔온 것이다. 그의 자신감 넘치는 매너와 모든 상대를 기꺼이 대하겠다는 적극적인 자세는 토크쇼의 주최자들에게 크게 어필했다. 문화 결정론자들에 대한 그의 비난 발언도 크게 흠이 되지 않았다. 문제는, 책임 있는 기자들이 그 소문을 듣고서 다른 인류학자들에게 반응을 물었을 때, 그 불행한 전문가들은 프리먼의 책을 보기도 전에 논평을 해야 했다는 데 있었다.

마침내 책이 출판되자 또 한번 언론에서 떠들썩하게 취급되었으며, 그것은 출판사나 프리먼으로서는 좋은 일이었다. 정상적인 경우라면, 이러한 언론의 관심은 잠시 후에 수그러들게 마련이었다. 그런데 어떻게 된 영문인지 관심의 열기는 조금도 식지 않았다. 모든 사람이 다 뭔가 할 말이 있는 것처럼 보였다(책과 서평, 서평에 대한 평, 평에 대한 반응, 그리고 물론 기사와 논문을 통해서). 이 모든 것에서 놀랍도록 다양한 견해가 표출되었다.

역사학자 · 사회학자 · 심리학자 · 그리고 심지어는 정신의학자까지도 끼어들었다. 뉴욕에 본부를 둔 인간연구소장인 베라 루빈은 〈미국교정정신의학잡지(American Journal of Orthopsychiatry)〉에 가장 강렬한 평을 썼다. 그녀는 프리먼이 "젠체하며 미드 연구의 '신화'에 도전한다"고 쓴 다음, 프리먼의 반응을 "행동과학계에서 필트다운인의 사기를 들춰내는 것과 같은 것"이라고 묘사했다. 그러나 "그의 방법론은 기껏해야 의심스러우며, 개념적 오리엔테이션은 편협하고 그리고 그의 반론을 조심스럽게 숙독해보면 미드에 대한 신랄한 공격은 논리가 맞지 않다"고 했다. 나중에 그녀는 이렇게 덧붙였다.

"미드의 책이 엄청난 모순들에 기초하고 있다는 프리먼의 비판을 거꾸로 돌리는 것도 분별 없는 행동은 아니다."

분노의 불길이 활활 타올랐으며, 일부 흥미로운 결과를 낳았다. 북동부인류학협회 회원들은 투표를 통해 〈뉴욕타임스〉(첫 주에 이 논쟁에 관해 세 차례나 기사를 보도한)와 프리먼뿐만 아니라 하버드 대학 출판부까지 견책하기로 결정했다. 이 결의안은 채택되지는 않았다. 그러나 미국인류학협회는 〈사이언스83〉이라는 잡지에서 프리먼의 책을 휴가 선물로 추천한 사실에 경악하면서 결의안을 통과시켰다.

물론 모든 것은 누가 공격을 받느냐에 따라 달라졌다. 독일의 인류학자 토머스 바르가츠키는 프리먼의 비판은 미드에 대한 개인적인 공격이 아니며, "프리먼은 인류학 역사에서 유례가 없을 정도의 비방과 중상을 받았다"고 주장했다.

### 비판의 내용

*

프리먼이 미드를 공격한 비판 내용 중 한 가지는 미드가 이데올로기(양육론자의 입장을 옹호하는)에 더 관심이 있었으며, 그 결과 양육론에 반하는 모든 증거를 무시했다는 것이었다. 그녀의 추종자들에 대해 그는 나중에 이렇게 썼다.

"그녀의 이야기는 1920년대 말 행동학적으로 경도된 세대에게 광란에 가까운 환영을 받았다."

미드의 옹호자들은 정확하게 똑같은 비판의 논리를 프리먼에게 들이대며 응수했다. 노스웨스턴 대학에서 인류학과 여성학을 가르치는 미카엘라 디레오나르도는 "마거릿 미드의 사모아 연구에 대한 데릭 프리먼의 1983년 공격의 배경에 있는 우익주의자의 무자비한 공격"을 표적으로 삼았다.

한편 불가피한 반응으로 논쟁이 다시 가열되었다. 프리먼은 자신의 문제 제기는 서사모아에서 자신이 다년간 연구한 것에 바탕했으며, 자신이 얻은 결론(사모아 인은 미드가 묘사한 것과는 많은 점에서 다르다는 것)은 미국령 사모아에 완벽하게 옮겨 적용할 수 있는 것이라고 주장했다. 미드의 지지자들은 그렇지 않다고 주장했다. 그리고 그들은 서사모아가 얼마나 다른지를 보여주는 많은 예(미국령 사모아보다 훨씬 면적이 넓고, 인구도 더 많고, 더 발달되었다는 것 등)를 제시했으며, 프리먼이 연구를 시작한 것은 미드가 사모아 인에 대한 연구를 끝내고 한참 후라는 사실도 지적했다.

사실 미드 자신도 정보를 제공한 사람들의 후손이 자신의 책을 읽거나, 또는 후세의 연구자들이 자신의 연구를 똑같이 따라하거나 평가하려고 시도할 때 일어날 잠재적인 문제를 인식하고 있었다. 그녀는 나중에 이루어진 연구를 바탕으로 책의 내용을 수정하기를 거부했다. 그녀는 1973년 도판의 서문(이 책에서 사용한 것)에서 이렇게 썼다.

"(이 책은)다른 모든 인류학 연구들이 그래야 하듯이, 씌어질 당시의 내용을 그대로 간직하고 있어야 한다."

그녀는 같은 서문에서 또 이렇게 썼다.

"이 책은 1926~1928년의 사모아와 미국에 관한 내용이라는 사실을 최대한 강조하는 것이 그 어느 때보다도 중요한 것 같다. 미국령 사모아의 마누아 제도에서 내가 발견한 것과 같은 사람들의 삶을 발견하리라고 기대함으로써 여러분 자신과 사모아 사람들이 혼동에 빠지는 일이 없어야 할 것이다. 이 책에서 묘사된 이야기는 사모아에서 자유롭게 살아가거나 혹은 미국 젊은이들에 대한 우리의 기대감에 곤혹스러워했던 여러분의 조부모 세대와 증조부모 세대의 젊은 시절의 이야기라는 것을 기억하라."

프리먼의 주장 중 하나는 자신이 미드의 '성년'으로의 이행 과정 논리를 '과학적으로' 논박했다는 것이다. 이 주장은 종종 다른 곳에서도 제기되는 의문을 공론화시켰다. 즉, 인류학 · 사회학 · 심리학과 같이 소프트한 분야도 진정 과학으로 분류할 수 있을까? 이 질문에 대한 반응은 각양각색이었다.

제임스 코테가 1992년에 글을 발표하고, 1994년에 책을 출판함으로써 이 싸움에 뛰어들었다. 코테의 글과 책은 사회학자의 관점에서 상황을 바라본 것으로, 그중 하나는 특히 사춘기를 특별한 관심을 가지고 다루었다.

"과학에서 사용되는 증명의 기준을 적용한다면, 프리먼은 반박할 수 없는 증거를 제시해야 할 책임이 있다. 만약 그가 제시한 증거를 다르게 해석할 수 있는 그럴듯한 의견이 있다면, 그의 결론은 미드가 내린 결론보다 더 결정적인 것이 될 수 없으며, 이 논쟁은 하나의 해석을 놓고 다른 해석과 논란을 벌이는 것으로 귀결되고 만다… 따라서 풍자나 소문, 개인적인 대화의 결과들, 문맥을 벗어나 잘라낸 인용, 혹은 그런 것을 결합하여 '창조적인 콜라주'를 만든 것(이 모든 것을 프리먼이 사용하고 있다고 코테는 비판했다) 등은 모두 받아들일 수 없다."

프리먼의 비판 중에서 그러한 '창조적인' 사고를 했다고 코테가 든 한 가지 예는 보아스와 미드가 "절대적인 문화적 결정론자"라는 프리먼의 비난이다. 그것은 보아스와 미드가 모든 행동은 문화적으로 결정된다고 믿었다는 것을 의미한다. 이에 대해 프리먼은 자신은 단지 통합 인류학을 강조함으로써 논의에 건전성을 불어넣으려고 노력했을 뿐이라고 주장했다. 그가 말하는 통합인류학이란, 생물학과 사회학을 문화적 결정 인자로 포함시키는 것을 의미한다. 그러나 미드의 지지자들은 보아스나 미드 어느 누구도 프리먼이 주장하는 것과 같은 극단적인 견해를 가지지 않았다고 지적한다.

이 점에 관해서, 프리먼의 책이 나오기 이전부터 미드의 강한 비판론자 중 한 사람이었던 마빈 해리스는 이렇게 덧붙인다.

"미국의 주요 인류학부에서 물리인류학, 영장류학, 의학인류학, 고인구학, 인간생물학, 인간유전학, 인간고생물학(이 모든 것은 신다윈주의의 요소를 강하게 지니고 있다)등의 다양한 강좌를 가르치는 것은 주로 보아스 때문이다."

1954년에 미드의 연구를 똑같이 따라해 보았던(28년이 지난 후였지만, 할 수 있는 최대한의 노력을 기울여) 로웰 홈스는 「진짜 사모아를 찾아서: 미드와 프리먼의 논쟁과 그것을 넘어서」라는 책의 앞부분에서 이렇게 쓰고 있다.

"보아스가 인간 행동을 연구하는 데 생물학적 요소를 고려하지 않았다는 주장이 어떻게 나올 수 있는지 이해가 가지 않는다."

물론 그러한 주장은 프리먼의 지지자들이 내세우는 것이며, 그들은 그것을 뒷받침하는 많은 증거를 제시한다. 심지어는 보아스가 생물학적 진화를 받아들였느냐를 놓고도 논쟁이 계속되고 있다.

홈스의 이야기는 흥미롭다. 첫째, 그는 사모아 문화의 연구에 50여 년을 바쳤다. 그래서 그는 논평을 할 충분한 자격이 있다. 둘째, 그는 절대로 미드의 맹목적인 추종자가 아니다. 미드와의 초기 관계는 험악한 것이었으며, 미드는 그의 첫 번째 책에 대해 악평을 했다. 그럼에도 불구하고 그는 이렇게 주장한다.

"비록 나는 미드와 여러 가지 쟁점에서 의견이 다르지만, 선구적인 과학 연구에서 일어날 수 있는 실수의 가능성과 그녀의 어린 나이(23세)와 경험 미숙에도 불구하고, 그녀의 사모아 연구의 정당성은 '놀라울 정도로 높다'는 사실을 분명히 밝혀두고 싶다."

프리먼은 이 결론을 듣고서 거기에 의문을 제기했으며, 홈스에게 보낸 편지(1967년 10월 10일)에서 이렇게 썼다.

"당신도 알리라 생각하지만, 마거릿 미드의 이름은 그녀의 책 때문에(사모아의 다른 곳처럼) 마누아에서 저주를 받고 있습니다… 실제로, 타우 주민들은 만약 그녀가 다시 돌아온다면 꽁꽁 묶어서 상어에게 던져주겠다고 내게 말했습니다."

"마거릿 미드가 1971년에 발전소를 기증하기 위해 타우로 돌아왔을 때, 그녀는 열렬한 환영과 선물과 영예를 받았다는 사실을 말하고 싶군요"라고 홈스는 대답했다(마누아 제도는 미국령 사모아에 있는 섬이다. 타우는 마누아 제도 중 하나의 섬이며, 미드가 「사모아의 성년」에 나오는 연구 중 대부분을 행한 세 마을이 있다.)

## 반박할 수 없는 직접적 증거

*

1991년, 프리먼은 자신에게 쏟아진 비판에 대한 많은 변론 중 하나에서 미드에 대한 자신의 비판을 출판한 것이 왜 1983년에는 완전하게 정당했는지를 설명했다. 그러면서 이렇게 덧붙였다.

"그 이후로(cf. Freeman 1989) 미드가 사모아인 정보 제공자들에게 사기를 당했다는 직접적인 증거(어떤 법정에도 제출할 수 있는 형태로)가 나왔다. *「사모아의 성년」이 이제* 재평가받아야 한다는 주장은 바로 이러한 증거와 그 밖의 다른 직접적인 증거를 바탕으로 하고 있다." (이탤릭체는 첨가한 것임)

그 증거는 명시되지 않았고, 독자들은 자세한 것을 알고 싶으면 1989년판 책을 참고하라고만 돼 있었다. 그러나 '반박할 수 없는 직접적인 증거'가 있다는 인상이 독자들의 마음에 새겨졌다.

그 증거는 과연 얼마나 반박할 수 없는 것이었을까? 1989년에 발표한 글에서 프리먼은 이렇게 서두를 열었다.

"이 짧은 커뮤니케이션에서 나는 마거릿 미드가 1926년에 행한 사모아 연구에 대한 결정적인 새로운 증거를 보고한다."

'결정적으로 중요한 새로운 증거'는 미드가 수십 년 전에 면담했던 젊은 여성 중 한 명인 파아푸아아Fa 'apua' a와 관련된 것이었다. 파아푸아아는 그 때 그 섬에서의 섹스는 아주 자유롭다는 데 동의했다. 그러나 60년 이상이 지난 지금 그녀는 정반대의 사실을 말하고 있었다. 게다가 그녀는 자신을 포함해 다른 정보 제공자들이 미드에게 농담을 했다고 주장한다. 1987년에 파아푸아아와 인터뷰한 장면이 필름으로 찍혀 '마거릿 미드와 사모아'라는 다큐멘터리의 일부가 되었다. 이것은 1988년에 TV에 방영되었으며, 미국 전역의 많은 인류학과에 판매되었다.

만약 가장 최근에 파아푸아아가 한 말이 사실이라면, 당연히 미드의 연구는 기반이 와르르 무너지고 말 것이다. 이 증거는 과연 반박할 수 없는 것일까? 비록 프리먼이 실제로 그렇게 말한 것은 아니지만, 그가 법정 운운한 것은 그 증거도 어떤 법정에서도 채택될 수 있는 종류의 것임을 암시했다. 그러나 그러한 법정에서는 배심원의 심리가 따르고, 그러한 재판에서는 만장일치가 필수적이다. 다시 말해서 모든 배심원의 의견이 일치해야 한다.

그러나 명백하게 그러한 일은 일어나지 않았다. 많은 이의가 제기되었기 때문이다. 만약 파아푸아아가 그때 거짓말을 했다면, 지금 진실을 말하고 있다는 사실은 어떻게 믿을 수 있는가? 지금 그녀가 왜 거짓말을 하는지 설명할 수 있는 이유는 없는가? 당연히 있다.

미드의 많은 지지자들이 제기한 가장 큰 이유는 미드가 연구를 할 당시와 비교해 지금은 상황이 크게 변했다는 것이다. 미드가 수차 지적한 것처럼 사모아의 문화는 변천하는 과정에 있었다. 미드가 사모아인을 연구할 때만 해도, 그 사회는 외부의 접촉이 전혀 닿지 않은 사회가 아니었다. 선교사들이 오래 전부터 그곳에서 일을 시작해와 그 사회는 기본적으로 80년 동안 기독교화돼 있었다.

그렇지만 사모아 사회는 복잡하고, 오랜 관습은 쉽게 사라지지 않는다. 그래서 일부 사모아 연구자들은 사모아인이 기독교화된 것인지, 아니면 기독교가 사모아화된 것인지 궁금하게 여겼다. 게다가 파아푸아아는 그 당시에 처녀성이 가장 엄격하게 지켜지던 높은 지위의 처녀인 타우포우taupou였다. 그 이후로 기독교화가 빨리 진행되었고, 그와 함께 그 밖의 아주 다양한 미국 문화의 영향(여기서 언급하기에는 너무 복잡한)이 밀려들어왔다. 그 결과로 그 당시 살았던 파아푸아아와 다른 사람들은 이제 그녀와 다른 정보 제공자들이 그때 말한 것에 대해 부끄럽게 여길 수도 있다. 그녀는 이번에는 스스로를 개심한 거짓말쟁이라고 부르는 것이 더 낫다고 여길 수도 있다. 아마도 그녀와 동료 정보 제공자들은 이야기를 다시 고쳐 쓸 수도 있을 것이다.

리버사이드 소재 캘리포니아 대학의 인류학 명예 교수인 마틴 오랜스는 미드의 야외 현장 메모에 접할 기회를 얻어 검토한 바가 있는데, 그는 미드가 속아넘어간 것이 아니라고 강력하게 주장한다. "실제로 현장조사 자료 중 단 하나의 정보도 파아푸아아에게서 나온 것이라고 할 만한 것은 없었다"라고 그는 말한다. 그는 또한 "미드가 현장 조사 자료들을 검토할 수 있도록 보존한 것은 그녀의 명성을 더욱 높여준다… 많은 인류학자들은 자신들은 그렇게 할 용기가 나지 않을 것이라고 내게 실토했다"고 지적했다.

그러는 동안에도 수사학은 계속 난무했다. 1991년에 프리먼은 미드가 연구 중에 인지적 착각을 범했으며, 「사모아의 성년」은 "인문과학 역사상 가장 두드러지고 교훈적인 집단 인지적 착각의 사례"중 하나를 만들어내면서 그러한 착각을 확산시켰다고 주장했다.

미드의 비판론자들이 제기한 의문 중에는 나도 궁금하게 여긴 것이 하나 있다. 혼전 섹스가 그렇게 자유분방하게 이루어졌다면 왜 임신 사례가 더 많이 보고되지 않았을까? 노던켄터키 대학의 사회학 · 인류학 · 철학부의 부교수인 니콜 그랜트는 미드가 기술한 섹스가 어떤 종류의 것인지 좀 더 자세히 파고들면 그 답을 쉽게 얻을 수 있다고 주장한다. 성교 외에도 여러 종류의 섹스가 있다고 그랜트는 지적한다.

"전통적인 사모아에서는 섹스를 가리키는 가장 보편적인 단어는 '노는 것(play)'을 의미한다"고 그녀는 썼다.

사태는 그런 식으로 흘러갔다. 찌르기와 피하기, 공격과 반격이 반복되었다. 1997년에 80세가 된 프리먼은 자신은 그 싸움에서 물러났다고 말했다. 그렇지만 아직도 잡지 기사나 책들이 계속 쏟아져나오면서 그 싸움에 불을 붙이고 있다. 1990년 이래 이 논쟁에 관한 책은 세 권이나 나왔다. 프리먼 자신도 자신의 저서의 제목을 「프란츠 보아스와 하늘의 꽃: '사모아의 성년'과 마거릿 미드의 운명적인 미혹」이라고 고쳐서 재판을 내놓았다. 그 책은 데이비드 윌리엄슨에게 헌정했다. 왜 윌리엄슨에게 헌정했을까? 프리먼의 동료 오스트레일리아인인 그가 '이단자'라는 제목의 희극을 썼기 때문이다. 이 희곡은 오스트레일리아 시드니의 극장들에서 연극으로 공연되었다(1997년 초부터).

희곡에서 미드는 마릴린 몬로, 재키 케네디 오나시스, 바바러 스트레이샌드를 포함하여 여러 가지 역으로 등장한다. 강한 풍자의 표적인 프란츠 보아스는 연한 핑크빛 양복에 붉은색 나비 넥타이, 노란색과 검은색이 섞인 구두를 신고 등장한다. 유일하게 멋지게 나오는 인물은 프리먼처럼 보이는데, 그는 고독한 괴짜로 묘사된다. 지금 이 책을 쓰고 있을 때, 프리먼은 그 연극을 다섯 차례나 보았으며, 연극의 모든 장면을 즐겼다.

## 두 가지 측면

*

이 논쟁에는 끝도 없고, 해결책도 없는가? 그 답을 찾기 위해서는 이 분쟁을 자연-양육 논쟁 측면과 프리먼 대 미드의 측면, 두 가지로 나누어 검토하는 것이 편리하다.

자연-양육 논쟁에 대해 롤라 로마누치-로스는 1983년에 이렇게 썼다.

"마거릿 미드는 최소한 자신이 크게 영향을 받은 미국 사회에서는 문화적 신념이 행동을 결정한다는 자신의 주장을 증명했다는 것이 내 생각이다. 1930년대 말부터 1960년대 말까지 우리는 사회적으로 억압받고 성적 충동이 부정되는 분위기에서 성적인 자유가 사회적으로 용인되는 분위기로 옮겨가지 않았는가?"

이와 비슷하게 코테는 1990년대의 연구는 프리먼의 입장보다는 미드의 입장을 더 지지해준다고 지적한다. 1997년 4월에 같은 맥락에서 흥미로운 연구가 〈네이처〉지에 보고되었다. 그 연구는 "보통의 우리에 갇힌 생쥐보다 풍부한 환경에 노출된 생쥐(의 두뇌)에 새로운 뉴런이 훨씬 많이 존재한다는 것"을 보여주었다. 물론 이것은 어떤 사실도 증명해주지는 못하지만, 환경의 영향이 얼마나 중요한가를 시사해준다.

그러나 자연-양육 논쟁의 얽힌 실타래는 여전히 복잡하게 얽혀 있다. 아마도 20세기(혹은 21세기)의 다윈이 나타나, 두 가지 주장의 상대적 중요성을 분명히 가려낼지도 모른다(가려내는 것이 가능하기만 하다면). 각각의 영향은 사람에 따라 제각각 다른지도 모른다. 그렇다면 상황은 현재와 거의 비슷하게 유지될 것이고, 많은 논문을 쓸 수 있는 풍부한 재료를 제공할 것이다. 개인적 분쟁의 해결 역시 별다른 진전이 없다. 그러나 우리는 지금까지의 결과에 대해 어떤 느낌을 가질 수는 있다. 로웰 홈스는 "미드와 프리먼의 논쟁이 인류학을 위해 좋은 일이었는지 나쁜 일이었는지 잘 모르겠다"고 말한다. 반면에 그는 이렇게 덧붙인다.

"오늘날의 대부분의 사모아 전문가들과 마찬가지로, 우리 모두의 일이 사람들의 주목을 받지 못하고 묻혀 있던 상태로부터 구해준 데 대해 나는 데릭 프리먼에게 큰 신세를 졌다는 것을 인정하지 않을 수 없다."

코테는 일종의 긍정적인 측면도 발견했는데, 프리먼의 비판은 "미드의 연구의 한계와 그것의 일반화에 따르는 잠재적인 문제에 대해 경종을 울려주었다. 이것에 대해 우리는 감사를 드린다"고 말했다. 다른 사람들 역시 같은 분야에 종사하는 전문가들은 그 분쟁에서 교훈을 얻으라고 촉구했다. 케이턴은 "어떤 조건에서 생물과학, 특히 행동생물학의 방법과 발견이 인류학 및 사회과학과 통합될 수 있을지"생각하고 있다.

더 비판적인 오랜스는 「사모아의 성년」과 같은 "결함이 있는 연구"가 어떻게 명성을 얻는 디딤돌이 될 수 있었는지 의문을 제기한다. 그는 두 가지 주요 이유를 든다. 첫째, 문화인류학은 초기부터 극히 비과학적이고, 경험적인 입증도 없이 일반화를 받아들이려는 경향이 아주 강했다. 그래서 종종 검증할 수 없는 주장들을 만들어내곤 했다. 관계와 개념은 제대로 정의되지 않은 경우가 많아 수많은 '빠져나갈 구멍'(어떤 주장의 잘못을 증명하기 위해 제시된 어떤 테스트가 그 주장이 지닌 본래의 의미를 간과했다고 반격할 수 있는 기회)을 제공하는 경향이 있었다.

둘째, 일반 대중은 미드가 발견한 것이 사실이기를 원했다. 그는 "그 잘못은 과학의 요구 조건을 이해하고 있으면서도 미드의 연구가 지닌 결함을 지적하는 데 실패하고, 암묵적으로 지지한 나를 포함한 우리 모두에게 있다… 그 책이 우리의 생각과 반대되는 이데올로기를 담고 있었더라면, 우리는 의심의 여지 없이 그 과학적 결함을 찾아내 갈기갈기 찢어버렸을 것이다."라고 표현했다.

더 긍정적인 논조로 에모리 대학의 브래드 쇼어 교수는 프리먼이 "사모아 인의 삶에서 일부 모순과 복잡성을 드러냈다"고 주장했다. 코테는 프리먼이 "자신도 모르게 오늘날 사모아에서 전개되는 비극, 즉 서양 문화의 영향이 가져온 문화적 박탈감 때문에 사모아의 많은 젊은이들이 직면하고 있는 어려움에 대한 경보를 울렸다"고 지적했다. 그는 계속해서 "더군다나 논쟁의 해결은 일부 사람들이 제시하는 것처럼 두 입장 사이의 '중간 어딘가에서' 발견될 가망이 없다. 그보다는 부분적으로는 그것을 변화시키려고 하는 힘들을 흡수하고, 쉬운 정의와 이해에 반항함으로써 살아남는 동시에 자신의 속성을 유지하는, 복잡하고도 유연한 문화(에 대한 필요)에 답이 있는 것처럼 보인다. 외부의 영향이 문화를 흡수하기 전에 영향을 최대한 흡수하는 이러한 보호 전략은 미드도 지적한 바 있다"고 주장했다.

따라서 그 논쟁은 일부 긍정적인 결과도 낳은 것으로 보인다. 그러나 명백한 의문이 남아 있다. 즉, 프리먼은 다른 방식으로 문제를 제기할 수 없었을까? 그의 비판은 그렇게 강렬하고 인신공격적이어야만 했을까? 과학에서 비판은 흔한 것이며, 심지어는 기대되는 것이기도 하다. 게다가 같은 문화를 놓고도 문화인류학자들 사이에 서로 다른 해석이 나오는 경우도 종종 알려져 있다. 멕시코의 테포스틀란 농부들에 대해 1930년에 로버트 레드필드가 기술한 것과 21년 후 오스카 루이스가 기술한 것은 아주 다르다. 그러나 프리먼의 가차없는 공격과는 대조적으로, 루이스는 비록 레드필드의 연구에서 비판할 것을 많이 발견했음에도 불구하고 레드필드에게서 많은 것을 배웠다고 인정했다.

그렇다면 프리먼의 동기는 무엇이었을까? 개인적으로 미드와 그녀가 지지하는 주장을 아주 싫어한 것 외에 더 부정적인 동기를 지적하는 견해도 있다. 즉, 그는 "미드의 명성을 딛고 자신을 띄우려고 했다"는 것이다. 불행한 진실은, 만약 프리먼이 더 유순하고 냉정한 글을 썼더라면 그것은 같은 해에 R. A. 골드먼이 출판한 「미드의 사모아의 성년: 반대 견해」와 함께 나란히 주목을 끌지 못하고 묻혀 있었을 것이라는 사실이다. 책의 제목을 들어 본 사람조차 드물 것이다.

다른 어떤 사람보다도 사모아의 문화에 대해 잘 알고 있던 홈스는 어떠한가? 그가 1957년에 미드의 연구를 재연구한 것은 미발표 박사 학위 논문으로 남아 있으며, 가끔 학자들이 참고로 하긴 하지만, 일반 대중의 눈에는 띄지 않는다. 1983년에 프리먼의 책에 대해 평하면서 홈스는 이렇게 썼다.

"지금 프리먼이 시도하고 있는 것처럼 나도 거인을 죽이는 일을 하고 싶었다… 그러나 나는 그렇게 할 수 없었다. 내가 발견한 마을과 그 주민들의 행동은 미드가 묘사한 것과 흡사했기 때문이다."

마지막으로 만약 프리먼의 은밀한 목적이 과학자로서 그리고 한 개인으로서 미드의 명성을 훼손하는 것이었다면, 의심의 여지 없이 성공을 거둔 것으로 보인다. 정치인의 삶에서 가장 잘 엿볼 수 있는 것처럼, 한 개인의 삶을 현미경 밑에 놓고 보면 모든 결점이 확대돼 보인다. 사실이든 거짓이든 간에 소문, 과장된 발언, 빈정대는 말이 부상하여 독자의 마음에 깊이 박힌다. 미드의 딸이지만 결코 어머니를 무조건 옹호하지는 않는 메리 캐서린 베이트슨은 어머니의 명성은 실제로 많이 손상되었다고 느낀다. 그녀는 "나는 아직도 '오, 마거릿 미드라고요! 그녀의 연구는 완전히 틀린 것으로 밝혀지지 않았습니까?' 라고 말하는 사람들을 만난다"고 보고했다.

조지메이슨 대학의 인류학 교수인 베이트슨은 또한 "그 전체 과정은 사회적 결정을 내리는 데 인류학의 자료를 책임있게 사용할 수 있는 가능성을 낭비적이고, 해롭고, 뒤집어 엎는 것으로 만들었다"고 주장한다. 논쟁의 모든 측면 중에서 이것 하나만으로도 마거릿 미드를 무덤 속에서 몸을 뒤척이게 하기에 충분할 것이다.

그렇다면 여러분은 어떤 방법으로 세상의 주목을 얻겠는가? 미드는 자기 나름의 방식으로, 프리먼도 자기 나름의 방식으로 그것을 얻었다. ✶

# 에필로그

✶

이 책에 소개된 과학 분쟁들은 해결에 이르는 다양한 방식을 보여준다. 책에 나오지는 않았지만, 내가 언급하고 싶은 한 가지 방법은 위원회나 연구 집단에 의한 해결 방법이다. 이 접근 방법은 원자력 발전이 바람직한지, 혹은 온실 효과가 실제로 우리에게 닥치고 있는지와 같은 문제를 포함하여 민감한 사회적 문제를 해결하는 데에 유용하게 사용될 수 있다.

그러한 문제를 해결하는 것은 특히 중요하다. 왜냐하면 그러지 않고서는 사회가 그러한 논쟁들에 내재돼 있는 문제들에 대해 어떤 조처를 취해야 할지 합리적이고 널리 받아들여지는 결정을 내릴 수 없기 때문이다.

그러한 문제 중 하나가 이러한 방식으로 해결되었다. 그 문제는 동성연애가 질병이냐 아니냐 하는 것이었다. 수년 동안 연구와 논문이 숱하게 발표되었고, 분노의 비난과 그에 대한 반응이 계속되었지만, 결론은 나지 않았다. 예를 들면 미국정신의학협회의 정신장애진단편람에 그것을 질병으로 포함시켜야 하는가, 말아야 하는가?

마침내 협회 회원들 사이에서 그 문제는 표결에 부쳐졌다. 결과는 약 2대 1의 비율로 동성 연애가 질병이 아니라는 결론이 내려졌다.

# 역자의 말

✶

싸움 구경을 하는 것은 재미있다. 더구나 알리나 포먼, 타이슨과 홀리필드와 같은 거물들이 맞붙을 때면 전세계 사람들의 이목이 집중된다. 과학계에서도 거물들이 그러한 대결을 펼칠 때가 종종 있는데, 이 책에 실린 열 가지 논쟁은 과학의 역사에서 가장 중요한 의미를 지닌 사건들을 고른 것이라 할 수 있다. 물론 그중에는 교황과 갈릴레이의 대결처럼 과학자 대 과학자로서 정당하게 싸운 것이 아니라, 세속의 막강한 권력 대 약한 한 개인의 대결이라는 불공평한 싸움도 있었다. 그러나 그 싸움은 현실의 법정에서는 갈릴레이가 KO패했지만, 역사의 법정에서는 갈릴레이가 완승을 거두었으며, 교회측은 두고두고 그 후유증을 앓아야 했다.

이 책의 장점은 과학사에서 커다란 논쟁을 불러일으킨 사건들을 조명함으로써 과학사의 큰 줄기를 이해할 수 있다는 데 있다. 그와 함께 관련 과학 이론도 이해하는 데 도움을 준다. 그러나 과학자들은 권투선수도 아니고, 군사 전략가도 아니다. 그러니 개인간의 싸움에서는 인신공격을 비롯해 별로 보기에 좋지 않은 수단들이 동원될 수밖에 없다. 아무리 위대한 업적을 남긴 과학자라 하더라도 결국은 약한 인간에 지나지 않는 법이니까. 옛날 우리 선비들은 학문을 하기 전에 먼저 인간의 몸가짐을 가르쳤으나, 일찍이 과학자에게 먼저 인간이 되라는 가르침을 주었다는 이야기는 들어본 적이 없다. 오히려 뉴턴이나 다윈, 티코 브라헤, 루이스 리키 등은 인격적으로는 문제가 있는 사람들이었다. 어쨌든 과학자들도 우리와 다름없는 감정과 약점을 가진 인간이었고, 자기 이론을 세우기 위해서는 경쟁자를 짓밟지 않을 수 없었다. 거기서 대결은 필연적으로 일어나게 마련인데, 그 원인과 전개 양상에 관한 것은 저자의 머리말에 잘 나와 있으니 참고하기 바란다.

물론 오늘날의 과학은 논쟁으로 승부가 나는 경우는 드물다. 과학은 오로지 관찰과 실험의 증거를 통해서만 옳고 그름이 판가름 나기 때문이다. 이 책에 실린 분쟁들 중 대부분은 그 당시에 확실한 증거들이 발견되지 않았기 때문에 파국을 향해 치달았다. 갈릴레이만 해도 모든 사람들이 납득할 만한 확실한 지구 자전의 증거를 제시하지 못했기 때문에 죽음의 위협을 받고 불행한 말년을 보내야 했고, 자연 발생설을 둘러싼 볼테르와 니덤의 논쟁도 잘못된 실험을 놓고 벌인 철학적 탁상 공론에 지나지 않았다.

한편, 서로 경쟁 관계에 있는 과학자들이 격렬한 논쟁을 벌임으로써 해당 분야의 과학에 발전을 가져온 경우도 있다. 공룡 화석 채집가인 코프와 마시, 인류 화석 채집가인 요한슨과 리키는 서로 라이벌 관계로서 상대방에 대한 우위를 내세우기 위해 화석 발굴 경쟁을 가열시켰다. 그 경쟁의 결과로 귀중한 발견들이 이루어졌으며, 공룡과 초기 인류에 대한 지식을 넓히는 데 크게 기여했다.

어쨌든 이 책에서 우리는 과학의 논쟁과 대결이 초래하는 긍정적인 측면과 부정적인 측면을 모두 볼 수 있다. 세계대전이 끝난 뒤 인류가 크게 각성하여 평화를 위한 노력을 경주했듯이, 신문지상을 뜨겁게 달구며 세상을 떠들썩하게 했던 코프와 마시의 싸움 뒤에 고생물학자들은 서로 협력해 연구하는 관행을 발전시켰다. 역사에서 교훈을 얻은 셈이랄까.

이 책은 방대한 자료 수집을 통해 엄밀하게 저술된 책이긴 하지만, 아쉬운 점도 약간 있다. 20세기 최대의 대논쟁이라 할 수 있는 보어와 아인슈타인의 논쟁이 빠진 점이 그렇고, 과학이론 설명이 체계적으로 잘 이루어지지 않았다는 점도 그렇다. 그리고 10장의 프리먼과 미드의 대결 역시 문화인류학을 자연과학에 함께 끼워넣은 것 같아 조금 거슬리지만, 현대의 논쟁 양상을 소개함으로써 시사하는 바가 있다고 이해된다.

방대한 분야를 망라한 책이라 식견히 부족한 역자가 공부를 해가면서 번역하느라 다소 애를 먹었고, 원래 딱딱한 문체를 일반 독자들이 읽을 수 있게끔 쉽게 풀어쓰느라 약간 무리를 하기도 했다. 그래도 부족한 감을 지울 순 없지만, 앞으로 더욱 정진할 것을 약속드린다.

역자 이충호

# 참고문헌

✶

이 책을 준비하는 데 참고한 자료들의 목록만 여기에 실었다. '일반적인 배경'이라는 제목하에 실린 문헌들을 제외한 나머지는 각 장별로 나누어 실었다.

## 일반적인 배경

Asimov, Isaac. *Asimov's Biographical Encyclopedia of Science & Technology*. Garden City, NY: Doubleday & Co., 1972.

Bolton, Sarah K. *Famous Men of Science*. New York: T. Y. Crowell Company, 1946.

Boorstin, Daniel. *The Discoverers*. New York: Random House, 1983.

Burstyn, Harold L. "Galileo's Attempt to Prove that the Earth Moves," *Isis*, 1962, v55, part 2, pp. 161-185.

Butterfield, Herbert. *The Origins of Modern Science, 1300-1800*, revised paperback edition. New York: The Free Press, 1965, 1957.

Engelhardt, H. Tristram, and Caplan, Arthur, editors. *Scientific controversies*. Cambridge, England: Cambridge University Press, 1987. (Four case studies in a sociological treatise that seeks to develop a theory of how scientific controversies are resolved. Covers laetrile, homosexuality, safety standards, and nuclear power.)

Gillispie, Charles C., editor. *Dictionary of Scientific Biography (DSB)*, 16 volumes. New York: Scribner, 1970-1980.

Hallam, A. *Great Geological Controversies*. Oxford, England: Oxford University Press, 1983. (Neptunists, vulcanists, and plutonists; catastrophists and uniformitarians; the Ice Age; the age of Earth; continental drift.)

Holton, Gerald. *Einstein, History and Other Passions: The Rebellion Against Science at the End of the Twentieth Century*. New York: Addison-Wesley, 1996.

Merton, Robert K. "Priorities in Science," *The Sociology of Science*. Chicago: University of Chicago Press, 1973.

Milton, Joyce. *Controversy: Science in Conflict*. New York: Julian Messner, 1980

Officer, Charles, and Page, Jake. *Tales of the Earth. Paroxysms and Perturbations of the Blue Planet*. New York: Oxford University Press, 1993

Raup, David M. *The Nemesis Affair*. New York: W. W. Norton, 1986 (paper, 1987). (Catastrophism.)

Shapin, Steven. *The Scientific Revolution*. Chicago: University of Chicago Press, 1996. (Especially sections of Chapter 3, on natural philosophy and its pre-Darwinian relationship to religion.)

Taton, R. *Reason and Chance in Scientific Discovery*. New York: Philosophical Library, 1957.

Williams, Trevor I., editor. *A Biographical Dictionary of Scientists*. New York: Wiley-Interscience, 1969.

## 머리말

Provine, William. "Evolution and the Foundation of Ethics." *MBL Science*, Winter 1988, v3nl, pp. 25-29. (Marine Biological Laboratory, Woods Hole, MA.)

### 1. 교황 우르바누스 8세 vs 갈릴레이 – 불공평한 대결

Bailey, George. *Galileo's Children: Science, Sakharov, and the Power of the State*. New York: Arcade Publishing, 1990.

Biagioli, Mario. *Galileo Courtier: The Practice of Science in the Culture of Absolutism*. Chicago: University of Chicago Press, 1993.

Bronowski, Jacob. *The Ascent of Man*. Boston: Little, Brown, 1974.

*De Santillana*, Giorgio. *The Crime of Galileo*. Chicago: University of Chicago Press, 1955

Dickson, David. "Was Galileo Saved by Plea Bargain?" *Science*, August 8, 1986, pp. 613, 614.

Drake, Stillman. *Discoveries and Opinions of Galileo* (translated, with an introduction and notes by Drake). New York: Doubleday, 1957.

Drake, Stillman. *Galileo at Work: His Scientific Biography*. Chicago: University of Chicago Press, 1978.

Eurich, Nell. *Science in Utopia: A Mighty Design*. Cambridge, MA: Harvard University Press, 1967.

Finocchiaro, Maurice A. *The Galileo Affair: A Documentary History*. New York: Notable Trials Library; Gryphon Editions, 1991. (Many of the relevant documents, translated into English, with an introduction by Alan M. Dershowitz.)

Galilei, Galileo. *Dialogue on the Great World Systems* (de Santillana translation). Chicago: University of Chicago Press, 1953 (1632).

Galilei, Galileo, *Dialogues Concerning Two New Sciences*. New York: McGraw-Hill, 1963 (paperback) (1638). (Also in abridged text edition, by de Santillana, translation by T. Salusbury. Chicago: University of Chicago Press, 1955.)

Harsanyi, Zsolt de. *The Star-Gazer*. New York: G. P. Putnam's Sons, 1939. (Fictional account of Galileo's life, translated from Hungarian.) .

Hummel, Charles E. *The Galileo Connection; Resolving Conflicts between Science and the Bible*. Downers Grove, IL: InterVarsity Press, 1986.

Koestler, Arthur. *The Sleepwalkers*. New York: The Universal Library (Grosset & Dunlap), 1963 (paperback) (original, Macmillan, 1959). (A readable history of the great astronomers, from Ptolemy to Newton.)

Kuhn, Thomas S. *The Copernican Revolution: Planetary Astronomy in the Development of Western Thought*. Cambridge, MA: Harvard University Press, 1957.

Manuel, Frank E. "Newton as Autocrat of Science." *Daedalus*, Summer 1968, pp. 969-1001.

Provine, William. "Evolution and the Foundations of Ethics, *MBL Science*, Winter 1988, v3nl, pp. 25-29. (Marine Biological Laboratory, Woods Hole, MA.)

*Quarterly Review*. "Giordano Bruno and Galileo Galilei." *Popular Science Monthly Supplement,* 1878, Volumes XIII-XX (bound volume S3), pp. 111-128. ,

Redondi, Pietro. *Galileo Heretic*. Princeton, NJ: Princeton University Press, 1987. (A novel reading of the Galileo/Urban affair, suggesting that the trial was a plea bargain designed to protect Galileo against even more serious charges of heresy for promoting the atomic theory of matter.)

Reston, James, Jr. *Galileo: A Life*. New York: HarperCollins, 1994.

Segre, Michael. *In the Wake of Galileo*. New Brunswick, NJ: Rutgers University Press, 1991.

Sharratt, Michael. *Galileo: Decisive Innovator*. Cambridge, England: Cambridge University Press, 1994.

## 2. 월리스 vs 홉스 – 원과 똑같은 면적의 정사각형 그리기


Bold, Benjamin. *Famous Problems of Geometry and How to Solve Them*. New York: Dover Publications, 1982. (Reprint of 1969 edition, Van Nostrand Reinhold, slightly corrected.)

Boyer, Carl B. *The History of the Calculus and Its Conceptual Development*. New York: Dover Publications, 1959 (1949).

Chabot, Dana. "Thomas Hobbes: Skeptical Moralist." *American Political Science Review*, June 1995, pp. 401-410.

Cohen, I. Bernard. "Review of J. F. Scott, *The Mathematical Works of John Wallis, 1938.*" *Isis*, 1939, v30n3, pp. 529-532.

Dick, Oliver Lawson, editor. *Aubrey's Brief Lives*. Ann Arbor: University of Michigan Press, 1949/1957.

Eliot, P. F., editor. *French and English Philosophers: Descartes, Voltaire, Rousseau, Hobbes*. New York: P. F. Collier and Son, 1910 (*The Harvard Classics*, Vol. 34).

Gardner, Martin. "Mathematical Games: Incidental Information about the Extraordinary Number Pi." *Scientific American*, July 1960, pp. 154-156.

Hazard, Paul. *The European Mind, 1680-1715: The Critical Years,* reprint edition. New York: Fordham University Press, 1990.

Hinnant, Charles H. *Thomas Hobbes*. Boston: Twayne Publishers, 1977.

Hobbes, Thomas. *Leviathan*. New York: Penguin Books, 1986 (1651).、

Malcolm, Noel, editor. *The Correspondence of Thomas Hobbes,* two volumes. New York: Oxford University Press, 1994.

Mintz, Samuel I. "Galileo, Hobbes, and the Circle of Perfection." *Isis*, July 1952, v43, pp. 98-100.

Mintz, Samuel I. "Hobbes." In C. Gillispie (editor), *Dictionary of Scientific Biography (DSB)*, Vol. 6, p. 449. New York: Scribner, 1972.

Mintz, Samuel I. *The Hunting of Leviathan: Seventeenth Century Reactions to the Materialism and Moral Philosophy of Thomas Hobbes*. Cambridge, England: Cambridge University Press, 1962.

Molesworth, Sir William, editor. *The English Works of Thomas Hobbes of Malmesbury*, 11 volumes. London: John Bohn (1839-1845) (reprinted 1962).

Robertson, George Croom. *Hobbes*. Edinburgh: William Blackwood & Sons, 1886.

Rogow, Arnold A. *Thomas Hobbes. Radical in the Service of Reaction*. New York: W.

W. Norton, 1986.

Scott, J. F. *The Mathematical Works of John Wallis, D.D., F.R.S.* London: Taylor and Francis, 1938.

Shapin, Steven, and Schaffer, Simon. *Leviathan and the Air-Pump: Hobbes, Boyle, and the Experimental Life* (including a translation of Thomas Hobbes, *Dialogus Physicus de Natural Aeris*, by Simon Shaffer). Princeton, NJ: Princeton University Press, 1985.

Skinner, Quentin. "Bringing Back a New Hobbes," review of *The Correspondence of Thomas Hobbes* (edited by Noel Malcolm). *New York Review of Books*, April 4, 1996, v43n6, pp. 58-61 (unpaged online).

Smith, Preserved. *A History of Modern Culture: Vol. I. The Great Renewal, 1543-1687* (1930); *Vol. II. The Enlightenment, 1687-1776* (1934). New York: Henry Holt. (Reprinted 1957 by Peter Smith.)

Watkins, J. W. N. *Hobbes's System of Ideas: A Study in the Political Significance of Philosophical Theories*. London: Hutchison University Library, 1965.

### 3. 뉴턴 vs 라이프니츠 – 거인들의 충돌

Andrade, E.N. da C. *Sir Isaac Newton*. London: Collins, 1954.

Bell, E. T. *The Development of Mathematics*, second edition. New York: McGraw-Hill, 1945.

Berlinski, David. *A Tour of the Calculus*. New York: Pantheon Books, 1995.

Boyer, Carl B. *The History of the Calculus and Its Conceptual Development*. New York: Dover Publications, 1959 (1949).

Broad, William J. "Sir Isaac Newton: Mad as a Hatter." *Science*, September 18, 1981, v213, pp. 1341, 1342, 1344. Also letters, November 13, 1981, and March 5, 1982.

Bury, J. B. *The Idea of Progress*. New York: Dover Publications, 1960. (Reprint of original Macmillan edition, 1932, Chapter 19, "Progress in the light of Evolution.")

Frankfurt, Harry G., editor. *Leibniz: A Collection of Critical Essays*. New York: Doubleday, 1972 (paperback). (Especially "Leibniz and Newton.")

Guillen, Michael. *Five Equations That Changed the World*. New York: "Hyperion, 1995. (Especially sections on Newton, pp. 9-63; and the Bernoullis, pp. 65-117.)

Hall, A. Rupert. *From Galileo to Newton*. New York: Dover Publications, 1981

(Harper & Row, 1963).

Hall, A. Rupert. *Philosophers at War: The Quarrel Between Newton and Leibniz*. New York: Cambridge University Press, 1980.

Hall, A. Rupert, and Tilling, Laura, editors. *The Correspondence of Isaac Newton: Vol. 7, 1718-1727*. New York: Cambridge University Press, 1977.

Hathaway, Arthur S. "Further History of the Calculus." *Science*, February 13, 1920, pp. 166-167.

Hunt, Frederick Vinton. *Origins in Acoustics: The Science of Sound from Antiquity to the Age of Newton*. New Haven, CT: Yale University Press, 1978. (Especially the Newton-Leibniz feud, pp. 146ff.)

Latta, Robert, editor. *Leibniz: The Monadology and Other Philosophical Writings*. London: Oxford University Press, 1898.

Manuel, Frank E. "Newton as Autocrat of science." *Daedalus*, Summer 1968, pp. 969-1001.

Merz, John Theodore. *Leibniz*. New York: Lippincott, 1884.

More, Louis T. *Isaac Newton: A Biography*. New York: Dover Publications, 1962 (1934).

Newton, Isaac. *Mathematical Principles of Natural Philosophy*. Chicago: Encyclopedia Britannica, 1955 (1687).

Peursen, C. A. van. *Leibniz*. New York: Dutton, 1970.

Price, Derek J. de Solla. *Little Science, Big Science*. New York: Columbia University Press, 1963. (Especially p. 68.)

Smith, Preserved. *A History of Modern Culture: Vol. I The Great Renewal, 1543-1687* (1930); *Vol. II. The Enlightenment, 1687-1776* (1934). New York: Henry Holt. (Reprinted 1957 by Peter Smith.)

Spitz, L. W. "Leibniz's Significance for Historiography", *Isis*, 1952, v13, 333-348.

Struik, Dirk J. *A Concise History of Mathematics*. New York: Dover Publications, 1967 (1948).

Westfall, Richard S. *Never At Rest: A Biography of Isaac Newton*. Cambridge, England: Cambridge University Press, 1980.

**4. 볼테르 vs 니덤 – 자연 발생설 논쟁**

Andrews, Wayne. *Voltaire*. New York: New Directions, 1981.

Besterman, Theodore, editor. *Voltaire*. New York: Harcourt, Brace & World, 1969.

Besterman, Theodore, editor. *The Works of Voltaire*, revised edition, with new translations by William F. Fleming. London: Blackwell, 1975 (original, Harcourt, Brace & World, 1969).

Bottiglia, William F. *Voltaire: A Collection of Critical Esssys*. Englewood Cliffs, NJ: Prentice-Hall, 1968.

Brooks, Richard A., editor. *The Selected Letters of Voltaire*. New York: New York University Press, 1973.

Endore, Guy. *Voltaire! Voltaire!* New York: Simon & Schuster, 1961.

Gillespie, Charles S. "Voltaire." *Dictionary of Scientific Biography*, Vol. 14, pp. 83-85. New York: Scribner, 1976.

Glass, H. Bentley: "Maupertuis, a Forgotten Genius." *Scientific American*, October 1955, v193, pp. 100-110.

Haac, Oscar A. "Voltaire and Leibniz: Two Aspects of Rationalism." *Studies on Voltaire and the Eighteenth Century*, Vol. 25, pp. 795-809. Oxford, England: Voltaire Foundation at the Taylor Institution, 1963.

Mason, Haydn. *Voltaire*. New York: St. Martin's Press, 1975.

Meyer, Arthur William. *The Rise of Embryology*. Palo Alto, CA: Stanford University Press, 1939.

Needham, Joseph. *A History of Embryology*, second edition. New York: Abelard-Schuman, 1959 (1934).

Oppenheimer, Jane M. *Essays in the History of Embryology and Biology*. Cambridge, MA: MIT Press, 1967.

Orieux, Jean. *Voltaire*. Garden City, NY: Doubleday, 1979.

Perkins, Jean A. "Voltaire and the Natural Sciences." *Studies on Voltaire and the Eighteenth Century*, Vol. 37, pp. 61-76. Oxford, England: Voltaire Foundation at the Taylor Institution, 1965.

Prescott, F. "Spallanzani on Spontaneous Generation and Digestion." *Proceedings of the Royal Society of Medicine*, 1929-1930, v23, pp. 495-503.

Redman, Ben Ray, editor. *The Portable Voltaire*. New York: Viking Press, 1949.

Richter, P., and Ricardo, I. *Voltaire*. New York: Twayne, 1980.

Roe, Shirley A. *Matter, Life, and Generation*. Cambridge, England: Cambridge University Press, 1981.

Roe, Shirley A. "Voltaire versus Needham: Spontaneous Generation and the Nature of Miracles." Lecture at the New York Academy of Sciences, December 2, 1981.

Voltaire. *Candide and Other Stories*. New York: Alfred A. Knopf (Everyman's Library), 1992 (1759).

Voltaire. "A Dissertation by Dr. Akakia, Physician to the Pope" (1752). *The Works of Voltaire: A Contemporary Version*, translated by William F. Fleming, Vol. 19, Part 1, pp. 183-199. New York: St. Hubert Guild, E. R. Dumont, 1901.

Voltaire. *The Works of Voltaire: A Contemporary Version,* critique and biography by John Morley, translated by William F. Fleming (22 volumes). New York: St. Hubert Guild, E. R. Dumont, 1901 (1752).

Vulliamy, C. E. *Voltaire*. Port Washington, NY: Kennikat Press, 1970 (1930).

Westbrook, Rachel H. *John Turberville Needham and His Impact on the French Enlightenment*. Unpublished Ph.D. thesis, Columbia University, 1972.

### 5. 다윈의 불도그 vs 윌버포스 주교 – 진화론을 둘러싼 전쟁

Agassiz, Louis. "Prof. Agassiz on the Origin of Species." *American Journal of Science and Arts*, 1860, v79, pp. 142-154; reprinted in John C. Burnham (editor), *Science in America: Historical Selections*. New York: Holt, Rinehart and Winston, 1971.

Applebome, Peter. "Seventy Years after Scopes Triai, Creation Debate Lives." *New York Times*, March 10, 1996, pp. 1, 22.

Behe, Michael J. "Clueless at Oxford." *National Review*, October 14, 1996a, pp. 83-84. (Review of Climbing Mount Improbable by Richard Dawkins.)

Behe, Michael J. *Darwin's Black Box: The Biochemical Challenge to Evolution*. New York: The Free Press, 1996b.

Behe, Michael J. "Darwin under the Microscope." *New York Times*, October 29, 1996c, p. A25 (op ed.).

Benton, M.J. "Diversification and Extinction in the History of Life." *Science*, April 7, 1995, v268, pp. 52-67.

Berlinski, David. "The Deniable Darwin." *Commentary*, June 1996, pp. 19-29.

Berlinski, David. "The Soul of Man under Physics." *Commentary*, January 1996, pp. 38-46. (Berlinski's feelings about modern science.)

Berlinski, David. *A Tour of the Calculus*. New York: Pantheon Books, 1995.

Berreby, David. "Are Apes Naughty by Nature?" *New York Times Magazine*, January

26, 1997, pp. 38-39.

Berreby, David. "Enthralling or Exasperating: Select One." *New York Times*, September 24, 1996, pp. C1, C9.

Bishop, B. E. "Mendel's Opposition to Evolution and to Darwin." *Journal of Heredity*, May 1996, v87n3, pp. 205-213.

Boynton, Robert S. "The Birth of an Idea." *New Yorker*, October 7, 1996, pp. 72-81. (Darwin was no genius; why him?)

Brent, Peter. *Charles Darwin: A Man of Enlarged Curiosity*. New York: Harper & Row, 1981.

Bussey, Howard. "Chain of Being." *The Sciences*, March/April 1996, pp. 28-33. (Yeast.)

Campbell, Neil A. "A Conversation With John Maynard Smith." *American Biology Teacher*, October 1996, v59n7, pp. 408-412.

Caplan, Arthur. "What Controversy Tells Us about Science." *MBL Science*, Winter 1988, v3nl, pp. 20-24. (Marine Biological Laboratory, Woods Hole, MA.)

Caudill, Edward. "The Press and Tails of Darwin: Victorian Satire of Evolution." *Journalism History*, Autumn 1994, v20n3-4, pp. 107-115. (This is an excellent and entertaining paper and can be obtained online from the UMI Research I database.)

Clark, Ronald W. *The Survival of Charles Darwin: A Biography of a Man and an Idea*. New York: Random House, 1984.

Colp, Ralph, Jr. "I Will Gladly Do My Best: How Charles Darwin Obtained a Civil List Pension for Alfred Russel Wallace." *Isis*, 1992, v83, pp. 3-26.

Colson, Charles. "Planet of the Apes?" *Christianity Today*, August 12, 1996, v40n9, p. 64.

Cooper, Henry S.F. "Origins: The Backbone of Evolution." *Natural History*, June 1996, pp. 30-43

Cravens, Hamilton. "The Evolution Controversy in America" (review of a book by the same name, by George E. Webb). *American Historical Review*, April 1996, v101n2, pp. 553-554.

Crook, Paul. Darwinism, *War and History: The Debate over the Biology of war from the 'Origin of Species' to the First World War*. Cambridge, England: Cambridge University Press, 1994.

Darwin, Charles. *The Origin of Species by Means of Natural Selection*, sixth edition,

1872 (1859); and *The Descent of Man and Selection in Relation to Sex* (1871) (combined edition). New York: The Modern Library, undated.

Darwin, Francis, editor. *The Autobiography of Charles Darwin and Selected letters*. New York: Dover Publications, 1958 (1892).

Davidson, Eric H., et. al. "Origin of Belaterian Body Plans: Evolution of Developmental Regulatory Mechanisms." *Science*, November 24, 1996, v270, pp. 1319-1325.

Dawkins, Richard. *Climbing Mount Improbable*. New York: W. W. Norton, 1996.

de Camp, L. Sprague, and de Camp, Catherine Crook. *Darwin and His Great Discovery*. New York: Macmillan, 1972.

Degler, Carl N. "The Temptations of Evolutionary Ethics." *American Historical Review*, June 1996, v101n3, p.838. (Review of *The Temptations of Evolutionary Ethics*, by Farber.)

Dennett, Daniel C. "Appraising Grace: What Evolutionary Good Is God?" *The Sciences*, January/February 1997, pp. 39-44. (Essay review of *Creation of the Sacred: Tracks of Biology in Early Religions*, by Walter Burkert.)

Dennett, Daniel C. *Darwin's Dangerous Idea: Evolution and the Meanings of Life*, New York: Simon & Schuster, 1995.

Desmond, Adrian, and Moore, James. *Darwin: The Life of a Tormented Evolutionist*. New York: Warner, 1991.

Eldridge, Niles. *Reinventing Darwin: The Great Debate at the High Table of Evolutionary Theory*. New York: John Wiley & Sons, 1995. (Eldridge and Stephen Jay Gould came up with the idea of punctuated equilibrium and ignited a furious debate about the true nature of evolution, involving geneticists vs. paleontologists.)

Farber, Paul Lawrence. *The Temptations of Evolutionary Ethics*. Berkeley: University of California Press, 1994.

Gatewood, Willard B. Essay review of *God's Own Scientists: Creationists in a Secular World*, by Christopher P. Toumey (Rutgers, 1994), and of *The Evolution Controversy in America*, by George E. Webb (University Press of Kentucky, 1994). *Isis*, 1995, v86n2, pp. 305-307.

Gillispie, Neil C. *Charles Darwin and the Problem of Creation*. Chicago: University of Chicago Press, 1979. (Especially Chapter 4, "Special Creation in the Origin: The Scientific Attack.")

Gould, Stephen Jay. *Dinosaur in a Haystack*. New York: Harmony Books/ Crown

Publishers, 1995. (Section on evolution, creationism.)

Gould, Stephen Jay. "Modified Grandeur." *Natural History*, March 1993, pp. 14-20. (A personal view of evolution and "grandeur.")

Gould, Stephen Jay. "The Tallest Tale." *Natural History*, May 1996, pp. 18ff. (The "neck of the giraffe [is] not a good example of Darwinian evolution.")

Grady, Wayne. "Darwin's American Pitbull." *Canadian Geographic*, March 1996, v116n2, p. 81 (online). (Review of Stephen Jay Gould's *Dinosaur in a Haystack*.)

Gray, Asa. "Review of Darwin's Theory on the Origin of Species by Means of Natural Selection." *American Journal of Science and Arts*, 1860, v79, pp. 153-184. Reprinted in John C. Burnham (editor), *Science in America: Historical Selections*. New York: Holt, Rinehart and Winston, 1971.

Haas, J. W., Jr. "The Biblical Flood: A Case Study of the Church's Response to Extrabiblical Evidence." *Theology Today*, October 1996, v53n3, pp. 401-404. (Review of the book by the same name, by David A. Young, Grand Rapids: Eerdmans, 1995.)

Hammond, Allen, and Margulis, Lynn. "Creationism as Science: Farewell to Newton, Einstein, Darwin..." *Science* 81, December 1981, pp. 55-57.

Hitt, Jack. "On Earth As It Is in Heaven." *Harper's*, November 1996, v293 n1758, pp. 51-60. (Visit to the headquarters of creationist group.)

Holden, Constance. "Alabama Schools Disclaim Evolution." *Science*, November 24, 1995, p. 1305.

Holden, Constance. "The Vatican's Position Evolves." *Science*, November 1, 1996, v274n5288, p. 717.

Horgan, John. "Escaping in a Cloud of Ink." *Scientific American*, August 1995, pp. 37-41. (Profile of Stephen Jay Gould.)

Horgan, John. "The New Social Darwinists." *Scientific American*, October 1995, pp. 174-181.

Kerr, Richard A. "Geologists Debate Ancient Life and Fractured Crust: Embryos Give Clues to Early Evolution." *Science*, November 24, 1995, pp. 1300-1301.

Kimler, William. "Tracing Evolutionary Biology's Intellectual Phylogeny." *American Scientist*, March-Aprfl 1997, v85, pp. 177-178. (Review of *Life Splendid Drama: Evolutionary Biology and the Reconstruction of Life's Ancestry*, 1860-1940, by Peter J. Bowler, University of Chicago Press, 1996. Argues, in part, that historians of evolution have not paid enough attention to the work in biology that dominated the past century.)

Kohn, Marck. "Whigs and Hunters" (essay review of *River Out of Eden*, by Richard Dawkins, and *Reinventing Darwin*, by Niles Eldridge). *New Statesman & Society*, July 14, 1995, v8n361, pp. 34-35 (online).

Larson, Edward J. *Summer for the Gods: The Scopes Trial and America's Continuing Debate over Science and Religion*. New York: Basic Books, 1997.

Lewin, Roger. "Biology Is Not Postage Stamp Collecting." *Science*, May 14, 1982, v216, pp. 718-720. (Interview with Ernst Mayr.)

Lewin, Roger. *Bones of Contention: Controversies in the Search for Human Origins*. New York: Simon & Schuster, 1987.

Lewin, Roger. "Evolution's New Heretics." *Natural History*, May 1996, pp. 12-17.

Lewin, Roger. *Patterns in Evolution: The New Molecular View*. New York: Scientific American library, 1997.

Livingstone, David N. *Darwin's Forgotten Defenders: The Encounter between Evangelical Theology and Evolutionary Thought*. Grand Rapids, MI: William B. Eerdmans Publishing, 1987.

Malik, Kenan. "The Beagle Sails Back into Fashion." *New Statesman*, December 6, 1996, pp. 35-36. (Social Darwinism.)

Margulis, Lynn, and Dolan, Michael F. "Swimming against the Current." *The Sciences*, January/February 1997, pp. 20-25. (Mergers of symbionts lead to large, functional evolutionary jumps; a possible evolutionary path to nucleated cells.)

Mayr, Ernst. *One Long Argument: Charles Darwin and the Genesis of Modern Evolutionary Thought*. Cambridge, MA: Harvard University Press, 1991.

McCollister, Betty. "Creation 'Science' vs. Religious Attitudes." *USA Today: The Magazine of the American Scene*, May 1996, v124n2612, pp. 74-76.

McDonald, Kim. "A Dispute over the Evolution of Birds." *Chronicle of Higher Education*, October 25, 1996, v43n9, pp. A14-A15.

Milner, Richard. "Charles Darwin and Associates, Ghostbusters." *Scientific American*, October 1996a, pp. 96-101.

Milner, Richard. *Charles Darwin: Evolution of a Naturalist*. New York: Facts on File, Inc., 1994.

Milner, Richard. *The Encyclopedia of Evolution. Humanity's Search for Its Origins*. New York: Facts on File, Inc., 1990.

Milner, Richard. "On What a Man Have I Been Wasting My Time" (review of *Charles Darwin's Letters: A Selection 1825-1859*). *Natural History*, May 1996b, pp.

6-7.

Murdoch, William W. "Theory for Biological Control: Recent Developments." *Ecology*, October 1996, v77n7, pp. 2001-2003.

Nesse, Randolph M., and Williams, George C. *Why We Get Sick: The New Science of Darwinian Medicine*. New York: Vintage Books, 1996. (Original hard cover, 1995.)

Numbers, Ronald L. "Creation Science." *Christian Century*, May 24, 1995, v112n18, pp. 574-575 (online).

Numbers, Ronald L. "Creationism in America." *Science*, November 5, 1982, v218, pp. 538-544.

Numbers, Ronald L. *The Creationists: The Evolution of Scientific Creation*. New York: Alfred A. Knopf, 1992.

Olroyd, D. R. *Darwinian Impacts*. Atlantic Highlands, NJ: Humanities Press, 1980.

Provine, William. "Evolution and the Foundation of Ethics." *MBL Science*, Winter 1988, v3n1, pp. 25-29. (Marine Biological Laboratory, Woods Hole, MA.)

Raloff, Janet. "When Science and Beliefs Collide." *Science News*, June 8, 1996, pp. 360-361.

Ramsay, M. A. "Darwinism, War and History..."*Journal of Military History*, July 1996, v60n3, pp. 560-561.

Root-Bernstein, Robert S. "Darwin's Rib." *Discover Magazine*, September 1995, pp. 38-41.

Ryan, Michael. "Have Our Schools Heard the Wake-up Call?" *Parade Magazine*, January 19, 1997, pp. 8, 9.

Scott, Eugenie C. "Monkey Business." *The Sciences*, January/February 1996, pp. 20-25. (Follow-up responses, March/April, pp. 3ff.)

Shapiro, Robert. *Origins: A Skeptic's Guide to the Creation of Life on Earth*. New York: Summit Books, 1986.

Sholer, Jeffery L. "The Pope and Darwin." *US News & World Report*, November 4, 1996, v121n18, p. 12.

Shreeve, James. "Design for Living" (review of *Darwin's Black Box*, by Michael J. Behe). *New York Times Book Review*, August 4, 1996, p. 8.

Smith, Nancy F. "It's Just That Simple." *Audubon*, September 1996, v98n5, pp. 112-114. (Review of *Full House: The Spread of Excellence from Plato to Darwin*, by Stephen Jay Gould.)

Staff. "Biodiversity Is a Guarantee of Evolution: Interview with Werner Arber." *UNESCO Courier*, October 1996, n10, pp. 4-6.

Staff. "Denying Darwin: David Berlinsky and Critics." *Commentary*, September 1996, pp. 4-39.

Staff. "Evolution: The Dissent of Darwin." *Psychology Today*, January/ February 1997, pp. 58-63. (Discussion between Richard Dawkins and Jaron Lanier.)

Stix, Gary. "Postdiluvian Science." *Scientific American*, January 1997, pp. 96-98.

Strahler, Arthur N. *Science and Earth History: The Evolution/Creation Controversy.* Buffalo, NY: Prometheus Books, 1987.

Tierney, Kevin. *Darrow: A Biography*. New York: Thomas Y. Crowell, Publishers, 1979. (Chapters 31 and 32, on the Scopes trial.)

Toulmin, Stephen, and Goodfield, June. *The Discovery of Time*. New York: Harper & Row, 1965. (Extensive section on the development of evolution and the objections to it, including those having to do with Kelvin; also, some background on the age-of-Earth controversy.)

Webb, George E. *The Evolution Controversy in America*. Lexington: University Press of Kentucky, 1994.

Wheeler, David L. "A Biochemist Urges Darwinists to Acknowledge the Role Played by an 'Intelligent Designer'. " *Chronicle of Higher Education*, November 1, 1996a, v43n10, pp. A13-A16.

Wheeler, David L. "An Eclectic Biologist Argues that Humans Are Not Evolution's Most Important Result; Bacteria Are." *Chronicle of Higher Education*, September 6, 1996b, v43n2, pp. A23-A24.

Wilford, John Noble. "Horses, Mollusks and the Evolution of Bigness." *New York Times*, January 21, 1997, pp. C1, C9.

Wilson, Edward O. *In Search of Nature.* Washington, DC: Island Press, 1996. (Seeking the origins of behavior.)

Wright, Robert. *The Moral Animal: Why We Are the Way We Are: The New Science of Evolutionary Psychology*. New York: Pantheon Books, 1994.

Wright, Robert. "Science and Original Sin: Evolutionary Biology Punctured the Notion of Six-Day Creation, but Biblical Themes of Good and Evil Are More Robust" *Time*, October 28, 1996, pp. 76-77. (Evolutionary psychology; morality.)

### 6. 켈빈 vs 지질학자와 생물학자 – 지구의 나이에 관한 논쟁

Basalla, George, editor. *Victorian Science*. New York: Doubleday, 1970 (paperback).

Broad, William J. "Bugs Shape Landscape, Make Gold." *New York Times*, October 15, 1996, pp. C1, C8.

Brush, Stephen G. "Kelvin in His Times" (essay review of *Energy and Empire*, by Smith and Wise). *Science*, May 18, 1990, pp. 875-877.

Burchfield, Joe D. *Lord Kelvin and the Age of the Earth*. New York: Science History Publications, 1975 (paper, 1990).

Casson, Herbert N. "Kelvin: His Amazing Life and Worldwide Influence." London: *The Efficiency Magazine*, undated (circa 1927), pp. 10-254.

Cowen, Ron. "Interplanetary Odyssey: Can a Rock Journeying from Mars to Earth Carry life?" *Science News*, September 28, 1996, pp. 204-205.

Dalrymple, G. Brent. *The Age of the Earth*. Palo Alto, CA: Stanford University Press, 1991.

Dean, Dennis R. 'The Age of the Earth Controversy: Beginnings to Hutton." *Annals of Science*, 1981, v38, pp. 435-456,

Frederickson, James K., and Tullis, C. Onstott. "Microbes Deep Inside the Earth." *Scientific American*, October 1996, pp. 68-73.

Huxley, Thomas Henry. "Geological Reform," (Huxley's answer to William Thomson's "On Geological Time") in *Transactions of the Geological Society of Glasgow: Vol 3. Lay Sermons, Addresses, and Reviews*. New York: Appleton, 1876.

Rudwick, Martin J. S. *The Great Devonian Controversy: The Shaping of Scientific Knowledge among Gentlemanly Specialists*. Chicago: University of Chicago Press, 1985. (Although actually about the dating of certain puzzling rock strata and fossils in the 1830s and 1840s, the book includes some background material on the catastrophism/uniformitarianism debate.)

Smith, Crosbie, and Wise, M. Norton. *Energy and Empire: A Biographical Study of Lord Kelvin*. Cambridge, England: Cambridge University Press, 1989.

Smith, Norman F. *Millions and Billions of Years Ago: Dating Our Earth and Its Life*. New York: Franklin Watts, 1993,

Twain, Mark. *Letters from the Earth*, edited by Bernard DeVoto. New York: Harper & Row, 1962 (1938).

## 7. 코프 vs 마시 – 공룡 화석을 둘러싼 싸움


Bakker, Robert T. *The Dinosaur Heresies: New Theories Unlocking the Mystery of the Dinosaurs and Their Extinction*. New York: William Morrow, 1986.

Bakker, Robert T. *Raptor Red*. New York: Bantam Books, 1995. (A fictional account of one year in the life of a dinosaur, based loosely on his heretical ideas; these are also spelled out in a nonfiction epilogue.)

Colbert, Edwin H. *Dinosaurs, An Illustrated History. Maplewood*, NJ : Hammond, 1983.

Colbert, Edwin H. *Little Dinosaurs of Ghost Ranch* (Coelophysis). New York: Columbia University Press, 1995.

Colbert, Edwin H. *Men and Dinosaurs: The Search in Field and Laboratory*. New York: E. P. Dutton, 1968.

DiChristina, Mariette. "The Dinosaur Hunter." *Popular Science*, September 1996, pp. 41-45.

Fortey, Richard. *Fossils: The Key to the Past*. New York: Van Nostrand Reinhold, 1982.

Gore, Rick. "Dinosaurs." *National Geographic*, January 1993, pp. 2-53.

Holmes, Thom. *Fossil Feud: The Rivalry of the First American Dinosaur Hunters*. Persippany, NJ: Julian Messner, 1998. (Suitable for young adults or adults; good illustrations.)

Kerr, Richard A. "K-T Boundary. New Way to Read the Record Suggests Abrupt Extinction." *Science*, November 22, 1996, v274, pp. 1303-1304.

Krishtalka, Leonard. *Dinosaur Plots and Other Intrigues in Natural History*, New York: Avon Books, 1989 (paperback).

Lakes, Arthur. *Discovering Dinosaurs in the Old West*. Washington, DC: Smithsonian Institution Press, 1997. (The journal of one of Marsh's field hands, edited by Michael F. Kohl and John S. McIntosh.)

Lanham, Url. *The Bone Hunters*. New York: Columbia University Press, 1973.

Morell, Virginia. "A Cold, Hard Look at Dinosaurs." *Discover*, December 1996, pp. 98-108.

Morell, Virginia. "The Origin of Birds: The Dinosaur Debate." *Audubon*, March/April 1997, pp. 36-45

Munsart, Craig A., and Van Gundy, Karen Alonzi. *Primary Dinosaur Investigations: How We Know What We Know*, Englewood, CO: Teacher Ideas Press, 1995. (Intended as a teaching tool for students, the book provides fascinating background information for anyone interested in dinosaurs.)

Officer, Charles, and Page, Jake. *The Great Dinosaur Extinction Controversy*. New York: Helix (Addison-Wesley), 1996.

Ostrom, John H., and McIntosh, John S. *Marsh's Dinosaurs: The Collections from Como Bluff*, New Haven, CT: Yale University Press, 1966.

Padian, Kevin. "The Continuing Debate over Avian Origins." *American Scientist*, March-April 1997, v85, pp. 178-180. (Essay review of *The Origin and Evolution of Birds*, by Alan Feduccia, New Haven, CT: Yale University Press, 1996.)

Psihoyos, Louie, with John Knoebber. *Hunting Dinosaurs*. New York: Random House, 1994.

Riley, Matthew K. "O. C. Marsh: New York's Pioneer Fossil Hunter." *Conservationist*, 1993, v48n3, pp. 6-9.

Rudwick, Martin J. *The Great Devonian Controversy*. Chicago: University of Chicago Press, 1985.

Schuchert, Charles, and LeVene, Clara. O. C. *Marsh: Pioneer in Paleontology*. New Haven, CT: Yale University Press, 1940; New York: Arno Press, 1978.

Shor, Elizabeth Noble. *The Fossil Feud Between E. D. Cope and O. C. Marsh. Hicksville*, NY: Exposition Press, 1974.

Simpson, George Gaylord. *Fossils and the History of Life*. New York: Scientific American Library, 1983.

Spalding, David A. E. *Dinosaur Hunters: Eccentric Amateurs and Obsessed Professionals*. Rocklin, CA: Prima Publishing, 1993.

Wheeler, Walter H. "The Uintatheres and the Cope-Marsh War." *Science*, April 22, 1960, v131, pp. 1171-1176.

Wilford, John Noble. "A New Look at Dinosaurs." *New York Times Magazine*, February 7, 1982, pp. 22ff.

### 8. 베게너 vs 모든 사람 – 대륙 이동설을 둘러싼 논쟁

Cowan, Ron. "Getting the Drift on Continental Shifts." *Science News*, February 12, 1994, p. 110.

Dalziel, Ian W. D. "Earth Before Pangea." *Scientific American*, January 1995, pp. 58-63.

Gohau, Gabriel. *A History of Geology. New Brunswick*, NJ: Rutgers University Press,

1990. (Chapters 15, 16, 17.)

Kerr, Richard A. "Earth's Surface May Move Itself." *Science*, September 1, 1995a, v269n5228, pp. 1214-1215.

Kerr, Richard A. "How Far Did the West Wander?" *Science*, May 5, 1995b, v268, pp. 635-637. (Discusses a current controversy between geologists and geophysicists.)

Le Grand, H. E. *Drifting Continents and Shifting Theories*. Cambridge, England: Cambridge University Press, 1988.

Marvin, Ursula B. *Continental Drift: The Evolution of a Concept*. Washington, DC: Smithsonian Institution Press, 1974.

Miller, Russell. *Continents in Collision*. Alexandria, VA: Time-Life Books, 1983. (Not completely up-to-date but contains excellent historical material, and beautiful illustrations.)

Monastersky, Richard. "Tibet Reveals Its Squishy Underbelly." *Science News*, December 7, 1996a, p. 356.

Monastersky, Richard. "Why Is the Pacific So Big? Look Down Deep." *Science News*, October 5, 1996b, p. 213.

Moores, Eldridge. "The Story of Earth." *Earth*, December 1996, pp. 30-33. (Plate tectonics.)

Nelson, K. Douglas. "Partially Molten Middle Crust beneath Southern Tibet: Synthesis of Project INDEPTH Results." *Science*, December 6, 1996, v274n5293, pp. 1684-1687.

Pool, Robert. "Plot Thickens in Earth's Inside Story." *New Scientist*, September 21, 1996, p. 19.

Romm, James. "A New Forerunner for Continental Drift." *Nature*, February 3, 1994, pp. 407-408.

Rossbacher, Lisa A. *Recent Revolutions in Geology*. New York: Franklin Watts, 1986.

Staff. "Did the Earth Ever Freeze Over?" *New Scientist*, July 30, 1994, p. 17.

Staff. "Two Plates Are Better Than One." *Science News*, August 19, 1995, p. 123.

Sullivan, Walter. *Continents in Motion: The New Earth Debate*, second edition. New York: McGraw-Hill, 1991.

Svitil, Kathy A. "The Mantle Moves Us." *Discover*, June 1996, p. 34.

Taylor, S. Ross. 'The Evolution of Continental Crust." *Scientific American*, January 1996, pp. 76-81.

Thompson, Susan J. *A Chronology of Geological Thinking from Antiquity to 1899*. Metuchen, NJ: Scarecrow Press, 1988.

Van Andel, Tjeerd H. *New Views on an Old Planet: A History of Global Change, second edition*. Cambridge, England: Cambridge University Press, 1994.

Wegener, Alfred. *The Origin of Continents and Oceans*. New York: Dover Publications, 1966. (Translation of fourth edition, 1929.)

Windley, Brian F. *The Evolving Continents,* second edition. New York: John Wiley & Sons, 1984.

### 9. 조핸슨 vs 리키 가족 — 잃어버린 고리

Altmann, Jeanne. "Out of East Africa" (essay review of *Ancestral Passions*, by Morell). *Science*, November 24, 1995, v270, pp. 1381-1383.

Augereau, Jean-Francois. "New Views on the Origins of Man." *World Press Review*, August 1994, v41n8, p. 42.

Bower, B. "Oldest Fossil Ape May Be Human Ancestor." *Science News*, April 19, 1997, v151, p. 239.

Boynton, Graham. "Digging for Glory" (essay review of *Ancestral Passions*, by Morell). *Audubon*, January 1996, pp. 102, 105.

Clark, G. A., and Lindly, J. M. "Modern Human Origins in the Levant and Western Asia: The Fossil and Archeological Evidence." *American Anthropology*, 1989, v91, pp. 962-978.

Culotta, Elizabeth. "New Hominid Crowds the Field." *Science*, August 18, 1995, v269n5226, p. 918.

*Current Biography Yearbook, 1995*. "Richard Leakey." *New York*: H. W. Wilson, 1995, pp. 340-343.

da Silva, Wilson. "Human Origins Thrown into Doubt." *New Scientist*, March 29, 1997, p. 18.

Dorfman, Andrea, et al. "Not So Extinct After All." *Time*, December 23, 1996, pp. 68-69.

Economist. "Ancestral Passions: The Leakey Family and the Quest for Humankind's Beginnings", July 22, 1995, v336n7924, p. 83.

Economist. "Continental Drift." February 26, 1994, p. 87. (Doubts about African origin of humans.)

Economist. "Scientific Books: Origins." June 20, 1981, p. 113.

Economist. "Skulls and Numbskulls." November 21, 1992, v325n7786, p. 103.

Falk, Dean. "The Mother of Us All?" *Bioscience*, February 1995, v45n2, pp. 108-110. (Review of *Ancestors: In Search of Human Origins*, by Johanson, Johanson, and Edgar.)

Freeman, Karen, "More Recent Migration of Humans from Africa Is Seen in DNA Study." *New York Times*, June 4, 1996, p. 11.

Gibbons, Ann. "Homo Erectus in Java: A 250,000-Year Anachronism." *Science*, December 13, 1996, v274, pp. 1841-1842.

Golden, Frederick. "First Lady of Fossils, Mary Nicol Leakey: 1913-1996." *Time*, December 23, 1996, p. 69.

Gore, Rick. "Expanding Worlds." *National Geographic*, May 1997a, pp. 84-109.

Gore, Rick. "The First Steps." *National Geographic*, February 1997b, pp. 72-99. (Ongoing series, "The Dawn of Humans.")

Gorman, Christine. "On Its Own Two Feet." *Time*, August 28, 1995, pp. 58-60.

Johanson, Donald C. "Face-to-Face with Lucy's Family." *National Geographic*, March 1996, pp. 96-117.

Johanson, Donald. "A Skull to Chew On." *Natural History*, May 1993, pp. 52, 53. (The Black Skull, KNM-WT 17000, and parallel evolution.)

Johanson, Donald C., and Blake, Edgar. *From Lucy to Language*. New York: Simon & Schuster, 1996.

Johanson, Donald, and Edey, Maitland. *Lucy: The Beginnings of Humankind*. New York: Simon & Schuster, 1981.

Johanson, Donald, Johanson, Lenora, and Edgar, Blake. *Ancestors: In Search of Human Origins*. New York: Villard Books, 1994.

Johanson, Donald, and Shreeve, James. *Lucy's Child: The Discovery of a Human Ancestor*. New York: Morrow, 1989.

Johanson, Donald, and White, Tim D. "A Systematic Assessment of Early African Hominids." *Science*, 1979, v202, pp. 321-330.

Kern, Edward P. H. "Battle of the Bones: A Fresh Dispute over the Origins of Man." *Life*, December 1981, pp. 109-120.

Kluger, Jeffrey. "Not So Extinct after All." *Time*, December 23, 1996, pp. 68, 69.

Larick, Roy, and Ciochon, Russell L. "The African Emergence and Early Asian

Dispersals of the Genus Homo." *American Scientist*, November-December 1996, v84, pp. 538-551.

Leakey, Mary. *Disclosing the Past: An Autobiography*. Garden City, NY: Doubleday, 1984.

Leakey, Meave. "The Farthest Horizon." *National Geographic*, September 1995, pp. 38-51.

Leakey, Richard. "*Homo Erectus* Unearthed (A Fossil Skeleton 1,600,000 Years Old)." *National Geographic*, November 1985, pp. 624-629.

Leakey, Richard. *The Making of Mankind*. New York: E. P. Dutton, 1981.

Leakey, Richard. *One Life*. Salem, MA: Salem House, 1984.

Leakey, Richard. *The Origin of Mankind*, New York: Basic Books, 1994.

Leakey, Richard E., and Lewin, Roger. *Origins: In Search of What Makes Us Human*. New York: E. P. Dutton, 1977.

Leakey, Richard, and Lewin, Roger. *Origins Reconsidered: In Search of What Makes Us Human*. New York: Doubleday, 1992.

Lemonick, Michael D. "Picks & Pans: Ancestral Passions." *People Weekly*, October 2, 1995, v44n14, pp. 32, 34.

Lewin, Roger. "Bones of Contention." *New Scientist*, November 4, 1995, pp. 14, 15.

Lewin, Roger. *Bones of Contention: Controversies in the Search for Human Origins*. New York: Simon & Schuster, 1987.

Lewin, Roger. "Family Feuds." *New Scientist*, January 24, 1988, pp. 36-40.

Lovejoy, C. Owen. "The Origin of Man." *Science*, January 23, 1981, pp. 341-350.

Maddox, Brenda. "Hominid Dreams" (essay review of Ancestral Passions, by Morell). *New York Times Book Review*, August 6, 1995, p. 28.

Major, John S. "The Secret of 'Leakey Luck.' " *Time*, August 28, 1995, p.60.

McAuliffe, Sharon. "Lucy's Father." *Omni*, May 1994, pp. 34-39, 80, 83-86.

Menon, Shanti. "Neanderthal Noses." *Discover*, March 1997, p. 30.

Morell, Virginia. *Ancestral Passions: The Leakey Family and the Quest for Humankinds Beginnings*. New York: Simon & Schuster, 1995.

Morell, Virgina. "The Most Dangerous Game." *New York Times Magazine*, January 7, 1996, p. 23.

New York Times. "Richard Leakey: The Challenger in Dispute on Human Evolution." February 18, 1979, p. 41.

Nichols, Mark. "The Origins of Man." *Maclean's*, December 23, 1996, v109n52, p. 69.

Pieg, Pascal, and Verrechia, Nicole. *Lucy and Her Times*. New York: Henry Holt, 1996. (A lighthearted look at the "primeval world.")

Pope, Gregory G. "Ancient Asia's Cutting Edge." *Natural History*, May 1993, pp. 54-59. (Tool evidence in China.)

Rennie, John. "Fossils of Early Man: The Finds and the News." *New York Times*, June 25, 1996, pp. C1, C9.

Rensberger, Boyce. "Rival Anthropologists Divide on 'pre-Human' Find." *New York Times*, February 18, 1979, pp. 1, 41.

"Roots" ("Human Origins, 1994," roundup). *Discover*, January 1995, pp. 37-42.

Shreeve, James. " 'Lucy', Crucial Early Human Ancestor, Finally Gets a Head." *Science*, April 1, 1994, v264, pp. 34-35.

Shreeve, James. "Sexing Fossils: A Boy Named Lucy?" *Science*, November 24, 1995, v270, pp. 1297-1298.

Shreeve, James. "Sunset on the Savanna." *Discover*, July 1996, pp. 116-125.

Tattersall, Ian. "Out of Africa Again… and Again?" *Scientific American*, April 1997, pp. 60-67.

Vrba, Elisabeth S. "The Pulse That Produced Us." *Natural History*, March 1993, pp. 47-51. (Antelopes and early humans.)

Walker, Alan, and Shipman, Pat. *The Wisdom of the Bones: In Search of Human Origins*. New York: Alfred A. Knopf, 1996.

Weaver, Kenneth F. "The Search for Our Ancestors." *National Geographic*, November 1985, pp. 560-623.

Wilford, John Noble. "Ancient German Spears Tell of Mighty Hunters of Stone Age." *New York Times*, March 4, 1997a, p. C6.

Wilford, John Noble. "The Leakeys: A Towering Reputation." *New York Times*, October 30, 1984, pp. C1, C9.

Wilford, John Noble. "The New Leader of a Fossil-Hunting Dynasty." *New York Times*, November 7, 1995, pp. C1, C6.

Wilford, John Noble. "Not About Eve." *New York Times Book Review*, February 2, 1997b, p. 19.

Wilford, John Noble. "Three Human Species Coexisted Eons Ago, New Data Suggest." *New York Times*, December 13, 1996a, pp. 1, B14.

Wilford, John Noble. "2.3-Million-Year-Old Jaw Extends Human Family." *New York Times*, November 19, 1996b, pp. 1, C5.

Wilford, John Noble. "Which Came First, Tall or Smart?" *New York Times Book Review*, December 1, 1996c, p. 7. (Review of *From Lucy to Language*, by Johanson and Edgar.)

Willis, Delta. *The Leakey Family: Leaders in the Search for Human Origins*. New York: Facts on File, 1992.

### 10. 데릭 프리먼 vs 마거릿 미드 – 자연이냐 양육이냐

Brady, Ivan. "The Samoa Reader: Last Word or Lost Horizon?" (review of *The Samoa Reader*, by Hiram Caton). *Current Anthropology*, August-October 1991, v32n4, pp. 497-500.

Caton, Hiram. *The Samoa Reader: Anthropologists Take Stock*. Lan-ham, MD: University Press of America, 1990.

Côté, James E. *Adolescent Storm and Stress: An Evaluation of the Mead-Freeman Controversy*. Hillsdale, NJ: Lawrence Erlbaum, 1994.

Côté, James E. "Was Mead Wrong About Coming of Age in Samoa? An Analysis of the Mead/Freeman Controversy for Scholars of Adolescence and Human Development." *Journal of Youth and Adolescence*, 1992, v21n5, pp. 499-527.

di Leonardo, Micaela. "Patterns of Culture Wars." *Nation*, April 8, 1996, v262n14, pp. 25-29.

Freeman, Derek. "Fa'apua'a Fa'amu and Margaret Mead." *American Anthropologist*, December 1989, v91n4, pp. 1017-1022.

Freeman, Derek. *Margaret Mead and Samoa: The Making and Unmaking of an Anthropological Myth*. Cambridge, MA: Harvard University Press, 1983.

Freeman, Derek. "On Franz Boas and the Samoan Researches of Margaret Mead." *Current Anthropology*, June 1991, v32n3, pp. 322-330.

Freeman, Derek. "There's Tricks I' the World: An Historical Analysis of the Samoan Researches of Margaret Mead." *Visual Anthropology Review*, Spring 1991, v7, pp. 103-128.

Goodman, R. A. *Mead's Coming of Age in Samoa: A Dissenting View*. Oakland, CA: Pipperline Press, 1983.

Grant, Nicole J. "From Margaret Mead's Field Notes: What Counted as 'Sex' in Samoa?" *American Anthropologist*, December 1995, v97n4, pp. 678-682.

Harris, Marvin. "Margaret and the Giant Killer." *The Sciences*, July-August 1983, v23, pp. 18-21.

Holmes, Lowell D. *Quest for the Real Samoa: The Mead/Freeman Controversy & Beyond*. South Hadley, MA: Bergin & Garvey Publishers, 1987.

Holmes, Lowell D. *A Restudy of Manu'an Culture: A Problem in Methodology*. Ph.D. dissertation, Northwestern University, 1957.

Holmes, Lowell D, "South Seas Squall: Derek Freeman's Long-Nurtured. Ill-Natured Attack on Margaret Mead." *The Sciences*, 1983, v23, pp.14-18.

Howard, Jane. *Margaret Mead: A Life*. New York: Simon & Schuster, 1984.

Kempermann, Gerd, Kuhn, H. George, and Gage, Fred H. "More Hippocampal Neurons in Adult Mice Living in Any Enriched Environment." *Nature*, April 3, 1997, v386n6624, pp. 493-495.

McDowell, Edwin. "New Samoa Book Challenges Margaret Mead's Conclusions." *New York Times*, January 31, 1983, pp. 1, C21.

Mead, Margaret. *Coming of Age in Samoa: A Psychological Study of Primitive Youth for Western Civilization*. New York: American Museum of Natural History, 1973.

Monaghan, Peter. "Research on Samoan Life Finds New Backing for His Claims." *Chronicle of Higher Education*, August 2, 1989, pp. A5, A6.

Muuss, R. E. *Theories of Adolescence, fifth edition*. New York: Random House, 1988.

Orans, Martin. *Not Even Wrong: Margaret Mead, Derek Freeman, and the Samoans*. Novato, CA: Chandler and Sharp Publishers, 1996.

Rensberger, Boyce. "The Nature-Nurture Debate: Two Portraits." *Science* 83, April, 1983, v4n3. (1. Margaret Mead, pp. 28-37; 2. On Becoming Human [Edward O. Wilson], pp. 38-46.)

Rensberger, Boyce. "A Pioneer and an Innovator." *New York Times*, November 16, 1978, pp. 1, D18.

Rubin, Vera. "Margaret Mead and Samoa: The Making and Unmaking of an Anthropological Myth" (review). *American Journal of Orthopsychiatry*, July 1983, v53n3, pp. 550-554.

Whitman, Alden."Margaret Mead Is Dead of Cancer at 76." *New York Times*, November 16, 1978, pp. 1, D18.

Wilson, Edward O. *Sociobiology: The New Synthesis*. Cambridge, MA: Harvard University Press, 1975.

# 찾아보기

✶

# 과학사 대논쟁 10가지

**개정 1판 1쇄 펴낸 날** | 2019년 6월 14일

**지은이** | 핼 헬먼
**옮긴이** | 이충호
**펴낸이** | 홍정우
**펴낸곳** | 도서출판 가람기획

**책임편집** | 이상은
**편집진행** | 양은지
**디자인** | 이유정
**마케팅** | 이수정

**주소** | (04035) 서울특별시 마포구 양화로7안길 31(서교동, 1층)
**전화** | (02)3275-2915~7
**팩스** | (02)3275-2918
**이메일** | garam815@chol.com

**등록** | 2007년 3월 17일(제17-241호)



ISBN 978-89-8435-521-7 (03400)

이 도서의 국립중앙도서관 출판예정도서목록(CIP)은 서지정보유통지원시스템 홈페이지(http://seoji.nl.go.kr)와 국가자료종합목록시스템(http://kolis-net.nl.go.kr)에서 이용하실 수 있습니다. (CIP제어번호 : CIP2019019075)